金属熔体电脉冲处理理论及应用

王建中　齐锦刚 等　著

科学出版社

北　京

内 容 简 介

液态金属是结晶的母相，金属熔体结构对其凝固组织及性能具有重要影响。本书介绍了电脉冲熔体处理技术的基本概念及其在金属材料凝固组织控制方面的应用，讨论了电脉冲处理条件下液态金属的结构转变特性及其对结晶过程的影响，建立了电脉冲孕育处理机制的微观模型。

本书可供从事金属凝固理论与应用的科技人员及材料、物理等相关专业的研究生和高校教师参考。

图书在版编目(CIP)数据

金属熔体电脉冲处理理论及应用/王建中等著. —北京：科学出版社，2011
ISBN 978-7-03-032021-6

Ⅰ. 金… Ⅱ. 王… Ⅲ. 液体金属-凝固理论 Ⅳ. TG111.4

中国版本图书馆 CIP 数据核字(2011)第 170469 号

责任编辑：汤 枫 吴凡洁 / 责任校对：林青梅
责任印制：赵 博 / 封面设计：耕者设计工作室

科学出版社 出版
北京东黄城根北街 16 号
邮政编码：100717
http://www.sciencep.com

源海印刷有限责任公司印刷

科学出版社发行 各地新华书店经销

*

2011 年 8 月第 一 版 开本：B5(720×1000)
2011 年 8 月第一次印刷 印张：16 3/4
印数：1—2 500 字数：323 000

定价：58.00 元

(如有印装质量问题，我社负责调换)

前言

近年来，电脉冲(electric pulse，EP)处理技术被用于改善金属材料的组织与性能，这种非平衡过程中材料的结构变化导致了一系列新现象与新理论的诞生。按照材料状态及处理阶段的不同，目前研究者的工作集中在以下三个方面：①固态金属的电脉冲处理。以 Troitskii 的研究为起源，此后在材料的相变与性能研究方面进展较快，国内李斗星等发现了脉冲电流导致常规粗晶合金产生局域纳米结构的实验现象，并提出了一种制备全致密纳米金属的新手段。②金属液固两相区的电脉冲处理。这一领域的研究工作有不少积累与发展，比较有代表性的是 Misra、Nakada 和翟启杰等的开拓性研究。目前比较一致的结果是在金属凝固过程中施加电脉冲可显著改善合金铸态组织，尤其是晶粒细化，这部分的机理解析迄今还没有取得共识。③金属熔体的电脉冲处理。王建中及其合作者认为借助电脉冲作用下液态金属的结构改变可以有效细化晶粒、降低偏析甚至改变铝合金中初生相的形态，进而实现合金组织控制。在金属材料的铸态组织控制领域，②和③的研究无疑具有重要的理论价值和广阔的应用前景。

1996 年，作者开始从事材料电脉冲处理的研究工作，并创造性地将电脉冲引入材料液态结构处理，这无论从理论上还是实践上都是一次重大突破。这一领域的初期研究，主要以无机盐、纯金属或简单合金体系等为处理对象，逐渐形成了电脉冲对液态结构的“孕育”思想，并将该思想应用于改善 Q235 连铸坯质量的工业生产中，取得了明显成效。1998 年“金属液脉冲孕育处理方法(ZL 98100543.8)”授权国家发明专利。2001 年承担了 863 项目“电磁连铸技术及其设备开发”中的“电脉冲孕育处理技术开发”的工作，在相关凝固理论与电脉冲冶金装备方面取得了重要进展。至此，金属熔体电脉冲处理理论与技术框架形成，这一领域展现出欣欣向荣的研究前景。

十余年来，作者在辽宁工业大学长期致力于电脉冲熔体处理技术的理论与应用工作。2000～2005 年主要关注电脉冲处理对纯金属(纯铝、纯铜)组织与性能影响。研究了改善纯金属凝固组织及其力学性能的电脉冲控制工艺，在此基础上，探讨了脉冲电磁场的定量化表征手段及归一化处理方式，初步完成对于给定电脉冲处理设计的金属熔体结构演化预测模型。创新性提出了该条件下铝熔体遗传特性的表征，并对其遗传规律进行了深入探讨。利用液态 X 射线衍射技术获得电脉冲处理的铝熔体结构参数表明，在纯金属体系中，电脉冲处理导致第一峰衍射强度明显增强，有序度提升。2006 年之后，逐渐将电脉冲处理拓展到合金体系，包括

Al-Cu合金、Al-Si 合金和 Cu-Zn 合金(黄铜)等各类有色合金。在 Al-Cu 合金中，发现电脉冲熔体处理可明显改善合金铸态组织的宏观偏析，提高材料的综合性能。借助熔体物性分析、液态金属 X 射线衍射和计算机模拟技术可以确认，电脉冲熔体处理增强了 Al-Cu 合金熔体中游离的 Cu 原子与 Al-Al 原子团簇的交互作用，导致 Cu 原子与 Al-Al 团簇结合并重构成为含 Cu 的铝团簇。这种团簇种类与构型的变化直接反映了电脉冲作用下合金熔体的特异性转变；在电脉冲作用下，过共晶 Al-Si 合金初晶硅相的大小、形态及分布出现明显变化，可以推断合金熔体中硅团簇的对称性结构在“受激”转变后，其形核与生长过程呈现出特殊规律。该技术有望应用于新一代汽车活塞与缸套生产中，提高材料性能与使用寿命。2007 年前后，开展了电脉冲熔体处理在低碳结构钢方面的研究工作，并力图利用高温共聚焦显微镜阐释其结晶过程及作用机理。此外，基于对液态模型及其响应特性的深入认识，作者尝试将电脉冲处理应用于制备超细粉体材料、海水淡化、白酒催陈、转炉废水处理以及催化化学反应等众多与物质液态相关的物理化学过程，并发现了一些奇异的现象和规律。因此，在更广大的液态物质层面应用电脉冲处理技术将是今后相当长时间内的一个研究目标。该目标将以现象发现与唯象规律阐述为主。

本书共五章。第一章为研究综述；第二章介绍了电脉冲发生装置的电路组成及其电磁学特性；第三章阐述了电脉冲处理条件下钢铁材料的组织与性能变化；第四章介绍了电脉冲熔体处理技术在有色金属中的应用；第五章探讨了电脉冲处理技术的作用机理。本书是对作者在外场作用下金属凝固理论与应用研究工作的总结与回顾，由于作者水平有限，书中不妥之处在所难免，期待各位同行的批评与指正。

本书的出版要感谢国家自然科学基金项目(No. 50174028、50674054 和 51074087)、辽宁省科技厅项目(No. 20092196 和 20081097)、辽宁省教育厅项目(No. 2008S118 和 2008S120)及辽宁省“百千万人才”资助项目(No. 2010921096)对作者科学研究的立项资助。同时感谢辽宁工业大学刘兴江教授、曹丽云教授、杜慧玲教授、王冰博士、何力佳博士、赵作福博士、张震斌博士及澳大利亚 Wollongong大学 Rian Dippenaar 教授为本书付梓出版所做的努力与贡献。

王建中　齐锦刚

2011 年 7 月

目　录

第一章　金属熔体结构及电脉冲处理概述

1.1　液态结构的认识

1.1.1　概述

自然界中的物质通常存在三种状态：固态、液态与气态。对于固体，可以采用理想晶体点阵结构来分析其微观结构；对于气体，可以采用理想气体状态方程 $PV=nRT$ 及统计物理来描述其微观结构及宏观性质。而对于液体，从表观上看，它与气体一样可占据一定空间并与盛装容器保持一致形状，但液体与固体一样具有自由表面，而气体则没有；与固体类似，液体的可压缩性很低，这一点又与气体截然不同；液体最显著的特点之一是具有流动性，不像固体那样承受剪切应力，表明液体原子或分子结合强度远低于固体，但这一点又与气体类似。因此，液态结构存在着很大的不稳定性和不确定性，难于用一个很好的图景来描述。但液态物理研究具有广泛的应用背景，它与化学化工、冶金工程、材料科学、能源科学等的发展紧密相关，并且一直是凝聚态物理领域中的研究热点。对液态结构的研究，不仅能够深入认识这一基本物态，而且直接关系到材料制备机理的理解、物相的获取、质量和成分的控制以及对工艺的改进。

材料制备通常以液态为母相，液体的结构和性质，对所形成的固体材料结构和性能具有重要影响。无论是传统的冶炼、铸造过程，还是近年来各种新材料的研发，如非晶、准晶、纳米晶、高熵合金等具有先进性质的功能材料，或具有特殊光、电、声、热、磁等性能的各类材料，这些新材料的获得大都涉及了由液态向固态的转变。尤其是特殊条件下（如电磁场、高压、超声波、微重力）的现代凝固新技术均需考虑液体的物理化学特性。性能优异的非晶、微晶、纳米晶材料的凝固，各种低维功能晶体的液相生长，也受到与传热及传质相关的液相性质和微观结构的制约。因此，尽管液态结构的研究存在诸多困难与挑战，但人们对其研究从未间断，尤其是随着现代测试仪器与设备的发展，已取得了许多令人瞩目的阶段性成果，为新材料、新技术研发提供了重要的理论基础。

1.1.2　液态金属结构与气、固两态的相关性

就金属而言，随温度升高，其原子热运动加剧，振幅加大，原子间距增加，当达

到 T_m(金属熔点)后,发生熔化过程,熔化首先从晶界开始,晶粒间原子的结合被极大破坏。原有晶粒内部空位数量大增,并逐渐失去了原有的形状和尺寸。随着能量(熔化潜热)进一步破坏原子间的结合,原有的晶粒变成原子集团,金属转变为具有流动性的熔体。目前,已经可以利用高温共聚焦显微镜原位观察到上述的实际过程,如图 1.1 所示。

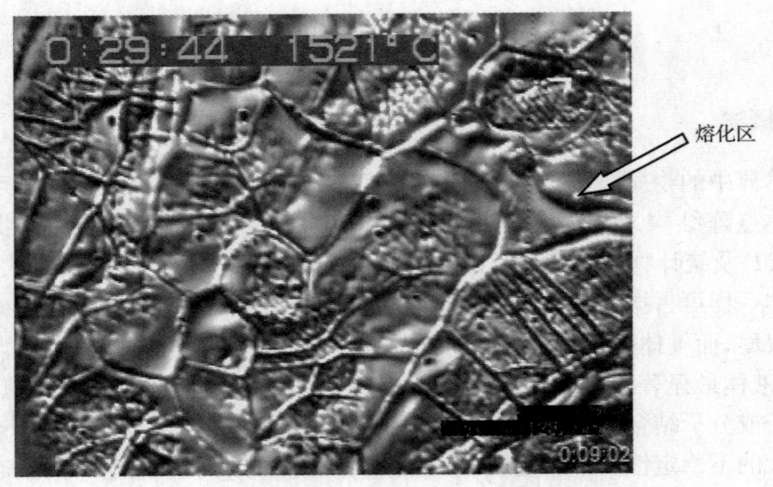

图 1.1　Q235 钢熔化期间的原位观察图像

金属熔体在不大的过热条件下,其结构、热运动特点与晶体有较大相似性。固态的长程有序结构只有部分被打破,在一定程度上熔体仍然保持着中、短程有序。随着温度的进一步升高,原子集团的尺寸逐渐变小。当达到金属沸点之后,蒸发潜热使原子间结合几乎全部被破坏,成为无序状态。从固态到气态,物质结构经历了一个从无序到有序的变化过程。典型金属熔化和气化时的物性变化如表 1.1 所示。

表 1.1　典型金属熔化和气化时物性的变化

金属	$\Delta V/V$ /%	熔化热 (ΔH_m) /(kJ/mol)	熔化熵 (ΔS_m) /[J/(mol·K)]	蒸发热 (ΔH_v) /(kJ/mol)	蒸发熵 (ΔS_v) /[J/(mol·K)]
Cu	4.15	13	9.58	304.7	106.3
Ag	3.8	11.3	9.29	254.1	103
Mg	4.1	8.4	9.41	134	—
Zn	4.2	7.3	10.4	115	—
Cd	4.7	6.4	10.8	100	—
Hg	3.9	2.3	10.8	59	92.9
Pb	3.5	5.0	8.29	177.9	89.2
Na	2.5	2.6	7.12	97.9	74.7
K	2.55	2.4	7.12	79.5	75.1

由表 1.1 可以看出，金属熔化时的体积变化幅度为 2.5%～5%，最大也不超过 6%。而且液态金属与固态一样等温压缩性很小，相比而言，气体则具有很大的压缩性。这一特点说明液态金属原子间距虽略大于固态金属，但是相差不大，而气态原子间距比液态金属要大很多。另外，金属的熔化热通常在 2～40kJ/mol 范围内，而蒸发热在 60～340kJ/mol 范围内，表明金属熔化热远小于蒸发热。一般说来，体系的熵由构型熵和运动熵两部分组成，其中，构型熵是不同原子的混合、排列和取向对熵的贡献；运动熵是原子运动形态对熵的贡献。熔化时固液态运动熵相差不大，因此，熔化熵主要代表了原子排列混乱程度的变化，即构型熵的变化。而金属蒸发熵比熔化熵大十几倍甚至几十倍，由此可以推断，液态金属的结构更接近固态金属，尽管熔化过程会严重影响原子的平行迁移性，如自扩散系数通常会增长 2～4 个数量级。

此外，典型金属熔化前后原子间距和配位数的变化如表 1.2 所示。可以看出，熔点附近液态金属原子排列方式更接近于固态，而非气态。Na、K、Al 和 Cu 等典型的金属熔化后原子间距和配位数的变化都不大，表明液态原子近程分布保留了固态结构的特征。而 Sn、Bi 等半金属，固态时具有复杂的晶体结构，具有多种不同的原子间距及配位数，熔化后原子间距及配位数明显增大。Pb 和 Hg 等则介于上述两类金属之间。

表 1.2　金属熔化前后原子间距和配位数的变化

金属	固态		液态	
	配位数	最近邻距离/(0.1nm)	配位数	最近邻距离/(0.1nm)
Na	8	3.72	9.5	3.70
K	8	4.52	9.5	4.70
Mg	12	3.22	10.0	3.35
Al	12	2.86	10.6	2.96
Bi	3，3	3.09，3.53	7.8	3.32
Ge	4	2.45	8.0	2.70
Sn	4，2	3.02，3.18	8.5	3.27 (2.70)
Pb	12	3.50	8.0	3.40
Cu	12	2.56	11.5	2.57
Hg	6，6	3.01，3.47 (2.83)	10.0	3.07 (2.85)

注：括号内为计算值。

1.1.3　液态金属结构模型

对于液态金属体系，人们的认识经历了从简单到复杂的过程，并针对其不同特点，提出了几种典型的几何模型。

1. 无规密堆积硬球模型

在早期的液态金属结构研究中，无规密堆积硬球模型占有非常重要的地位，该模型将液态金属理解为由许多等径硬球无规则紧密堆积而成。1936 年，Morrell 等[1]采用物理方法建立了液态结构的三维模型。他当时利用胶球表示液体分子，给出了三维液体的微观图像。随后，Bernal[2]领导的研究小组提出了以无规密堆积(random close packing，RCP)的硬球描述液体的结构，并对这一模型加以改进，构建多面体并统计配位数分布及平均值。RCP 模型为后期的研究奠定了液态结构几何的基础，按其统计结果计算的偶分布函数 $g(r)$ 与液体 Ar 的衍射实验结果一致。1970 年以后，一些学者的研究结果表明，RCP 提供了描述液态与非晶态金属结构的最满意的模型。由于原子的无规密堆积，原子之间将形成多面体，液态金属中典型的五种多面体类型包括：四面体、八面体、三角棱柱、四方十二面体和阿基米德反棱柱多面体，其统计分布分别为 73%、20%、3%、3%和 1%。

2. 晶体缺陷模型

金属熔化时体积和能量的改变很小，因此导致人们认为液态金属与固态相比具有更多的缺陷。比较典型的模型包括：非晶模型[3]、微晶模型[4]、空穴模型[5]、位错模型[6]和所谓“游动”的原子集团模型[7]。这些模型从不同角度定性地描述了过热度不是很大的液态金属的结构特征，例如，非晶模型和微晶模型描述了液态金属短程有序、长程无序的原子结构特征；空穴模型和位错模型描述了液态金属的流动性特征。目前“游动”的原子集团模型较为全面地描述了液态原子集团不断聚合和离散的动态和流动性特征，从而形成某温度下的“能量起伏”和“结构起伏”，已经被人们广泛接受。但是上述晶体缺陷模型并不完美，均难以进行定量计算。而且，在某些特殊条件下，如高温熔体与外场作用下的熔体结构将呈现明显特异性，上述模型需要进一步丰富与完善。

1.1.4　液态金属结构的理论描述

按照 1.1.1 节的分析，液态金属的最重要特征就是原子结构的短程有序、长程无序，而合金熔体结构转变与熔体中的短程序及中程序的变化密切相关。利用分布函数理论可以准确描述液态金属结构。

1. 双体分布函数与径向分布函数

双体分布函数(pair distribution function)$g(r)$是指距某一粒子 r 处找到另一粒子的概率，可表示为 $g(r)=\rho(r)/\rho_0$，式中，$\rho(r)$ 是以某一粒子所在位置为原点，距其 r 处的粒子数密度；ρ_0 为平均粒子数密度。通常双体分布函数不能直接测量，而用 X 射线衍射获中子衍射实验方法间接获得，也可以在已知粒子间相互作用势函数的条件下按照一定的理论计算获得。通常可以使用双体分布函数描述粒子的统计分布和构型，进而求得第一近邻配位数、最近邻原子的平均距离、无序度等表征结构的物理量。径向分布函数 RDF(radial distribution function)表达式为

$$\mathrm{RDF}(r) = 4\pi r^2 \rho(r) = 4\pi r^2 \rho_0 g(r) \tag{1.1}$$

RDF 表示与每个原子间距 $r \to r + \mathrm{d}r$ 的球壳内的平均原子数目，即某个原子周围原子分布的统计平均情形。RDF 第一峰之下的积分面积，表示参考原子周围最近邻(即第一壳层)原子数，即所谓配位数 N_1。径向分布函数是人们能够从实验中获得的最直接、最主要的有关液态、非晶态结构信息的参数，可以用 RDF 定量描述液态金属和非晶体中的短程序。由 $g(r)$和 RDF 可以获得表征液态金属结构的四个典型结构参数：最近邻原子的平均距离(r_1)、原子的平均位移(σ)、最近邻原子的配位数(N)和相关半径(r_c)。

(1) 最近邻原子的平均距离 r_1：定义为从原子径向分布的第一壳层数密度最大值处到中心原子的距离。由 $g(r)$的定义容易理解，$g(r)$曲线上的峰位表示原子分布概率为极大值的地方，第一峰位 r_1 为液态金属中最近邻原子的平均距离。值得指出的是，不用 RDF 第一峰的峰位来表示，是因为 RDF 曲线是经过权重相乘后的结果。

(2) 原子的平均位移 σ：其值等于原子径向分布第一壳层内原子的实际位置 r_1 偏离平均位置 r_a 的均方根，即 RDF 曲线中第一个半峰全宽度的 1/2.36。但目前这个参数使用得比较少，主要原因是普遍采用的计算 RDF 曲线的方法对其第一峰峰形有影响，因而求出的 σ 不能准确代表原子的平均位移。

(3) 最近邻原子的配位数 N：采用原子径向分布第一壳层原子数目表征最近邻原子的配位数 N。由于第一峰与第二峰重叠，精确地确定第一峰的面积是困难的，配位数的计算方法一般有四种[8]，最常用的方法有以下两种。

对称 $r^2 g(r)$ 方法(简称对称法)，其公式如下所示：

$$N_s = 2\int_0^{r_{\max}} 4\pi\rho_0 \left[r^2 g(r)\right]_{\mathrm{sym}} \mathrm{d}r \tag{1.2}$$

积分到第一个极小值方法(简称最小值法)，其公式如下所示：

$$N_{\min} = \int_0^{r_{\min}} 4\pi r^2 \rho(r)\,\mathrm{d}r \tag{1.3}$$

由式(1.2)所得的配位数比由式(1.3)所得的结果要小。

(4) 相关半径 r_c：又称原子团簇尺寸，其值表示液态结构的短程有序范围。双体分布函数 $g(r)$曲线中，在十几个埃后其振荡就不明显，故可由该曲线来估计短程序的大小。在 $g(r)$曲线上，当 r 增大时，$g(r) \to 1$，双体相关性逐渐变为零，考虑到实验误差，相关半径 r_c 的定义如下所示：

$$g(r_c) = 1 \pm 0.02 \tag{1.4}$$

式中所确定的 r_c 处原子的相关性已经消失，它可以代表原子团簇的尺寸，是原子团簇尺寸的下限，在非晶材料结构分析中则代表有序畴的尺寸[9]。

2. 结构因子

$S(Q)$称为结构因子(structure factor)或干涉函数，是根据衍射实验测定的，如下所示：

$$S(Q) = \frac{I(Q)}{Nf^2(Q)} \tag{1.5}$$

式中，$I(Q)$为波矢函数 Q 处的散射强度，$Q = 4\pi\sin\theta/\lambda$，$\theta$ 为散射角的二分之一，λ 为波长；$f(Q)$ 为原子散射因子；N 为散射中心数目。

结构因子与坐标空间中描述液态结构的双体分布函数呈傅里叶变换关系，如下所示：

$$g(r) = 1 + \frac{1}{2\pi^2\rho_0 r}\int_0^{\infty} Q[S(Q) - 1]\sin(Qr)\mathrm{d}Q \tag{1.6}$$

$$S(Q) = 1 + \frac{4\pi\rho_0}{Q}\int_0^{\infty} r[g(r) - 1]\sin(Qr)\mathrm{d}r \tag{1.7}$$

根据结构因子的形态，可把液态金属分为三组[10]。碱金属、贵金属以及 Al、Pb、Fe、Ni 属于第一组，其结构因子主峰对称，且随着温度提高而变化；Ga、Ge、Sn、Sb、Bi 等属于第二组，它们的 $S(Q)$曲线的第一个峰，在大的散射角一方具有附属的峰，或称肩膀(shoulder)，$S(Q)$的形态实际上与熔体的过热无关；Mg、Zn、Cu、Hg 属于第三组，其结构因子具有不对称的第一峰，$S(Q)$很少随温度变化。

1.2 液态金属结构的研究方法与进展

很显然，结晶之后的固体相对于沿任一个坐标系位移晶格常数的整数倍时，其结构不发生变化。但液体的方向对称性是不同于结晶固体的。晶体中最近邻原子间的价键连线在空间是沿着特定方向的，但在液体中，最近邻原子对之间的连线以相等的概率指向空间所有方向。液晶技术是当前材料科学研究的热门领域之一，而实际上液晶相既表现出晶体取向的破缺对称性，又具有液体的平移不变性。因此，基于液态金属的不确定性和复杂性，以及现有研究手段和实验技术所限，导致该领域的研究实际上远远落后于固态。

近年来，随着准晶、非晶材料的开发以及研究测试设备的进步，材料液态研究领域非常活跃，一些发达国家对液态金属的研究给予了高度重视，如美国阿贡国家实验室(Argonne National Laboratory)专门设立了研究液态金属结构的部门，每年投入几千万美元研究金属熔体结构及性质。日本已从对纯液态结构、简单液态结构的研究转向二元液态和复杂液态结构的研究，从纯理论研究开始向应用开发方面迈进。如通过对高纯硅高温熔体结构和物性的研究，开发出了优质单晶硅，为计算机、电子行业提供了高性能的硅晶体材料[11]。目前，尽管人们对简单液体的结构和性质有了比较清楚的认识和了解，但对于一些复杂液态体系(合金)，除了原始实验数据的积累外，构建深入、完善的基础理论的研究进展依然缓慢。

1.1.4 节已经阐明，液态金属中的中、短程序是用来描述液态结构的重要手段，而主要研究方法有物理性质分析(间接)、各种衍射测试(直接)和计算机模拟等。

1.2.1　金属熔体的物理性质研究

熔体物性的测量是利用某些对液态金属结构敏感的物理性能来间接反映液态金属的结构变化，如黏度、表面张力、密度、电阻率、磁化率及光谱等。液态金属的性质与固态性能之间相关性的研究历来受到国内外学者的重视[12,13]。金属及合金熔体结构敏感物性的变化是其内部结构改变的宏观体现，因此，通过研究熔体的物性可以揭示其微观结构特征与凝固组织及性能之间的关系，进而间接地研究金属液态结构及动力学行为。苏联的研究工作者在采用间接法研究熔体结构方面做了大量工作。在研究中发现金属熔体的物理性能与温度关系曲线上有时出现反常现象，而这种反常现象是研究金属熔体结构转变的重要依据，是出现微观不均匀结构的预兆。

熔体密度是准确推测熔体内对流情况所不可或缺的，而且密度值是测量其他液态物性及分析熔体结构所需的基本参量。从微观上看，它还反映了平均每个原子所占有的空间体积。表面张力是重要的液体物理化学性质参数，是影响多相体系的相间传质和反应的关键因素之一。对于高温熔体，如液态金属、熔渣、熔盐等，它们的表面性质以及相互之间的界面性质，对熔体之间发生的反应和分离起着主导作用，也是研究熔体界面反应动力学的基础。近年来，随着空间科学的迅猛发展，研究在微重力条件下熔体形核结晶长大的材料特殊性能以及多相界面特性、传质反应特性和表面张力梯度引起的流动等，已成为微重力科学研究的重要组成部分。黏度是液态金属的又一个重要物理属性，从微观上看，液体的一个最重要的特征就是其原子间的高度流动性，而液体中原子的运动是由最近邻原子间的摩擦力驱动的，故可以认为黏度也是原子间摩擦力的一种衡量。黏度测量无论在铸造工艺还是在液态金属微观行为的研究上都非常重要。此外，金属熔体的电磁学性质与其微观结构密切相关，已建立了许多从微观角度解释熔体电磁学行为的方法。同样人们也期待能从熔体的电磁学性质上获得微观结构变化的信息，并对其他物理性质的变化提供帮助，在诸多的电磁学性质中，熔体的电阻率是最基本的[14]。

Sasaki 等[15]采用改良的阿基米德方法测量了 Si 熔体在其熔点附近到 1650℃

温度范围内的密度值。发现随着温度降低，在 1430℃至熔点附近，出现“密度异常温区”。此外，熔点附近的密度值对所掺杂质非常敏感，掺入 0.1%B 后，Si 熔体密度与未掺杂时相比无明显变化；而掺入 0.1%Ga 后，熔点附近的密度异常增加消失，密度随温度降低先是逐渐增加，达到一最大值后再迅速减少，直至凝固，即 Si 熔体中存在最大密度温度。Sasaki 认为 Si 熔体的密度异常出现与否，与所掺杂质原子的外层电子结构并无直接关系，而与所掺杂质的共价半径可能存在一定关系，当所掺杂质的共价半径小于 Si 本身的共价半径 1.17Å 时(如 B 和 O)，密度异常仍然出现，并有增强之势；当所掺杂质的共价半径大于 Si 本身的共价半径 1.17Å 时(如 Ga 和 Sb)，密度异常被限制。密度异常出现与否，很可能反映了熔体在该温度下结构的差异。

Bian 等[16]研究了 Cu-23%Sn 合金熔体的结构和黏度，发现随温度由 900℃升高到 1300℃，熔体的结构从中程有序向短程有序转变，黏度在升温到 1200℃时突然下降，黏度出现异常变化的温度与合金熔体结构由中程有序向短程有序转变的温度一致，认为黏度的异常变化是由于结构从中程有序向短程有序的转变引起的。孙民华等[17]通过测量 Al 熔体的黏度，研究了黏度值随温度的变化规律，发现在升温过程中熔体黏度值在 780℃和 950℃左右发生突变，如图 1.2(a)所示；在降温过程中，黏度的突变发生在 750℃与 930℃，如图 1.2(b)所示。通过对液态 Al 的分子动力学模拟，发现 Al 的第一近邻配位原子的排布方式随温度的变化在 780℃与 950℃左右也存在突变。因此，有理由相信在以上温度区间，Al 熔体的确发生了结构突变，最近邻原子间距变小，配位数减小，原子排列的有序度和方式也发生了变化，此后随温度升高，熔体结构在新结构基础上继续变化。Al 熔体黏度变化与熔体结构有着内在联系，正是由于结构突变，才导致 Al 熔体黏度的突变，故 Al 熔体液态结构的变化是内在因素，而随温度升高 Al 熔体中黏度的变化则是外在表现。

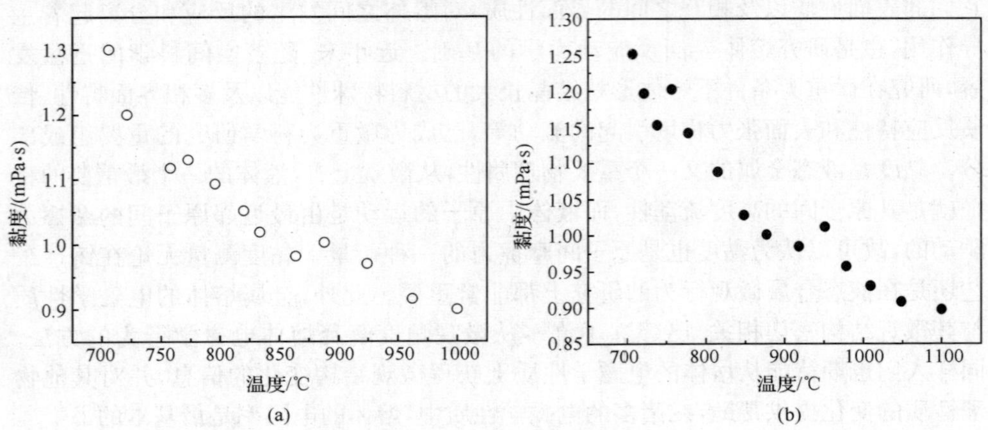

图 1.2　Al 熔体黏度随温度的变化

杨中喜等[18]通过对液态 Sn 黏度的系统测量和分析，借助 DTA-TG 综合热分析方法，研究了金属熔体 Sn 的黏度随温度变化的规律和熔体微观结构的变化。结果表明，Sn 熔体的黏度随温度的变化呈明显的不连续性，根据黏度的变化可以将熔体状态分为高温区、中温区和低温区，各温区间存在黏度突变温度点。在突变温度点处，金属熔体 Sn 可能发生了微观结构的变化。文献[19]通过对液态亚共晶和过共晶 Al-Si 合金的黏度测量发现，两种成分的液态 Al-Si 合金存在突变点，文献作者据此认为，两种成分的液态 Al-Si 合金均存在三种不同的结构区域。事实上，由于黏度是金属熔体结构最敏感的物性之一，Iida 等[20]从表征液态金属的两个基本参数（双体分布函数和对势）出发，依据前人的经验公式给出了与液态金属结构有关的黏度表达式：

$$\eta \approx 4.5\upsilon_0 P(T) m n_0^2 g(r_m) r_m^5 (1 - r_0/r_m) \tag{1.8}$$

式中，υ_0 为常数，代表金属原子在其平衡位置无扩散时的振动频率；m 为原子的质量；n_0 为平均原子数密度；$g(r)$ 为液态金属的双体分布函数；r_m、r_0 分别为双体分布函数的第一峰位和左边界值；$P(T)$ 为概率函数，其表达式为

$$P(T) = 1 - \int (3/8\pi)^{1/2} \exp\{-3/8[(T_b - T)/T]^2\} \mathrm{d}[(T_b - T)/T] \tag{1.9}$$

其中，T_b 为沸点温度。

李培杰等[21]测量了 Al-Si 合金熔体电阻率随变质元素的变化，从遗传的角度分析了变质元素的加入对 Al-Si 合金组织性能的影响，并认为随着变质元素的加入，合金熔体中原子的近程有序排列、平均配位数将发生变化，相应地熔体中浓度起伏的程度也将发生改变，在浓度-物性曲线上表现为跳跃式的转变。变质元素与合金熔体相互作用的实质是改变了传递遗传特征的结构因子的大小和组成，进而改变了合金的结晶参数，相应地影响到合金的凝固组织和性能。

综上所述可知，通过金属熔体的物性研究可以间接反映液态金属中的结构转变。但仅仅从熔体物性的变化来揭示其结构转变是远远不够的，要深入了解金属熔体的微观结构及其动力学特性，以及它与液态金属基本物理性质之间的关系，必须通过各种衍射测试结合计算机模拟等手段，以获得金属熔体结构改变的直接且令人信服的有力证据。

1.2.2　金属熔体结构的实验研究

液态物质结构的主要特征是长程无序而短程有序，仅在每个原子周围数个原子壳层的原子排列有某种秩序。较广泛采用的金属熔体结构实验测试技术主要有以下几种[22]。

1. 散射技术

散射技术包括 X 射线、中子、电子的大角度散射和小角度散射。大角度散射

是目前测定和表征液态结构径向分布函数的主要方法，它是在 20 世纪 30 年代开始应用，并在 60 年代以后得到较大发展的，到了 70 年代中期以后又发展了能更完善地表征液态结构径向分布函数的测定方法。除了 X 射线异常散射技术以外，在测定偏径向分布函数时，中子散射起着越来越重要的不可替代的作用。

小角度散射则是从散射技术中分离出来并形成的一个分支，目前小角度散射技术的应用主要集中在以下两个方面：测量金属熔体中显微颗粒的大小及其分布；测量长周期结构样品的周期及强度分布以及进行这类样品的结构分析。本书中所采用的测定 Al 熔体短程序的实验方法是大角度 X 射线衍射技术，参见第五章。

2. 吸收技术

吸收技术主要包括扩展 X 射线吸收精细结构分析技术(EXAFS)和扩展电子能量损失精细结构分析法，它们是通过测定吸收限高能一侧 30～1000eV 范围内吸收系数的振荡来确定短程序的。原则上，使用这两种方法可以测定每种吸收原子周围数个原子壳层的距离和各壳层上每种原子的数目，即径向分布函数，且不受合金组元的限制。这类结构数据能较完善地表征液态物质的局部结构，因而具有广阔的应用前景。然而现阶段 EXAFS 的应用范围还很有限，其主要原因，一方面是由于分析方法非常复杂困难；另一方面是方法还有待于进一步发展完善。此外，由于吸收限波长的限制还难于测定 Mg 以下原子的周围环境。

3. 核物理技术

核物理技术主要包括穆斯堡尔谱技术、核磁共振技术(NMR)等。这是一种间接确定液态结构的方法。NMR 是 20 世纪 40 年代中期发展起来的新技术，它主要是利用在适当频率的射频作用下出现共振吸收这一原理。自 1945 年美国哈佛大学与斯坦福大学最先使用这种方法以来，NMR 得到了较大发展。目前 NMR 在液态金属结构方面已取得了显著的成绩。

目前看来，各类散射技术以其理论准确、操作简易、结果可靠与成本低廉等特点成为人们研究液态微观结构最得力的手段。而在散射技术中，中子散射方法基本上与 X 射线衍射法相类似。但是由于中子是被尺寸比热中子波长小得多的原子核散射，并且除磁性材料外，原子所散射的中子束通常是各向同性的，因此，两种方法之间存在着一些重大差别。中子相干散射过程可仅用一个与散射角无关的散射参数来描绘。X 射线的原子散射因子及其模数的平方都与散射角无关。中子散射参数对不同的同位素很敏感。中子散射强度比 X 射线的散射强度小，在实验中必须采用较大的试样。在小角度范围里，X 射线衍射数据比中子散射数据好，对于像 Hg 和 In 这类具有大中子吸收截面的元素，实际上只能采用 X 射线法。因此，在确定液态金属结构时，X 射线衍射和中子散射这两种方法是相辅相成的。

超过 85%的金属元素，包括过渡金属和贵金属，其结构因子曲线与 Al 熔体的结构因子曲线类似。它们的共性是在熔化过程中，各金属在固态时的晶体特征渐趋模糊，接着变成均匀的短程序结构，该结构主要由形状因素来决定。这与金属键各向同性的特征相一致。在其他场合，若金属液中存在各向异性键时，将导致结构因子曲线与硬球模型的偏差。

图 1.3 是采用高温熔体 X 射线衍射技术测得的 Na 在 373K 时的结构因子曲线[23]。文献作者对实验结果作了分析证实，在熔化状态下，金属晶态的长程序被破坏，保留的是短程有序。尽管液态金属的密度与固态密度非常接近，但作者认为在简单液态金属中，原子排列的无规则状态与气相中的原子排列更为相似，与固态金属中的原子排列不同。在液态金属里，原子排列的有序性仅限于以每个原子为中心的短程范围内，对原子的配位情况作者没有作进一步研究。

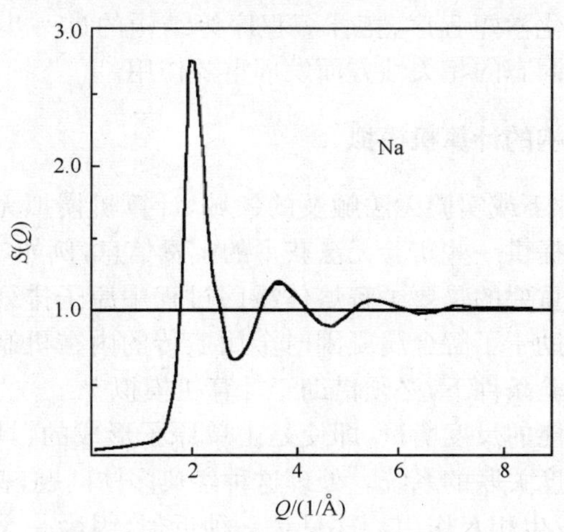

图 1.3　Na 的结构因子曲线

Gabathuler 与 Steeb[24] 利用 X 射线与中子散射分析了 Si 与 Ge 两种半导体的结构。结果表明，液态 Si 的键长为 2.5Å，而金刚石 Si 的键长为 2.35Å；液态 Ge 的键长为 2.63Å，半导体 Ge 的键长为 2.44Å，液态中的键长大都大于固态。多数研究结果说明，液态 Si 中有两种类型的原子，一类表现出共价键型(4 个配位)，另一类表现出金属键型(12 个配位)，它们在尺寸上是很不一样的。需要说明，液态 Si 的行为与固态 Si 毕竟不同，固态 Si 能够表现出金属与非金属两种性质，但液态 Si 不一定表现出这种性质。

Teixeira[25] 定性研究了液态金属的结构因子与熔体过热温度之间的关系。升高温度时，$S(Q)$曲线的第一主峰渐趋扁平，尽管有热膨胀存在，但此主峰的位置通常不变；而温度越低，主峰的形状越尖锐，同类原子间的相斥力越强；若主峰形状变得扁平和加宽，则意味着同类原子间的相斥力减少。

Swenson 等[26]利用中子散射与 X 射线衍射相结合的方法研究了 Li_2O-$2B_2O_3$ 与 Na_2O-$2B_2O_3$ 熔体的微观结构，发现了熔体中存在中程有序结构。大多数氧化物玻璃的液体中都存在中程有序结构，因为氧化物玻璃的熔体可能存在比较大的原子集团。山东大学的边秀房等分别对 Al-Fe、Al-Si 液态合金中微观不均匀结构及其对固态显微结构和性能的影响进行了研究，取得了一些有意义的成果[10]。所有这些都说明，人们已经开始注意到熔体的结构因子与熔体微观结构的必然联系，但是，由于实验条件的限制和研究上的困难，建立一个完善、系统的表征液态金属结构的理论体系，还有许多工作要做。

综上所述，衍射技术已成为获得物质熔体结构信息的主要实验方法，其中 X 射线结构分析方法得到了广泛的应用。衍射实验已不单纯局限于液态物质的配位数、双体分布函数、结构因子的测试上，而是开始研究液态物质中更深层次的问题。今后，对液态合金中化学短程序、拓扑短程序等结构的进一步认识及其本质的揭示，将在探讨液态和固态的相关性方面发挥重要作用。

1.2.3 金属熔体结构的计算机模拟

在一些极端条件下或实验无法触及的领域，计算机模拟无疑成为实验研究与理论研究的桥梁，并提供一些实验无法获得的宝贵信息，例如，熔体凝固时，我们不但关心最终结果，更重要的是要了解熔体凝固过程中原子排列的重要信息。对这一过程的研究，将有助于了解金属凝固时金属遗传的内在机制。而所有这些问题的解决，在目前的实验条件下，必须借助于计算机模拟[10]。

另一方面，从热能的尺度衡量，即使是由单原子形成的、具有球对称相互作用的简单液体，也是高度关联的系统。处理这种经典多体问题，普遍的出发点是假定原子只通过配对力发生相互作用。这只是一种近似，因为一个原子对另一个原子的影响常常因第三者的存在而受到修正。而且，现在对大多数实际分子之间的真实配对相互作用的全部详情还没有精确的了解。这也是过去几十年间计算机模拟作为如此有价值的信息来源的重要原因[27]。

从原子或电子尺度上研究液态金属是当前材料科学最为活跃的前沿领域之一，标志着材料科学发展的一个主导方向。近年来，随着大型计算机的推广和应用，一种新的化学统计力学方法正在迅速发展，即用计算机模拟化学物理体系的微观结构和运动。在此基础上运用数值运算统计求和的方法——蒙特卡罗(Monte Carlo，MC)和分子动力学(molecular dynamics，MD)，这两类方法并不要求将模型过分简化，可以基于分子(原子、离子)的排列和运动的模拟结果直接计算求和以实现宏观现象中数量的估算。计算机模拟方法已经广泛应用于溶液和液态的结构和性质、非晶态固体和水的结构和性质、界面和表面的结构和性质、输运过程等许多研究领域[28]，并且在简单液体、熔盐等许多方面取得了和实验结果相当一致的计算结果。

MC 法和 MD 法不仅可以直接模拟许多宏观化学现象，取得和实验相符合或可以比较的结果，而且可以提供微观结构、运动以及它们和物理宏观性质关系的极其明确的物理图像。Mcdonald[29] 采用 MC 方法研究了 Na、K 的热力学性质。Sadigh等[30]采用 MD 方法模拟研究了纯组元熔体中的中程序与空位有序之间的关系，认为结构因子上的预峰可以解释为体系中原子和原子尺寸上的空位形成了化学有序性。液态中能存在空位结构是由于体系中含有大多数的二十面体局部有序结构。陈魁英等[31]采用广义非定域模型赝势研究了过冷液态 $Mg_{70}Zn_{30}$ 合金的局域微观结构，计算了 $Mg_{70}Zn_{30}$ 合金的偏结构因子、原子集团的键取向序和长程关联函数。研究结果表明，过冷液态 $Mg_{70}Zn_{30}$ 合金表现出较强的局域二十面体对称，随着过冷度的增大，二十面体对称性增强。李辉等[32] 利用 MD 方法模拟研究了液态金属 Al 的熔体结构与微观动力学行为，计算了 Al 熔体在不同温度下的双体分布函数、平均平方位移及速度自相关系数。结果指出，在同一时刻，高温情况下的原子平均平方位移高于低温，原子间的内聚力造成了 Al 液的速度自关联函数的长程振荡，低温下熔体的关联行为要高于高温。

Li 等[33]采用紧束缚势模型分析了 Al_3Fe 熔体中的原子团簇，并指出异类原子对之间存在较强的相互作用，尽管合金液中 Al 原子数量占绝对优势，但由径向分布函数可知熔体中 Al 原子大部分与 Fe 原子结合在一起，Fe 原子周围是由 Al 原子占据的。此外各类键取向序参数的计算表明，在快速凝固条件下，Al_3Fe 二十面体序不断增强，液态金属中的原子形成了二十面体，具有形成非晶能力的倾向，如图 1.4 所示。

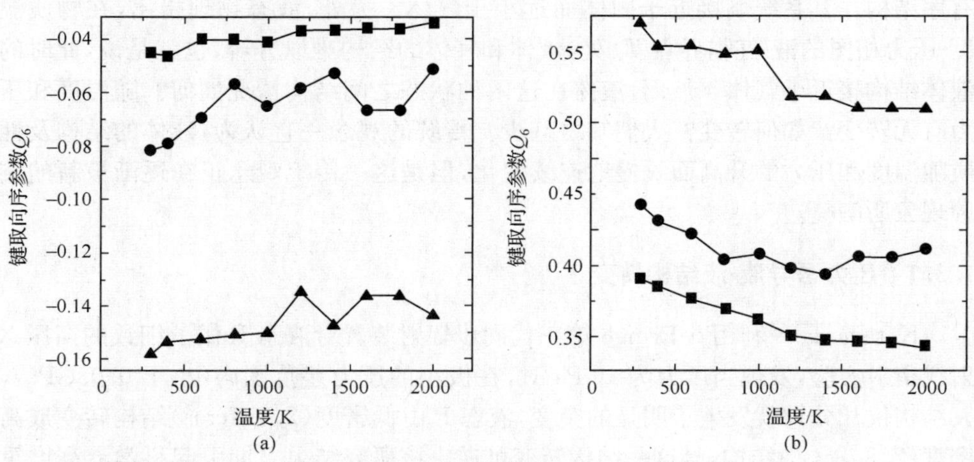

图 1.4　Al_3Fe 熔体的键取向序参数与温度的关系

对液态金属 Pb 的分子动力学模拟表明，高温熔体中不存在二十面体序，f. c. c. 的 Pb 熔体中并不全都是面心立方结构单元，而是各种类型结构单元的集合体；液态金属既表现出与其晶态的结构相关性，即遗传性，又表现出一定的结构多样性，即变异性；金属熔体中的键对是其凝固结晶时的基本“构件”。湖南大学的刘让苏[34]研究了金属熔体的微观结构及非晶形成过程中的转变机制，并利用巨型机银河-Ⅲ对 500～50000 个以上液态金属原子体系在不同凝固条件下的原子团簇演变进行了研究，发现在急冷过程中体系内的大团簇结构是由小团簇(由几个小原子团结合组成)相互连接而成，而不是以某一个原子为中心按一定规则堆积起来的多壳层结构。随着温度的下降，原子团重复出现的概率将大为增加，显示出团簇具有一定的稳定性和延续性(即遗传性)。该结果对于深入理解熔体的凝固过程、非晶态的短程有序区，以及无序稀疏区的形成机制及其微观过程，将有重要的启示作用。

综上所述，随着计算机技术的飞速发展，特别是计算机图形学的介入使得计算机模拟结果更易于观察和理解。计算机已经开辟了一个虚拟现实的新领域，可以预期，液态金属结构的计算机模拟正在从定性分析变为基于原理的定量科学。不过，模拟研究是建立在纯理论研究基础上的，必须要得到实验研究的支持，目前有很多计算机模拟工作无法通过实验来验证，其可靠性不能令人信服，因此，在今后的研究工作中，应加强实验测试与模拟分析的一致性工作。

1.3 液-液结构转变特点

在离液相线不太远的温度范围内，液体中存在着拓扑或化学短程序甚至中程有序结构。其系统熵接近于固体而远小于气体。另外，液态物理指出，在物质温度-压力相图的液-气临界点 T_c 处，液体和气体的结构难以分辨，也就是说，此时的液体结构接近于气体。然而，液体在这两种状态之间结构情况如何？随温度和压力有无转变？如何转变？人们知之甚少。传统的观念一直认为，液体的结构及性质随温度和压力的升高而缓慢地连续变化，但是这一传统观念正在逐渐被新的实验现象所颠覆。

1.3.1 压力诱导液-液结构转变

Katayama[35]利用 S-Pring8 第三代同步辐射装置对液态 P 做了细致的高压 X 射线衍射实验，发现当压力为 1GPa 时，在极小的压力差范围内(小于 0.03GPa)，其结构仅几分钟就发生了明显的突变，液态 P 由低密度($2.0g/cm^3$)结构转变成高密度($2.8g/cm^3$)结构，且这一结构转变可逆。该研究结果立即引起科学界高度重视。McMillan 在 *Nature* 上撰文对这一研究结果给予了极高的评价，认为其第一次为压力诱导型非连续液-液结构转变提供了直接的实验依据。因此，人类必须修正传统的液态结构连续变化的观念，并重新考虑对液态结构的整体认识。

Si、Ge、Se、Te、Rb、Cs 以及其他原子液体与 P 相似，在液态下也可能存在着液-液相变[36]。Narushima 等[37]运用同步加速 X 射线衍射研究了高压达到 19.4GPa 的液态 Sn 结构，发现随着压力的增大液态 Sn 结构倾向于简单液态金属，但不是单调地发生变化，而是在达到液态金属之前液态 Sn 保持偏离简单液态金属的一种稳定结构。Brazhkin 等[38]运用 X 射线衍射技术与电阻法等手段发现 AsS 熔体随着压力的升高发生了两次结构转变：1.6～2.2GPa 时熔体由中等黏度的分子液体转变为高黏度的非金属聚合液体，4.6～4.8GPa 时由非金属聚合液体转变为低黏度的金属液体。在快速凝固时，分子液体和金属液体分别结晶成正常相和高压相，而非金属聚合液体则凝固成一种新型 AsS 玻璃。

1.3.2　温度诱导液-液结构转变

合金熔体在液相线以上是否会发生温度诱导的非连续液-液结构转变？这一问题在物理学界一直没有得到解决，但它对于多元合金体系特别重要。因为在开发各类新材料和改善传统材料的实践中，人们发现，固体材料的组织、结构和性能往往与凝固前熔体的热历史紧密相关，特别是熔体加热温度的高低。通常合金状态图液相线以上只有单一的液相区，因此，对“热历史相关”这一普遍现象的本质一直无法圆满解释。

2000 年前后，合肥工业大学祖方遒、朱震刚等采用内耗技术（属于能量耗散方法的一种）对一些冶金熔体进行了研究，并在国内外引发了不小的轰动。他们发现如 Pb-Sn[39]、Pb-Bi[40]、In-Sn[41]等合金，在高于 T_L 2～3 倍的温度范围会发生温度诱导的液-液结构转变，这一发现被热分析（DTA、DSC）、X 射线衍射等分析结果所证实。在这种液-液结构转变过程中伴随有热效应，表明属于熵驱动非连续结构转变。衍射结果表明，对应于内耗峰温度，液态 In-80%Sn 合金的配位数和原子间距均出现了异常变化。研究与分析表明，其转变温度与合金系统有关，即取决于合金熔体原子间结合键的强弱。中国科学院物理研究所北京凝聚态物理国家实验室陆坤权、王育人等运用电阻法、EXAFS 和 XANES 技术、反蒙特卡罗等方法研究了 GaSb、InSb、纯 Sb 的原子结构和电子结构[42]，研究表明随着温度的升高，合金熔体的局域结构被破坏，导致了一些电传输性能的改变。山东大学边秀房等[10]利用高温 X 射线衍射技术和黏度法，研究了一系列金属及二元系合金，包括 Al、Bi、Sb、Sn 以及不同成分的 Sb-Bi、Al-Cu、Cu-Ag 等合金在高温时液态结构和黏度，发现随着液态结构的变化，黏度系数随温度的升高出现两次非连续变化，揭示了在液相线以上发生的结构变化会导致合金黏度等物理性质的变化。Popel 等[43]运用小角度中子散射技术研究发现共晶合金、偏晶合金中的微观不均匀结构在温度诱导下发生了均匀化过程，而且合金熔体结构的均匀化对结晶过程和非晶薄带的形成具有重要影响。Eckert 等运用拉曼光谱技术研究了核工业中常用的液态 Pb-Bi 合金的电导率、热电势、黏度和表面张力等，发现高于熔点 100K 时合金的物理性质均发生了异常的变化。

温度诱导非连续液-液结构转变这一物理现象的发现，一方面说明传统液态结构连续变化的观念迄需改变；另一方面，该现象在工程技术领域比压力诱导液-液结构转变的发现更具有实际意义，因为其揭示了凝固组织与熔体热历史相关现象的物理本质。

1.3.3 外场诱导液-液结构转变

1998 年，王建中教授在北京科技大学攻读博士期间首次提出了金属液电脉冲孕育处理的概念[44]，并获国家发明专利[45]。随后他领导的课题组长期致力于电脉冲对金属熔体的作用机理及其工业化应用技术研究。在十余年的大量实验过程中，发现电脉冲能够明显改变合金凝固组织，包括组织细化、降低宏观偏析、改变铸造织构以及相数量与形态改变等。这些研究结果引发了我们对液态金属结构的重新思考，同时对于外场诱导下的液-液结构转变以及该条件下金属熔体的遗传特征有了新的认识。最直观的例子是唐勇[46]、齐锦刚[47]、刘兴江[48]等先后通过高温液态 X 射线衍射实验对电脉冲处理条件下 Al-14.6%Si 合金熔体、纯 Al、纯 Cu 熔体结构进行了分析，分别如图 1.5～图 1.7 所示。

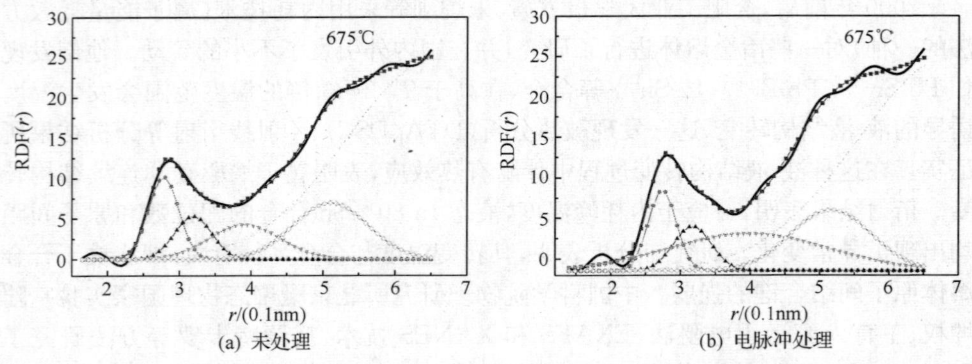

图 1.5 电脉冲处理条件下 Al-14.6%Si 合金熔体的 RDF 函数高斯分解结果

可以看出，经电脉冲处理后，Al-14.6%Si 熔体中原子团簇数量存在变化，这是重新建立外场作用下合金熔体不均匀演变模型的直接证据；电脉冲处理后纯 Al、纯 Cu 熔体结构因子第一峰值较高，表明其有序度明显增强。以上这些实验结果验证了外场作用下存在合金液态结构的特异性转变，而且这种转变势必对后续的结晶过程产生重要影响。

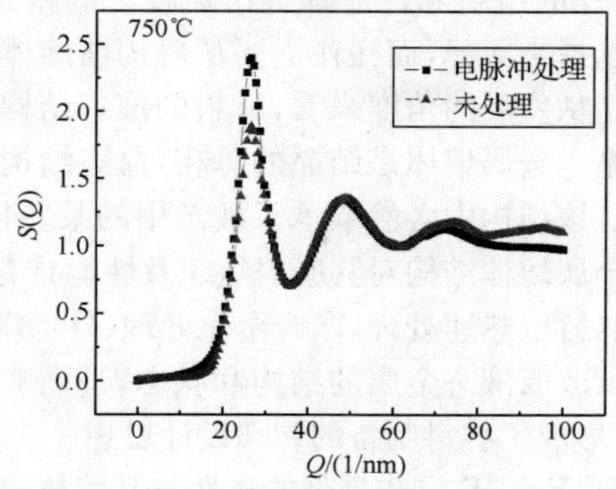

图 1.6　电脉冲处理条件下纯 Al 熔体在 750℃时的结构因子曲线

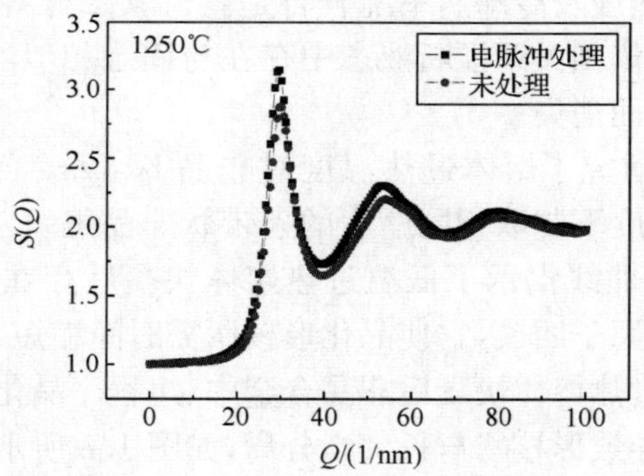

图 1.7　电脉冲处理条件下纯 Cu 熔体在 1250℃时的结构因子曲线

1.4　金属熔体结构对其凝固组织及性能的影响

工程金属材料生产、制备的一个重要途径是熔炼和凝固。金属凝固后获得的铸锭和铸件,其综合性能受到凝固组织的决定性影响,与此同时,铸锭的凝固组织也影响到其热变形性能,不合理的铸态组织会引起热变形中的开裂和破坏,从而降低成材率。尽管通过热加工等手段可以改善铸锭组织和性能,但铸造中的缺陷,如宏观偏析、非金属夹杂、缩孔和裂纹等仍将残留于制品中,对其性能产生很大的影响。由于材料铸态组织与其凝固过程密切相关,故合理控制凝固过程参数,优化工艺过程,进而较大程度地改善铸件质量,对提高工程金属材料的性能、发挥材料潜力有重要的实际意义。

另一方面,金属凝固过程始于熔体,许多合金都是在熔融状态下,经过复杂的物理化学变化制造出来的。铸造研究人员早已发现,在合金成分配比与铸造工艺完全相同的情况下，铸件的组织和性能却会出现较大的差异[49,50]，该现象很难从凝固过程工艺参数的选择来解释，而往往需要从凝固前熔体的结构来查找合金组织及性能变化的原因。从发展的角度来看，材料的液态结构与其固态组织之间存在辩证的对立统一关系。金属熔体是结晶的母相，晶态结构是在对液态辩证否定的基础上产生的，因此，该结构中必然继承了液态中的某些信息，液固结构之间存在着密切的相关性。金属熔体结构对其凝固组织及性能具有重要的影响。近些年来，研究人员采用过热处理、热速处理、微合金化处理、外场耦合处理以及添加某些孕育变质剂等手段尝试改变液态金属的结构和状态，进而实现对其凝固组织及综合性能的改善，已初步形成了材料制备的初态设计思想。

Novák 等[51]研究了 $Fe_{83.4}B_{16.6}$ 非晶带的磁性与其熔体过热温度及冷却速率的关系，并指出不同过热熔体对该非晶合金的矫顽力、磁化系数和微观组织均有较大影响，优化的熔体过热度及冷却速率配合将是获得软磁材料的前提条件。同时根据磁化系数与温度的依赖关系推断液态中存在与固态相似的原子有序化，这种短程有序会随温度升高而消失。

Altounian 等[52]研究了熔体过热温度对非晶 $Ni_{33}Zr_{67}$ 合金晶化过程的影响。在不同的熔体过热温度下制取相同厚度的条带状非晶组织，发现其晶化过程存在明显差异。DSC 分析曲线揭示了低温过热熔体快凝后存在着与 $NiZr_2$ 金属间化合物形式非常接近的原子团簇，它使晶化形核所需时间缩短，接着迅速长大而形成一个重叠峰；而高温过热熔体快凝后非晶合金中、短程序晶化时所需要的原子排列及形核的时间较长，导致形核峰与长大峰分离，如图 1.8 所示。同时利用等温晶化动力学方程对非晶合金的晶化过程进行了研究，结果表明，低温过热熔体制取的非晶合金的晶化速率与时间平方成正比；说明该条件下，非晶合金中具有金属间化合物 $NiZr_2$ 特征的原子团簇较多。

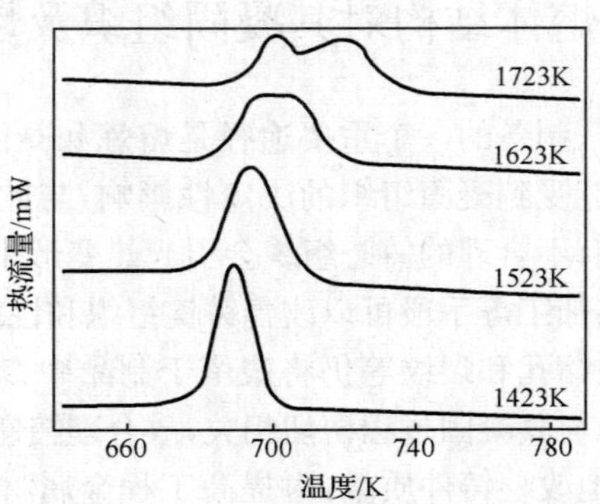

图 1.8　Ni-Zr 非晶合金的 DSC 曲线

Jie 等[53]通过 Al-7Si-0.55Mg 合金熔体的过热处理对其凝固组织及力学性能

进行了研究。结果表明，采用850℃保温30min的熔体过热处理，可获得铸态组织类似于Sr变质的效果；而且富Fe相形态依过热度差异出现从针状到骨骼状的转变。此外，材料的力学性能经处理后高于Sr变质情形。

苏联学者根据液固相关性及液态金属的遗传特征首先提出了熔体的热速处理[54]。该工艺是在金属或合金熔炼时，把液体过热到液相线以上一定温度（通常是高于液相线250～350℃），然后迅速冷却到浇注温度进行浇注。热速处理工艺的目的是为了充分发挥材料的潜力，提高金属产品的性能，显著改善铸锭和铸件的质量。由于热速处理工艺简单，组织细化效果显著，故而应用范围不断扩大。从已发表的文献来看，俄罗斯、乌克兰等一些国家，在这方面的工作起步较早。近十多年来，通过一些研究者的不断努力和大量工作，热速处理的理论和实践日趋完善，应用领域不断扩大，并已取得了较好的经济效益和社会效益。在国内，山东大学边秀房等[55]对Al-Si合金熔体进行了热速处理，发现该工艺对共晶Si具有明显的变质作用，大部分共晶Si由原来的针片状变成点球状，且力学性能与钠盐变质处理相当。同时，热速处理工艺对Al-Si合金中的初晶Si及ZL108合金中的Fe相杂质有明显的细化作用。Al-18%Si合金中初晶Si平均尺寸为70～80μm，将合金过热到1000℃进行热速处理，初晶Si尺寸大部分减小为30～40μm；随处理时熔体温度的提高，粗大针状、花朵状的Fe相杂质逐步变成颗粒状和球状。

关绍康[56]系统研究了熔体过热温度、保温时间、冷热循环及降温速率分别对Al-Fe基快凝合金中初生金属间化合物、初生准晶相、弥散相及基体组织的影响，并提出了包含几种不同性质微观不均匀性合金熔体的物理模型。但是，这方面的实验工作还很少，也不系统，并且没有从熔体结构方面阐述影响其显微结构的机制。

铸造Al-Si合金熔体的变质处理已成为改善其凝固组织及性能的基本工序，加入Na、Sr等变质元素可使共晶Si由粗大的片状转变成细小的纤维状，提高合金力学性能[57]。廖恒成等[58]探讨了Sr+B联合熔体处理对Al-Si-Mg合金组织和力学性能的影响。组织观察及力学性能测试表明，在近共晶铸造Al-Si合金中同时加入Sr和B进行枝晶细化和共晶Si变质联合处理是十分必要的。

近年来，采用外场（电磁场、超声波等）及其耦合效应对合金熔体进行预处理，进而实现金属铸态组织及性能的改善，日益引起冶金及材料科学领域学者的重视[59]。利用高能超声波处理Al或Al合金的熔体是一种新的既符合环保要求又安全的技术，可广泛用于制造商业高强Al合金半成品及其铸件。超声振动具有高能量及其他特殊效应，极大地提高了振动对凝固的作用效果。超声波在液体中传播时，液体分子受到周期性交变声场的作用，产生声空化、声流效应，引起熔体中流动场、压力场和温度场发生变化。空化泡崩溃可以导致过冷液体中固体形核，提高液相形核率。文献[60]研究了超声熔体预处理对7055Al合金凝固组织和力学性能的影响，并基于超声波对熔体产生的空化效应，讨论了熔体中微粒超声活化成为结晶核心，促进形核和细化晶粒的作用机制。显微组织观察和力学性能测试结果表明，经过超声波预处理后，7055Al 合金晶粒明显细化，退火态延伸率和抗拉强度均大幅度提高。

陈康华等[61]研究了超声场下熔体温度对 Sn-Sb 包晶合金凝固组织的影响，分析了其作用机制。结果表明，在超声场作用下，熔体温度对凝固过程有重要影响，过高或过低的熔体温度均不利于凝固组织的细化和均匀化。对 Sb 质量分数为 10.5%的 Sn-Sb 包晶合金，在熔体温度为 300℃时进行超声处理其细化效果最佳。

冶金学发展到现在，人们已认识到抑制柱状晶生长，扩大等轴晶区是改善铸锭或铸坯质量的一个重要措施。在连铸生产上，经常利用电磁搅拌技术发展等轴晶，抑制柱状晶，减少成分偏析。电磁搅拌作用是在电磁力作用下使金属液产生强制对流，将发达的柱状晶前沿折断或熔断，使这些折断的树枝晶碎片成为等轴晶形核的核心，从而扩大等轴晶区，并能消除枝晶“搭桥”，改善铸坯中心疏松和缩孔，减轻中心偏析。此外，电磁搅拌还能消除皮下气孔和皮下夹杂，改善铸坯表面质量。然而，为保证金属液在电磁场作用下的流动特性，必须施加一很大电磁场，因此，连铸中电磁线圈一般比较庞大，不利于设备的安装和维护。特别是一些老的连铸工厂，设备已基本定型，如果引入电磁搅拌来改善铸坯质量，其工程代价将非常高昂。另外，连铸中工作环境非常恶劣，电磁搅拌设备若维护不好很容易出现事故，这对于生产者来讲是不愿意看到的[62]。

近年来研究发现，在金属熔体中施加脉冲电场可以有效改善金属材料的凝固组织及其性能[63～65]。而且由于脉冲电场具有输出峰值高、设备负荷小以及环境友好和操作简便等优点逐渐成为 20 世纪 90 年代凝固组晶技术的新亮点。北京科技大学王建中等对 Al-5%Cu 熔融合金用电脉冲处理后发现，在凝固温度以上，对合金溶液施加一定时间的脉冲电流后，让其降温冷却仍旧可获得明显细化的凝固组织。在此基础上，王建中等提出了电脉冲孕育处理的概念及其唯象作用机制。

综上所述，合金的凝固组织源于熔体结构，受控于凝固过程，体现于金属液态微结构的遗传效应。液相线以上的熔体中的确存在着具有不同组合性质和尺度的原子团簇和短程序共存的微观不均匀区，并且微观不均匀区对凝固后的铸态组织特征具有显著的影响。关于熔体微观不均匀性的实质还有待于进一步研究，在此基础上，各种熔体控制与处理技术及其作用机理还缺乏系统、深入的研究，凝聚态物理的这一前沿领域正日益显示出其勃勃生机。

1.5　电脉冲作用下金属凝固组织改善的研究

1963 年，Troitskii 和 Likhman 最早提出了金属的电致塑性效应[66]；随后美国科学家 Varm 领导的实验室也开始了这方面的工作[67]；Misra[68]首先在低熔点过共晶 Pb-15%Sb-7%Sn 和亚共晶 Pb-10%Sb-3%Sn 三元合金的凝固过程中使用了电流处理技术，得到了均匀细小的凝固组织，还发现把直流电换成交流电也可得到同样的结果。20 世纪 90 年代初，Conrad 等[69]对多晶 Cu 在疲劳过程中通以连续的高密度脉冲电流的疲劳特征进行了研究，其结果表明，脉冲电流能够提高材料疲劳寿命，降低沿晶断裂倾向。目前，国内外很多学者分别在合金凝固的固相区、凝固过程中以及液相区就电脉冲处理技术的应用开展着大量的工作。

1.5.1　在固相区施加电脉冲对金属组织及性能的影响

近二十年来，很多学者在金属的自修复[70]、金属回复和再结晶[71,72]、金属微裂纹的抑制[73]以及金属超塑性[74]等方面探讨电脉冲介入的研究工作，取得了很多新的研究成果。曹丽云等[75]就脉冲电场对 GCr15 轴承钢球化退火组织的影响作了初步的探讨，实验结果表明，采用接触式脉冲电场作用于 GCr15 钢的退火，可明显改善该钢中碳化物的形态与分布，在相同温度下，可缩短 GCr15 钢的球化退火时间。同时指出脉冲电场球化效果的原因在于改变了碳原子扩散的激活能，使得原来碳原子扩散系数 D 增大，进而改善了球化过程。张伟等[76]对几种粗晶材料进行了高密度电脉冲处理，发现在材料内部形成了局域纳米结构，并认为粗晶纳米化转变的机制可归于电脉冲下多种因素的竞争，包括高速加热、热应力、削减的热力学势垒和较大的电子冲击力等。另外，还发现电脉冲处理后的黄铜和金属陶瓷中分别形成了许多低能的位错组态、大量的层错和孪晶，这类缺陷结构演变与电脉冲输入的电能、热能和应力有关。

1.5.2　在凝固过程中施加电脉冲对金属组织及性能的影响

Nakada 等[77]首先使用脉冲电流研究了 Sn-15%Pb 合金的凝固过程，结果证实，脉冲电流可以增加过冷度并使共晶的晶粒度降低一个数量级；周亦胄等[70]不仅在实验上研究了脉冲电流对合金凝固组织的影响，而且在理论上还突破了常规的电迁移理论，用经典热力学和连续介质电动力学对脉冲电流作用下熔体的结晶成核理论和结晶晶粒尺寸的计算作了深入的研究，取得了一些有意义的成果；高明[78]又对熔点较高的 ZA27 合金凝固过程中施加强脉冲电流处理，发现脉冲电流提高了合金的抗拉强度和延伸率，如表 1.3 所示。

表 1.3　脉冲电流处理和未处理 ZA27 合金的抗拉强度和延伸率

力学性能	σ_b/MPa	δ/%
未处理	234	2.3
处理	370	3.7

同时，还发现脉冲电流可以抑制合金中枝状晶的长大，使晶粒细化，如图 1.9 所示。图 1.9(a)表明，未加脉冲电流处理的金相组织具有发达的枝状晶结构；图 1.9(b)表明，加脉冲电流处理后的金相组织，基本上没有长大的枝状晶。可见，脉冲电场在细化晶粒中具有显著的效果。

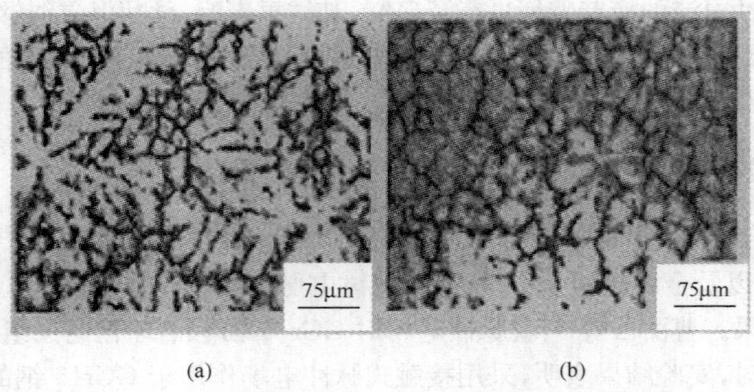

图 1.9　脉冲电流处理前后 ZA27 合金的组织结构

1.5.3　金属熔体的电脉冲处理技术及其作用机理

在金属凝固液相区施加电脉冲来研究对其凝固组织影响的工作开展得比较晚。1.3.3 节已经介绍了外场诱导液-液结构转变特点，在此理论基础上，开发了电脉冲熔体孕育处理技术，其装置示意图如图 1.10 所示。1998 年，王建中等[44,45]在熔点以上对 9Cr2MoV 钢液施加电脉冲，考察了该方法对钢凝固组织的影响，结果发现电脉冲能够缩小钢锭的柱状晶区，减缓柱状晶的生长趋势，但是电脉冲处理钢液依然存在衰退问题。

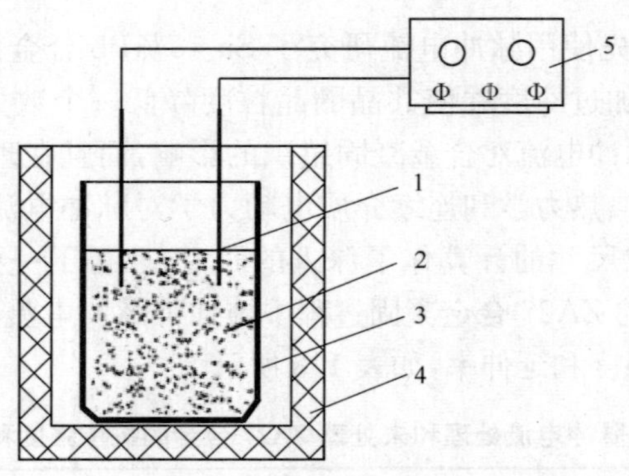

图 1.10　脉冲电场处理金属熔体装置示意图

1. 电极；2. 合金液；3. 石墨坩埚；4. 井式电阻炉；5. 电脉冲发生装置

随后进行的系列研究表明，电脉冲对金属熔体的孕育处理可改善铸锭的组织，有效细化钢、铸铁以及铝铜合金的晶粒，该技术已用于钢的方坯连铸生产中。陈庆福等[79]用电脉冲孕育处理技术制备了 CuAlNi 形状记忆多晶合金，对未孕育和孕育处理合金的宏观组织进行了分析，测试了未孕育和孕育合金铸造的形状记忆效应。结果表明，电脉冲处理使多晶 CuAlNi 合金铸锭的宏观组织得到明显改善，几乎由完全的等轴晶区构成，铸锭集中缩孔体积减小，合金的晶粒尺寸显著细化，电脉冲处理后材料铸态的形状记忆效应得到明显提高。何树先等[80]也对 A356 铝合金低温熔体采用高密度脉冲电流处理以考察对其凝固组织的影响。

参考文献

[1] Morrell W E, Hildebrand J H. The distribution of molecules in a model liquid. Journal of Chemical Physics, 1936, 4: 224～227.

[2] Bernal J D. Geometry of the structure of monatomic liquids. Nature, 1960, 185: 68～70.

[3] Gong X G, Chiarotti G L, Parrinello M, et al. Coexistence of monatomic and diatomic molecular fluid character in liquid gallium. Europhysics Letters, 1993,21: 469～474.

[4] Kurosawa T. On the melting of ionic crystals. Journal of the Physical Society of Japan, 1957,12: 338～346.

[5] Mizushima S. Dislocation model of liquid structure. Journal of the Physical Society of Japan, 1960,15: 70～77.

[6] Edwards S F, Warner M. A dislocation theory of crystal melting and of glasses. Philosophical Magazine, 1979,40: 257～278.

[7] Cotterill R M J, Kristensen W D, Jensen E J. Molecular dynamics studies of melting: Ⅲ. Spontaneous dislocation generation and the dynamics of melting. Philosophical Magazine, 1974,30: 245～263.

[8] Enderby J. Direct methods for the determination of atomic-scale structure of amorphous solids. Journal of Non-Crystalline Solids, 1978,31: 1～40.

[9] 黄胜涛. 固体 X 射线学(二). 北京: 高等教育出版社, 1990: 125.

[10] 边秀房, 王伟民, 李辉, 等. 金属熔体结构. 上海: 上海交通大学出版社, 2003: 8.

[11] 边秀房. 铝合金的熔体结构及其遗传性研究[博士学位论文]. 济南: 山东大学, 2001.

[12] 黄新明. 硅熔体的密度、表面张力和黏度. 物理, 1997, 26(1): 37～42.

[13] Zu F Q, Guo L J, Zhu Z G, et al. Relative energy dissipation: Sensitive to structural changes of liquids. Chinese Physics Letters, 2002, 19(1): 94～97.

[14] 程素娟. 金属熔体原子团簇的微观热收缩现象[博士学位论文]. 济南: 山东大学, 2004.

[15] Sasaki H, Tokizaki E, Terashima K, et al. The density of silicom melt. Japanese Journal of Applied Physics, 1994,33: 6078～6081.

[16] Bian X F, Sun M H, Xue X Y, et al. Medium-range order and viscosity of molten Cu-23%Sn alloy. Materials Letters, 2003,57: 2001～2006.

[17] 孙民华, 耿浩然, 边秀房, 等. Al 熔体黏度的突变点及与熔体微观结构的关系. 金属学报, 2000, 36(11): 1134～1138.

[18] 杨中喜, 耿浩然, 陶珍东, 等. 液态 Sn 的黏度及其熔体微观结构的变化. 原子与分子物理学报, 2004, 21(4): 663～666.

[19] 桂满昌. Al-Si 合金变质机理及共晶 Si 形态控制[博士学位论文]. 哈尔滨：哈尔滨工业大学，1994.

[20] Iida T, Guthrie R. The physical properties of liquid metals. Oxford: Science Publication, 1988: 78.

[21] 李培杰，陈岗，贾均，等. 液态物理进展(Ⅰ). 武汉：武汉大学出版社，1997：23.

[22] 许顺生. X 射线衍射学进展. 北京：科学出版社，1986：56.

[23] Greenfield A J, Wellendorf J, Wiser N. X-ray determination of the static structure factor of liquid Na and K. Physical Review A, 1971,4: 1607～1616.

[24] Gabathuler J P, Steeb S. Uber die struktur von Si-, Ge-, Sn-, und Pb-Schmelzen. Z. Naturforsch, 1979,34: 1314～1319.

[25] Teixeira J. Structure of liquid metals determined by scattering techniques. Materials Science and Engineering A, 1994,178: 9～17.

[26] Swenson J, Borjesson L, Howells W S. Structure of fast-ion-conducting lithium and sodium borate glasses by neutron diffraction and reverse Monte Carlo simulations. Physical Review B, 1997,57: 13514～13519.

[27] 物理学评述委员会(美). 凝聚态物理学. 北京：科学出版社，1994：53.

[28] 胡壮麒，王鲁红，刘轶. 电子和原子层次材料行为的计算机模拟. 材料研究学报，1998，12(1)：1～19.

[29] Mcdonald I R. NPT-ensemble Monte Carlo calculations for binary liquid mixtures. Molecular Physics, 1972,23: 41～58.

[30] Sadigh B, Dzugutov M, Elliott S R. Vacancy ordering and medium-range structure in a simple monatomic liquid. Physical Review B, 1999,59: 1～4.

[31] 陈魁英，刘洪波. 过冷液态 Mg70Zn30 合金微观结构的分子动力学研究. 自然科学进展，1996，6(1)：98～104.

[32] 李辉，边秀房，王伟民. 纯铝熔体的微观动力学行为. 原子与分子物理学报，2000，17(1)：123～128.

[33] Li H, Bian X F, Liu X F. The properties of Al_3Fe melt under the different temperatures. Acta Chimica Sinica, 1999, 57(7): 775～781.

[34] 刘让苏. 非晶态金属形成过程中微观结构转变特性的模拟研究. 科学通报，1995，40(11)：979～982.

[35] Katayama Y. A first-order liquid-liquid phase transition in phosphorus. Nature, 2000,403: 170～173.

[36] Yao M, Endo H. Structure and physical properties of liquid chalcogens. Journal of Non-Crystalline Solids, 1996,205-207: 85～88.

[37] Narushima T, Hattori T, Kinoshita T, et al. Pressure dependence of the structure of liquid Sn up to 19.4 GPa. Physical Review B, 2007,76: 104204～104211.

[38] Brazhkin V V, Katayama Y, Kondrin M V, et al. AsS melt under pressure: One substance, three liquids. Physical Review Letters, 2008,100: 145701～145704.

[39] 郭丽君，祖方遒，朱震刚. 以内耗技术探索 Pb-Sn 合金熔体的结构变化. 物理学报，2002，51(2)：300～303.

[40] Zu F Q, Zhu Z G. Post-melting anomaly of Pb-Bi melts observed by internal friction technique. Journal of Physics: Condensed Matter, 2001,13: 11435～11439.

[41] 丁国华，祖方遒，余谨，等. 温度诱导液态 In-80%Sn 合金结构非连续变化的分形分析. 金属学报，2006，42(12)：1259～1261.

[42] Lu K Q, Wang Q, Li C X, et al. The structures, electronic states and properties in liquid Ga-Sb and In-Sb systems. Journal of Non-Crystalline Solids, 2002,312-314: 34～40.

[43] Popel P S，Calvo-Dahlborg M，Dahlborg U. Metastable microheterogeneity of melts in eutectic and monotectic systems and its influence on the properties of the solidified alloy. Journal of Non-Crystalline Solids，2007，353：3243～3253.

[44] 王建中. 电脉冲孕育处理技术与液态金属团簇结构假说的研究[博士学位论文]. 北京：北京科技大学，1998.

[45] 王建中，苍大强，张加泉. 金属液的脉冲孕育处理：中国，ZL1998100543. 8. 1998.

[46] 唐勇. 电脉冲作用后液态金属结构及其对碳钢凝固组织改善的研究[博士学位论文]. 北京：北京科技大学，2000.

[47] 齐锦刚. 铝熔体的电脉冲处理及其液态结构研究[博士学位论文]. 北京：北京科技大学，2006.

[48] 刘兴江. 电脉冲处理对纯金属凝固组织及性能影响的研究[博士学位论文]. 北京：北京科技大学，2006.

[49] 刘相法. AlTiB 中间合金的遗传性研究[博士学位论文]. 济南：山东工业大学，1997.

[50] 汪复兴. 金属物理. 北京：冶金工业出版社，1990：133.

[51] Novák L，PotockÝ L，Lovas A，et al. Influence of the melt overheating and the cooling rate on the magnetic properties of $Fe_{83.4}B_{16.6}$ amorphous alloys. Journal of Magnetism and Magnetic Materials，1980，19：149～151.

[52] Altounian Z，Strom-Olsen J O，Walter J L. A search for phase separation in amorphous NiZr2. Journal of Applied Physics，1984，55：1566～1571.

[53] Jie W Q，Chen Z W，Reif W，et al. Superheat treatment of Al-7Si-0. 55Mg melt and its influences on the solidification structures and the mechanical properties. Metallurgical and Materials Transactions，2003，34：799～806.

[54] 边秀房，刘相法，马家骥. 铸造金属遗传学. 济南：山东科学技术出版社，1999：156.

[55] 边秀房，张国华，赵生旭. 熔体处理对 Al-Si 合金铁相形貌的影响. 特种铸造及有色合金，1992，4：19～21.

[56] 关绍康. 熔体热历史对快凝铝铁基合金显微结构影响的研究[博士学位论文]. 北京：北京科技大学，1995.

[57] 王伟民. Al-Si 合金熔体的微观结构及 Si 原子集团的演化行为[博士学位论文]. 济南：山东工业大学，1998.

[58] 廖恒成，夏锦宏，孙国雄. Sr+B 联合熔体处理对 Al-Si-Mg 合金组织和力学性能的影响. 中国有色金属学报，2003，13(1)：27～34.

[59] Tang Y，Wang J Z，Cang D Q. Electro-pulse on improving steel ingot solidification structure. Journal of University of Science and Technology Beijing，1999，6(2)：94～98.

[60] Abramov O V. Action of high intensity ultrasonic on solidifying metal. Ultrasonic，1987，25(2)：73～76.

[61] 陈康华，黄兰萍，胡化文，等. 熔体超声波处理对超强铝合金组织和性能的作用. 中南大学学报，2005，36(3)：354～357.

[62] 高守雷，张家涛，翟启杰，等. 超声场下熔体温度对 SnPb 合金凝固组织的影响. 特种铸造及有色合金，2003，3：21～22.

[63] 王建中，齐锦刚，杜慧玲，等. 电脉冲孕育处理对纯铝凝固组织的影响. 材料科学与工艺，2008，16(5)：646～649.

[64] Barnak J P，Sprecher A F，Conrad H. Colony reduction in eutectic Pb-Sn casting by electropulsing.

Scripta Metall Mater，1995,32：879～884.

[65] Li J M，Li S L，Li J，et al. Modification of solidification structure by pulse electric discharging. Scripta Metall Mater，1994,31：1691～1694.

[66] Troitskii O A，Likhman V I. Pressing shaping by the application of a high energy. Materials Science and Engineering，1985,75：37～40.

[67] Varm S K. The electroplastic effect in aluminium. Scripta Metallurgica，1979,13：733～735.

[68] Misra A K. A novel solidification technique of metals and alloys：Under the influence of applied potentials. Scripta Metallurgica，1988,22：235～237.

[69] Conrad H，Karam N，Mannan S. Effect of electric current pulse the recrystallization kinetics of copper. Scripta Metallurgica，1999,42：112～116.

[70] 周亦胄，周本濂，郭晓楠，等. 脉冲电流对 45 钢损伤的恢复作用. 材料研究学报，2000，14(1)：29～31.

[71] 周亦胄，郭敬东. 脉冲电流对低碳微合金钢力学性能的影响. 材料研究学报，2002，6(3)：243～246.

[72] 周亦胄，肖素红，郭敬东，等. 脉冲电流对冷加工黄铜的组织及性能的影响. 材料研究学报，2002，16(4)：375～378.

[73] 周亦胄，肖素红. 脉冲电流作用下碳钢淬火裂纹的愈合. 金属学报，2000，36(1)：43～47.

[74] 刘志义，刘冰. 脉冲电流对 Al-Li 合金超塑变形机理的影响. 金属学报，2000，36(9)：944～948.

[75] 曹丽云，王建中，刘兴江，等. 脉冲电场对 GGr15 钢球化退火组织的影响. 辽宁工学院学报，2001，26(11)：6～9.

[76] 张伟，隋曼龄，周亦胄，等. 高密度电脉冲下材料微观结构的演变. 金属学报，2003，39(10)：1009～1014.

[77] Nakada M，Shiohara Y，Flemings M. Modification of solidification structure by pulse electric discharging. ISIJ International，1990,30：27～33.

[78] 高明. 强脉冲电流对铸造 ZA27 合金性能的影响. 材料研究学报，2001，6(1)：74～78.

[79] 陈庆福，王建中，赵连城，等. 电脉冲孕育处理细化 CuAlNi 合金的宏观组织与铸态形状记忆效应. 材料科学与工艺，2001，9(3)：240～244.

[80] 何树先，王俊，周尧和，等. 高密度脉冲电流对 A356 铝合金低温熔体凝固组织的影响. 金属学报，2002，38(5)：479～482.

第二章　电脉冲产生原理与基本特性

2.1　脉冲电路的用途和特点

电脉冲(electric pulse)是由电容或者间歇性电源产生的非稳态电流场,交流电可看成一种脉冲电流,而其中的一个周期过程就可以看成一个电脉冲。电脉冲技术发展到现在,日益向高频、高峰值趋势发展。电脉冲技术在材料、生物、医学、军事及生产各个领域的广泛应用,使其理论分析变得尤为重要。其主要作用原理包括:高能焦耳热效应、热压效应、高频磁感效应、电致塑性等。

在电工学中,通常称作用时间很短且间隔时间较长的电压或电流波形具有脉冲特征,其广义理解甚至可将一切非正弦波包括在内。多数电脉冲具有一定的周期性,即每隔一定时间,按同一规律做重复变化。常规脉冲电路一般由电阻、电容、电感以及作为开关元件的晶体管、晶闸管等组成。在脉冲产生、转换与放大过程中,脉冲波形会发生多种多样的变化,但其共同特点是每一个脉冲波形都是由若干暂态过程所组成。电脉冲的理论分析经常要使用脉冲波形的函数表达式,即对于规则的、周期的脉冲,幅值与时间之间存在着确定的函数关系[1]。

电脉冲有各式各样的形状,常见波形有矩形、三角形、锯齿形、钟形、阶梯形、尖顶形以及正弦、矩形衰减、正弦衰减、群阵等。最具有代表性的是矩形脉冲。要说明一个矩形脉冲的特性可以用脉冲幅度 U_m、脉冲周期 T 或频率 f、脉冲前沿 t_r、脉冲后沿 t_f 和脉冲宽度 t_K 表示。如果一个脉冲的宽度 $t_K=1/2T$,即为一方波。电脉冲主要波形图如图 2.1～图 2.3 所示。

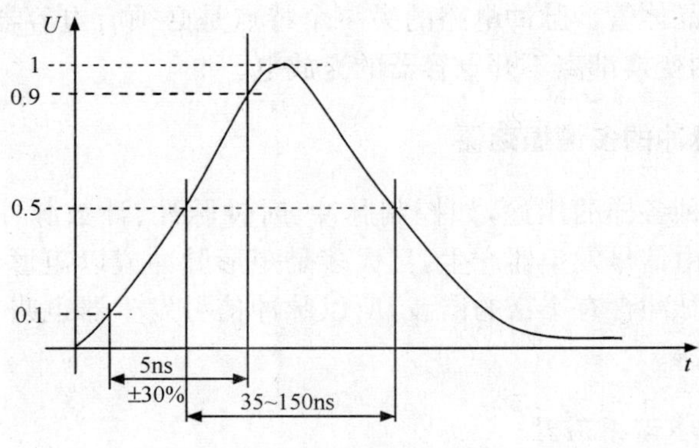

图 2.1　单个脉冲

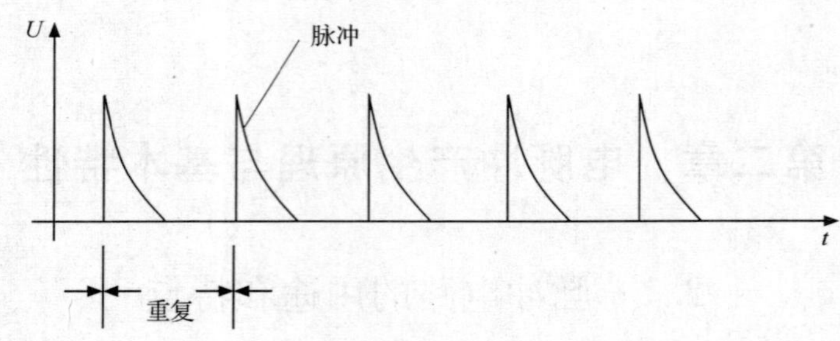

图 2.2　多组脉冲

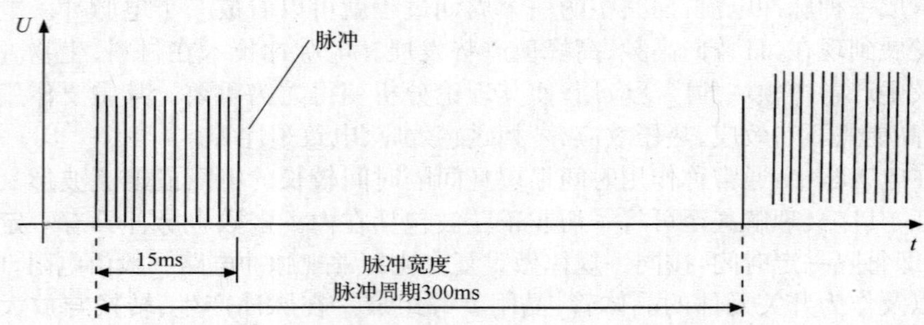

图 2.3　脉冲群

脉冲电路是专门用来产生电脉冲和对电脉冲进行放大、变换和整形的电路。家用电器中的定时器、报警器、电子开关、电子钟表、电子玩具以及电子医疗器具等,都要用到脉冲电路。脉冲电路和放大振荡电路最大不同点是:脉冲电路中的晶体管工作在开关状态。大多数情况下,晶体管是工作在特性曲线的饱和区或截止区的,所以脉冲电路有时也叫开关电路。从所用的晶体管也可以看出,在工作频率较高时都采用专用的开关管,如 2AK、2CK、3DK、3AK 型管,只有在工作频率较低时才使用一般的晶体管。脉冲电路的另一个特点是必须有电容器作关键元件,脉冲的产生、波形的变换都离不开电容器的充放电。

2.1.1　产生电脉冲的多谐振荡器

电脉冲有各种各样的用途,如控制脉冲、时钟脉冲、计数脉冲及触发脉冲等。这些电脉冲均可由信号发生器产生,且大多是矩形脉冲或以矩形脉冲为原型变换而成。由于矩形脉冲含有丰富的谐波,所以脉冲信号发生器也叫自激多谐振荡器或简称多谐振荡器。

1. 集基耦合多谐振荡器

典型分立元件集基耦合多谐振荡器如图 2.4 所示,它由两个晶体管反相器经

RC 电路交叉耦合接成正反馈电路组成。两个电容器交替充放电使两晶体管交替导通和截止，使电路不停地从一个状态自动翻转到另一状态，形成自激振荡。从 A 点或 B 点可得到输出脉冲。当 $R_1=R_2=R_3$、$C_1=C_2=C_3$ 时，输出是幅度接近 E 的方波，脉冲周期 $T=1.4RC$。如果两边不对称，则输出为矩形脉冲。

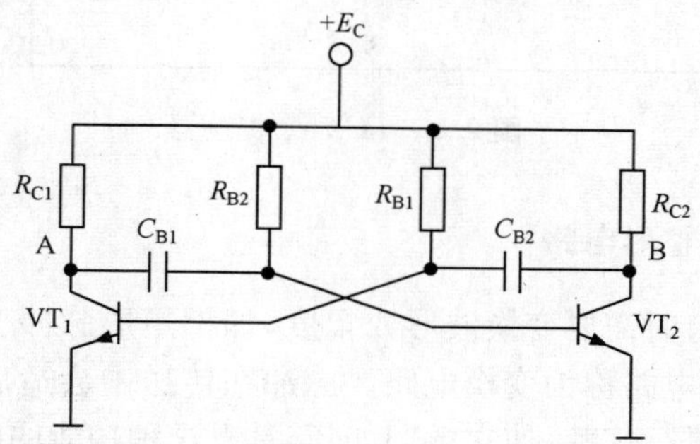

图 2.4　分立元件集基耦合多谐振荡器

2. 集成化双门多谐振荡器

用集成化的门电路组成的多谐振荡器电路更简单，如图 2.5 所示。调节两个门的接地电阻可以控制它们交替地导通和截止。当 $R_1=R_2=R$、$C_1=C_2=C$ 时，可得到脉冲周期 $T=2.2RC$ 的方波脉冲。

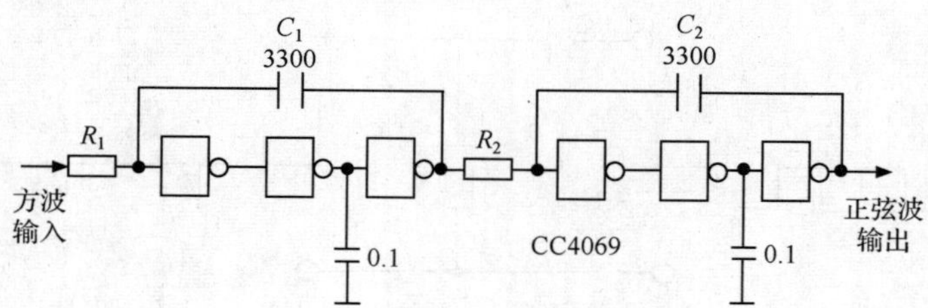

图 2.5　门电路组成的多谐振荡器

3. RC 环形振荡器

图 2.6 是常用的 RC 环形振荡器。它用奇数个门首尾相连组成闭环形，环路中有 RC 延时电路。图中 R_0 是保护电阻，R 和 C 是延时电路元件，它们的数值决定脉冲周期。输出脉冲周期 $T=2.2RC$。如果把 R 换成电位器，就成为脉冲频率可调的多谐振荡器。因为这种电路简单可靠，使用方便，频率范围宽，可以从几赫兹变化到几兆赫兹，所以被广泛应用。

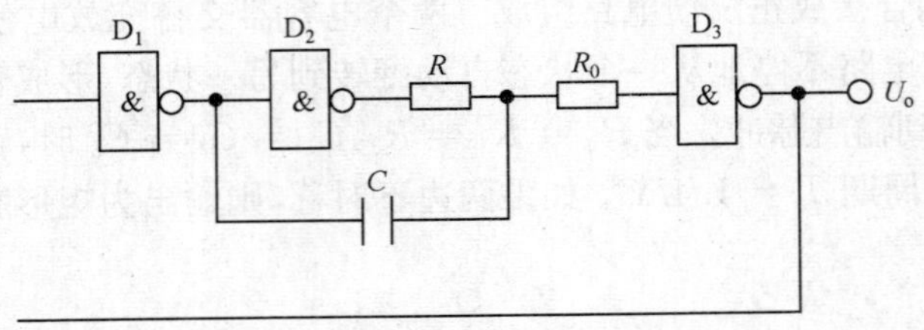

图 2.6　RC 环形振荡器

2.1.2　脉冲变换和整形电路

脉冲在工作中有时需要变换波形或幅度，如把矩形脉冲变成三角波或尖脉冲等，具有这种功能的电路称为变换电路。脉冲在传送中会造成失真，因此，常常要对波形不好的脉冲进行修整，使它整旧如新，具有这种功能的电路称为整形电路。

1. 微分电路

微分电路是脉冲电路中最常用的波形变换电路，它和放大电路中的 RC 耦合电路很相似，如图 2.7 所示。当脉冲电路中输入时间为常数，输入矩形脉冲，由于电容器充放电极快，输出可得到一对尖脉冲。输入脉冲前沿输出正向尖脉冲，输入脉冲后沿则输出负向尖脉冲。这种尖脉冲常被用做触发脉冲或计数脉冲。

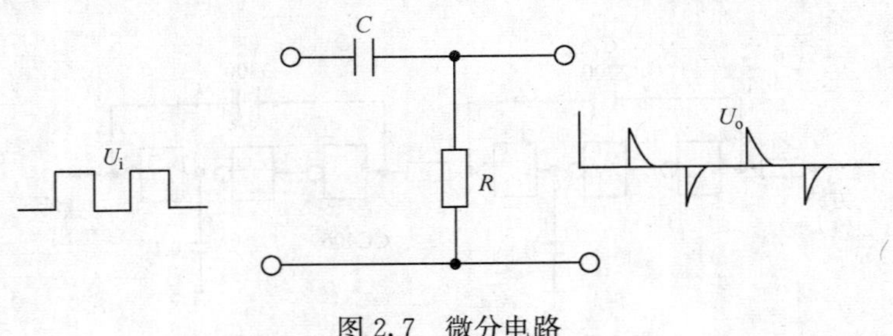

图 2.7　微分电路

2. 积分电路

把图 2.7 中的 R 和 C 互换，并使 $T = RC \gg t_K$，电路就成为积分电路，如图 2.8所示。当输入矩形脉冲时，由于电容器充放电很慢，输出得到的是一串幅度较低的近似三角形的脉冲波。

3. 限幅器

能限制脉冲幅值的电路称为限幅器或削波器。图 2.9 是用二极管和电阻组成的上限幅电路，它能把输入的正向脉冲削掉；如果把二极管反接，就成为削掉负脉

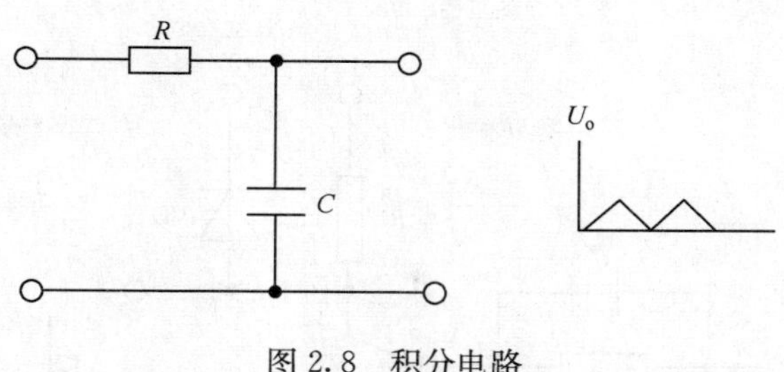

图 2.8　积分电路

冲的下限幅电路。用二极管或三极管等非线性器件可组成各种限幅器，或是变换波形（如把输入脉冲变成方波、梯形波、尖脉冲等），或是对脉冲整形（如把输入高低不平的脉冲系列削平成为整齐的脉冲系列等）。

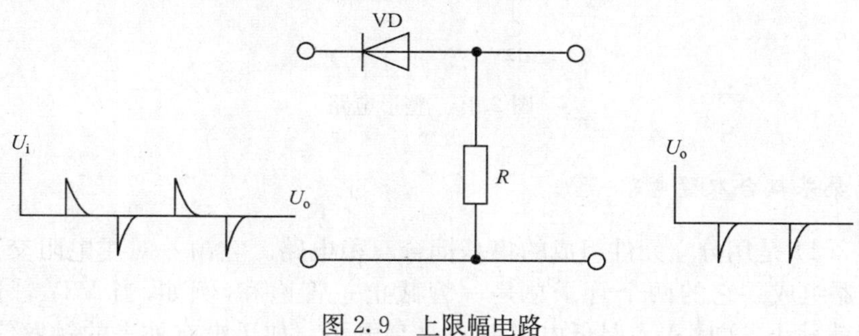

图 2.9　上限幅电路

4. 钳位器

能把脉冲电压维持在某个数值上而使波形保持不变的电路称为钳位器。它也是整形电路的一种。例如，电视信号在传输过程中会造成失真，为了使脉冲波形恢复原样，接收机里就要用钳位电路把波形顶部钳制在某个固定电平上。图 2.10 中反相器输出端上就有一个钳位二极管 VD。如果没有这个二极管，输出脉冲高电平应该是 12V，现在增加了钳位二极管，输出脉冲高电平被钳制在 3V 上。此外，像反相器、射极输出器等电路也有“整旧如新”的作用，也可认为是整形电路。

2.1.3　有记忆功能的双稳电路

多谐振荡器的输出总是时高时低地变换，所以它也叫无稳态电路。另一种双稳态电路就截然不同，双稳电路有两个输出端，它们总是处于相反的状态：一个是高电平，另一个必定是低电平。它的特点是如果没有外来的触发，输出状态能一直保持不变。所以常被用做寄存二进制数码的单元电路。

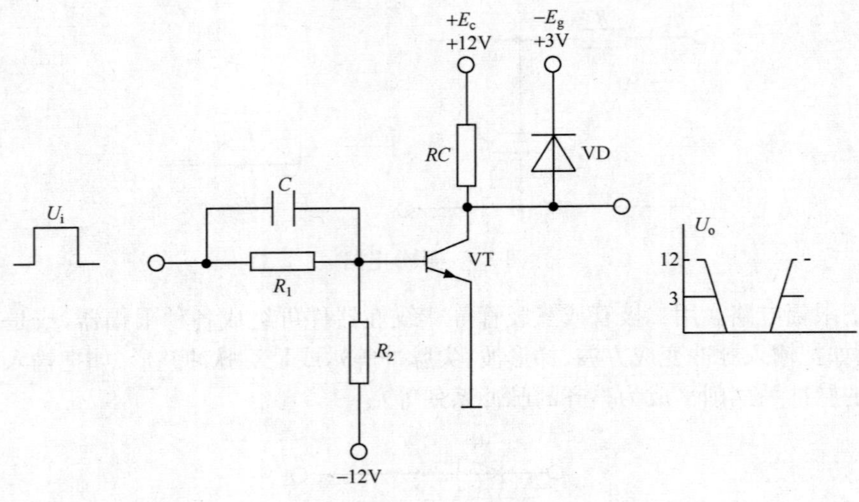

图 2.10　整形电路

1. 集基耦合双稳电路

图 2.11 是用分立元件组成的集基耦合双稳电路。它由一对用电阻交叉耦合的反相器组成。它的两个管子总是一管截止一管饱和，例如，当 VT_1 管饱和时 VT_2 管就截止，这时 A 点是低电平 B 点是高电平。如果没有外来的触发信号，它就保持这种状态不变。如把高电平表示为数字信号"1"，低电平表示为"0"，那么这时就可以认为双稳电路已经把数字信号"1"寄存在 B 端了。电路的基极分别加有微分电路。如果在 VT_1 基极加上一个负脉冲(称为触发脉冲)，就会使 VT_1 基极电位下降，由于正反馈的作用，使 VT_1 很快从饱和转入截止，VT_2 从截止转入饱和。于是双稳电路翻转成 A 端为"1"B 端为"0"，并一直保持下去。

2. 触发脉冲的触发方式和极性

双稳电路的触发电路形式和触发脉冲极性选择比较复杂。从触发方式看，因为有直流触发(电位触发)和交流触发(边沿触发)的分别，所以触发电路形式各有不同。从脉冲极性看，也是随着晶体管极性以及触发脉冲加在哪个管子(饱和管还是截止管)上、哪个极上(基极还是集电极)而变化的。在实际应用中，因为微分电路能容易地得到尖脉冲，触发效果较好，所以都用交流触发方式。触发脉冲所加的位置多数是加在饱和管的基极上。所以使用 NPN 管的双稳电路所加的是负脉冲，而 PNP 管双稳电路所加的是正脉冲。

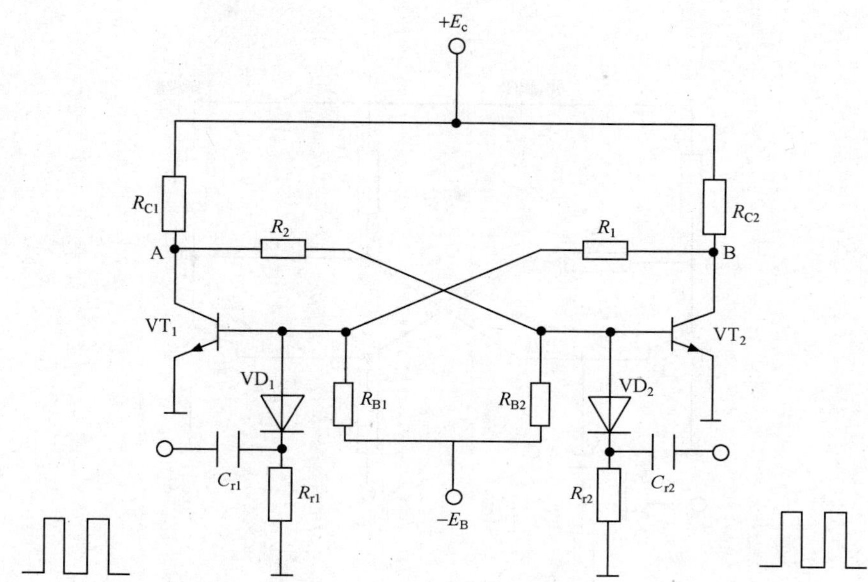

图 2.11　集基耦合双稳电路

3. 集成触发器

除了用分立元件外，也可以用集成门电路组成双稳电路。但实际上因为目前有大量的集成化双稳触发器产品可供选用，如 R-S 触发器、D 触发器、J-K 触发器等，所以一般不使用门电路搭成的双稳电路而直接选用现成产品。有延时功能的无稳电路有 2 个暂稳态而没有稳态，双稳电路则有 2 个稳态而没有暂稳态。脉冲电路中常用的第 3 种电路叫单稳电路，它有一个稳态和一个暂稳态。如果也用门来做比喻，单稳电路可以看成是一扇弹簧门，平时它总是关着的，“关”是它的稳态。当有人推它或拉它时门就打开，但由于弹力作用，门很快又自动关上，恢复到原来的状态，所以“开”是它的暂稳态。单稳电路常被用做定时、延时控制以及整形等。

图 2.12 是一个典型的集基耦合单稳电路。它也是由两级反相器交叉耦合而成的正反馈电路。它的一半和多谐振荡器相似，另一半和双稳电路相似，再加上它也有一个微分触发电路，所以可以想象出它是由半个无稳电路和半个双稳电路凑合成的，它应该有一个稳态和一个暂稳态。平时它总是一管（VT_1）饱和，另一管（VT_2）截止，这就是它的稳态。当输入一个触发脉冲后，电路便翻转到另一种状态，但这种状态只能维持不长的时间，很快它又恢复到原来的状态。电路暂稳态的时间是由延时元件 R 和 C 的数值决定的，且 $T = 0.7RC$。

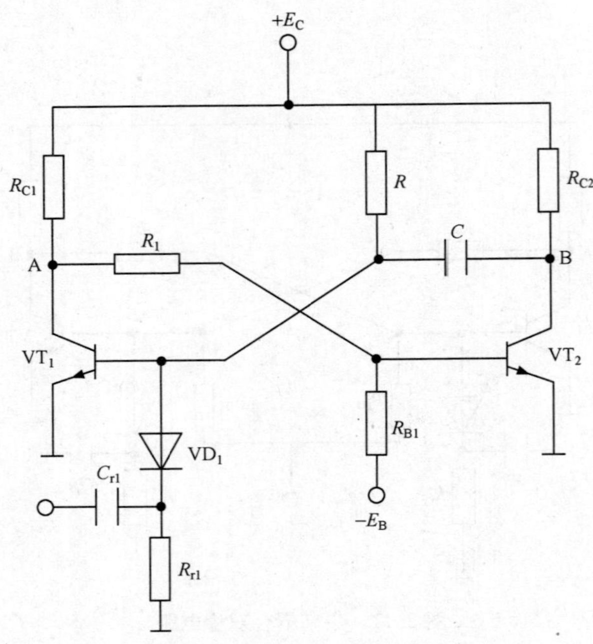

图 2.12　集基耦合单稳电路

用集成门电路也可组成单稳电路。图 2.13 是微分型单稳电路，它用 2 个与非门交叉连接，门 1 输出到门 2 是用微分电路耦合，门 2 输出到门 1 是直接耦合，触发脉冲加到门 1 的另一个输入端 U。它的暂稳态时间即定时时间为 $t=(0.7\sim1.3)RC$。

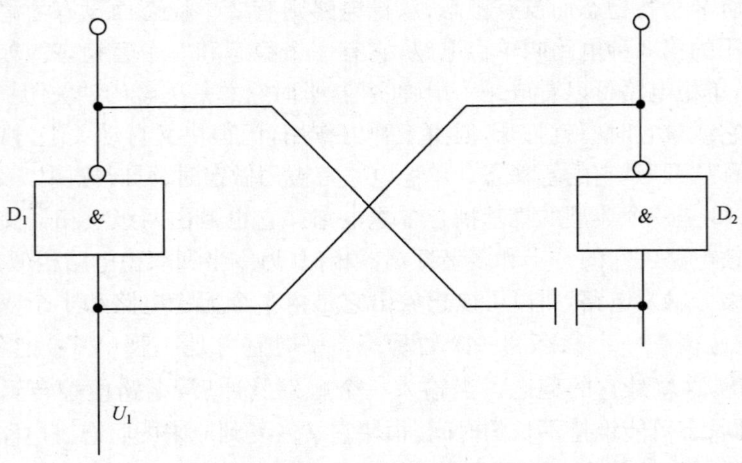

图 2.13　微分型单稳电路

2.2　振荡电路的工作原理及用途

不需要外加信号就能自动地把直流电能转换成具有一定振幅和一定频率的交流信号的电路称为振荡电路或振荡器，这种现象也叫做自激振荡。或者说，能够产生交流信号的电路就叫做振荡电路。

一个振荡器必须包括三部分：放大器、正反馈电路和选频网络。放大器能对振荡器输入端所加的输入信号予以放大使输出信号保持恒定的数值；正反馈电路保证向振荡器输入端提供的反馈信号是相位相同的，只有这样才能使振荡维持下去；选频网络则只允许某个特定频率 f_0 能通过，使振荡器产生单一频率的输出。

振荡器能不能振荡起来并维持稳定的输出是由以下两个条件决定的：一个是反馈电压 U_f 和输入电压 U_i 要相等，这是振幅平衡条件；二是 U_f 和 U_i 必须相位相同，这是相位平衡条件，也就是说必须保证是正反馈。一般情况下，振幅平衡条件往往容易做到，所以在判断一个振荡电路能否振荡，主要是看它的相位平衡条件是否成立。

振荡器按振荡频率的高低可分为超低频（20Hz 以下）、低频（20Hz～200kHz）、高频（200kHz～30MHz）和超高频（30～350MHz）等几种；按振荡波形可分为正弦波振荡和非正弦波振荡两类。

正弦波振荡器按照选频网络所用的元件可以分为 *LC* 振荡器、*RC* 振荡器和石英晶体振荡器三种。石英晶体振荡器有很高的频率稳定度，只在要求很高的场合使用。在一般家用电器中，大量使用着各种 *LC* 振荡器和 *RC* 振荡器。

2.2.1　*LC* 振荡器

LC 振荡器的选频网络是 *LC* 谐振电路，它们的振荡频率都比较高，常见电路有三种。

1. 变压器反馈 *LC* 振荡电路

图 2.14(a)是变压器反馈 *LC* 振荡电路。晶体管 VT 是共发射极放大器。变压器 T 的初级是起选频作用的 *LC* 谐振电路，变压器 T 的次级向放大器输入提供正反馈信号。接通电源时，*LC* 回路中出现微弱的瞬变电流，但是只有频率和回路谐振频率 f_0 相同的电流才能在回路两端产生较高的电压，这个电压通过变压器初次级 L_1、L_2 的耦合又送回到晶体管 VT 的基极。从图 2.14(b)可以看到，只要接法没有错误，这个反馈信号电压是和输入信号电压相位相同的，也就是说，它是正反馈。因此，电路的振荡迅速加强并最后稳定下来。

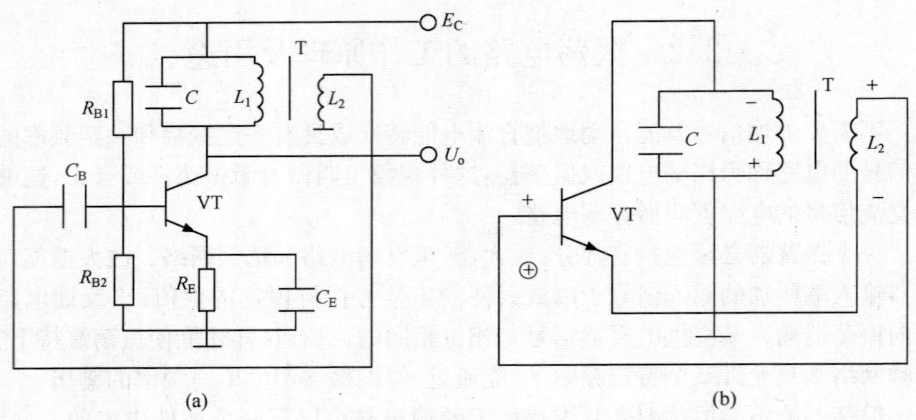

图 2.14　变压器反馈 LC 振荡电路

变压器反馈 LC 振荡电路的特点是：频率范围宽、容易起振，但频率稳定度不高。它的振荡频率是 $f_0 = 1/(2\pi LC)$。常用于产生几十千赫兹到几十兆赫兹的正弦波信号。

2. 电感三点式振荡电路

图 2.15(a)是另一种常用的电感三点式振荡电路。图中电感 L_1、L_2 和电容 C 组成起选频作用的谐振电路。从 L_2 上取出反馈电压加到晶体管 VT 的基极。从图 2.15(b)可以看到，晶体管的输入电压和反馈电压是同相的，满足相位平衡条件，因此电路能起振。由于晶体管的 3 个极是分别接在电感的 3 个点上的，因此被称为电感三点式振荡电路。

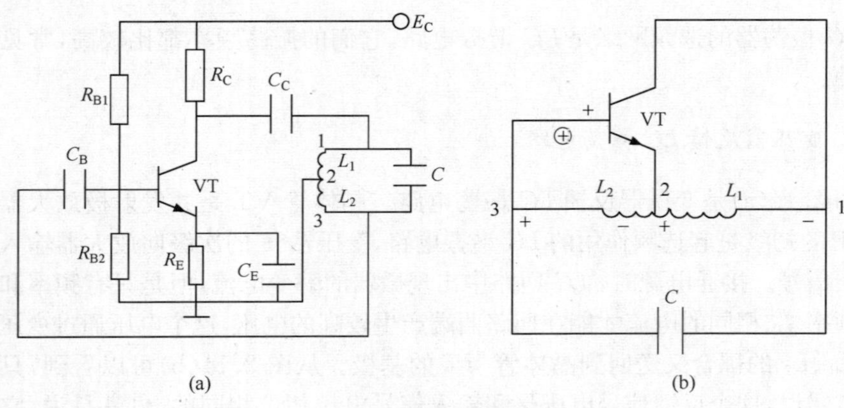

图 2.15　电感三点式振荡电路

电感三点式振荡电路的特点是:频率范围宽、容易起振,但输出含有较多高次调波,波形较差。它的振荡频率是 $f_0 = 1/(2\pi LC)$,其中,$L = L_1 + L_2 + 2M$。常用于产生几十兆赫兹以下的正弦波信号。

3. 电容三点式振荡电路

还有一种常用的振荡电路是电容三点式振荡电路,如图 2.16(a)所示。图中电感 L 和电容 C_1、C_2 组成起选频作用的谐振电路,从电容 C_2 上取出反馈电压加到晶体管 VT 的基极。从图 2.16(b)可以看到,晶体管的输入电压和反馈电压同相,满足相位平衡条件,因此电路能起振。由于电路中晶体管的 3 个极分别接在电容 C_1、C_2 的 3 个点上,因此被称为电容三点式振荡电路。

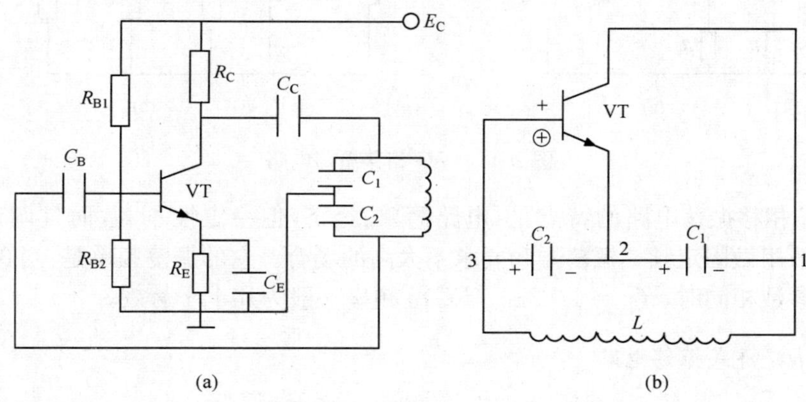

图 2.16　电容三点式振荡电路

电容三点式振荡电路的特点是:频率稳定度较高,输出波形好,频率可以高达 100MHz 以上,但频率调节范围较小,因此适合于用做固定频率的振荡器。它的振荡频率是 $f_0 = 1/2\pi LC$,其中,$C = C_1 + C_2$。

上面三种振荡电路中的放大器都是用共发射极电路,共发射极接法的振荡器增益较高,容易起振。也可以把振荡电路中的放大器接成共基极电路形式,共基极接法的振荡器振荡频率比较高,而且频率稳定性好。

2.2.2 *RC* 振荡器

RC 振荡器的选频网络是 *RC* 电路,它们的振荡频率比较低,常用的电路有两种。

1. *RC* 相移振荡电路

图 2.17(a)是 *RC* 相移振荡电路。电路中的 3 节 *RC* 网络同时起到选频和正

反馈的作用。从图 2.17(b)的交流等效电路可以看到：因为是单级共发射极放大电路，晶体管 VT 的输出电压 U_o 与输入电压 U_i 在相位上是相差 180°。当输出电压经过 RC 网络后，变成反馈电压 U_f 又送到输入端时，由于 RC 网络只对某个特定频率 f_0 的电压产生 180°的相移，所以只有频率为 f_0 的信号电压才是正反馈而使电路起振。可见 RC 网络既是选频网络，又是正反馈电路的一部分。

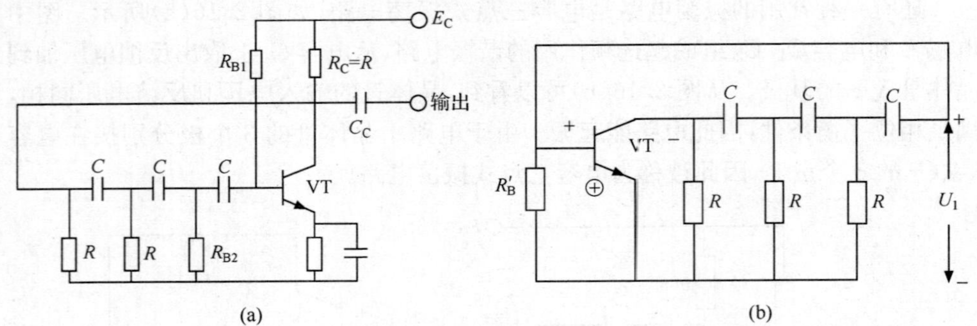

图 2.17　RC 相移振荡电路

RC 相移振荡电路的特点是：电路简单、经济，但稳定性不高，而且调节不方便。一般用做固定频率振荡器和要求不太高的场合。它的振荡频率是：当 3 节 RC 网络的参数相同时，$f_0 = 1/(2\pi 6^{1/2}RC)$。频率一般为几十千赫兹。

2. RC 桥式振荡电路

图 2.18(a)是一种常见的 RC 桥式振荡电路。图中左侧的 R_1、C_1 和 R_2、C_2 串并联电路就是它的选频网络。这个选频网络又是正反馈电路的一部分。这个选频网络对某个特定频率为 f_0 的信号电压没有相移(相移为 0°)，其他频率的电压都有大小不等的相移。由于放大器有 2 级，从 VT 输出端取出的反馈电压 U_f 是和放大器输入电压同相的(2 级相移 360°＝0°)。因此，反馈电压经选频网络送回到 VT_1 的输入端时，只有某个特定频率为 f_0 的电压才能满足相位平衡条件而起振。可见 RC 串并联电路同时起到了选频和正反馈的作用。

实际上为了提高振荡器的工作质量，电路中还加有由 R_f 和 R_{E1} 组成的串联电压负反馈电路。其中，R_f 是一个有负温度系数的热敏电阻，它对电路能起到稳定振荡幅度和减小非线性失真的作用。从图 2.18(b)的等效电路可以看到，这个振荡电路是一个桥形电路。R_1C_1、R_2C_2、R_f 和 R_{E1} 分别是电桥的 4 个臂，放大器的输入和输出分别接在电桥的两个对角线上，所以被称为 RC 桥式振荡电路。

RC 桥式振荡电路的性能比 RC 相移振荡电路好。它的稳定性高、非线性失真小、频率调节方便。它的振荡频率是：当 $R_1 = R_2 = R$、$C_1 = C_2 = C$ 时，$f_0 = 1/(2\pi RC)$。它的频率范围为 1Hz～1MHz。

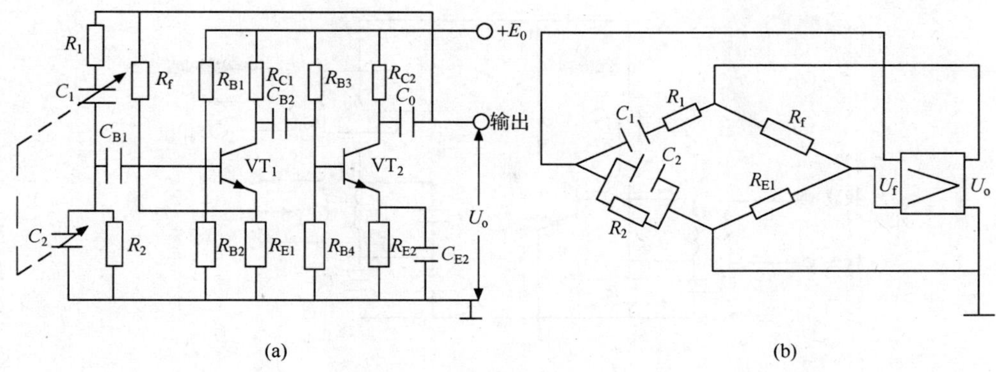

图 2.18　RC 桥式振荡电路

2.2.3　调幅和检波电路

广播和无线电通信是利用调制技术把低频声音信号加到高频信号上发射出去的，在接收机中还原的过程称为解调，其中，低频信号称为调制信号，高频信号则称为载波。常见的连续波调制方法有调幅和调频两种，对应的解调方法就称为检波和鉴频。

下面介绍调幅和检波电路。

1. 调幅电路

调幅是使载波信号的幅度随着调制信号的幅度变化而变化，载波的频率和相位应不变。能够完成调幅功能的电路称为调幅电路或调幅器。

调幅是一个非线性频率变换过程，所以其关键是必须使用二极管、三极管等非线性器件。根据调制过程在哪个回路里进行可以把三极管调幅电路分为集电极调幅、基极调幅和发射极调幅三种。下面以集电极调幅电路为例介绍。

图 2.19 是集电极调幅电路，由高频载波振荡器产生的等幅载波经 T_1 加到晶体管基极，低频调制信号则通过 T_3 耦合到集电极中。C_1、C_2、C_3 是高频旁路电容，R_1、R_2 是偏置电阻。集电极的 LC 并联回路谐振在载波频率上。如果把三极管的静态工作点选在特性曲线的弯曲部分，三极管就是一个非线性器件。因为晶体管的集电极电流是随着调制电压变化的，所以集电极中的 2 个信号就因非线性作用而实现了调幅。由于 LC 谐振回路是调谐在载波的基频上，因此在 T_2 的次级就可得到调幅波输出。

2. 检波电路

检波电路或检波器的作用是从调幅波中取出低频信号。它的工作过程正好和

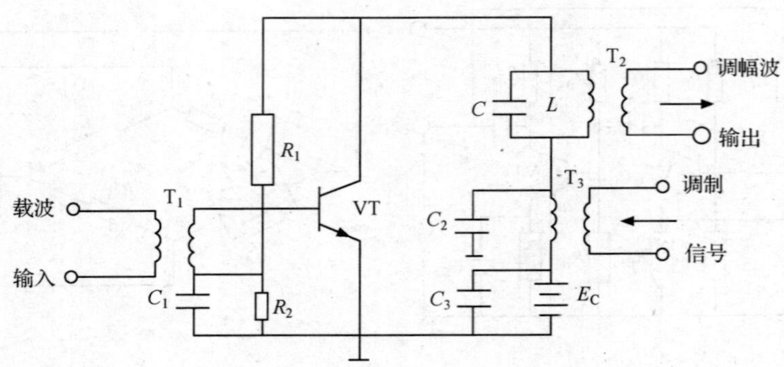

图 2.19　集电极调幅电路

调幅相反。检波过程也是一个频率变换过程，也要使用非线性元器件，常用的有二极管和三极管。另外为了取出低频有用信号，还必须使用滤波器滤除高频分量，所以检波电路通常包含非线性元器件和滤波器两部分。下面以二极管检波器为例说明它的工作原理。

图 2.20 是一个二极管检波电路。VD 是检波元件，C 和 R 是低通滤波器。当输入的已调波信号较大时，二极管 VD 是断续工作的。正半周时，二极管导通，对 C 充电；负半周和输入电压较小时，二极管截止，C 对 R 放电。在 R 两端得到的电压包含的频率成分很多，经过电容 C 滤除了高频部分，再经过隔直流电容 C_0 的隔直流作用，在输出端就可得到还原的低频信号。

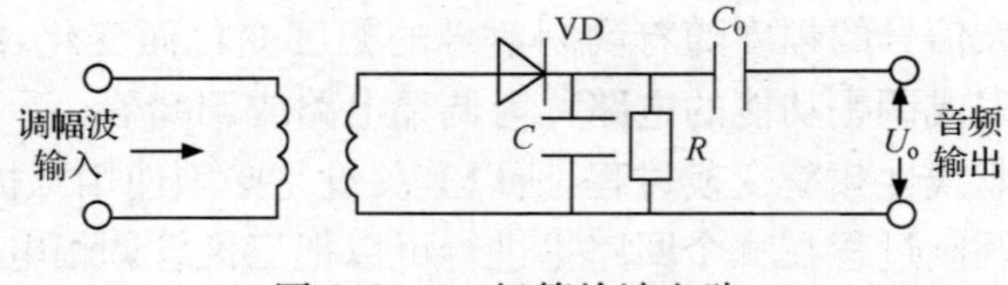

图 2.20　二极管检波电路

2.2.4　调频和鉴频电路

调频是使载波频率随调制信号的幅度变化而变化，而振幅保持不变。鉴频则是从调频波中解调出原来的低频信号，它的过程和调频正好相反。

1. 调频电路

能够完成调频功能的电路称为调频器或调频电路。常用的调频方法是直接调频法，也就是用调制信号直接改变载波振荡器频率的方法。图 2.21 给出了它的大体框图，图中用一个可变电抗元件并联在谐振回路上。用低频调制信号控制可变电抗元件参数的变化，使载波振荡器的频率发生变化。

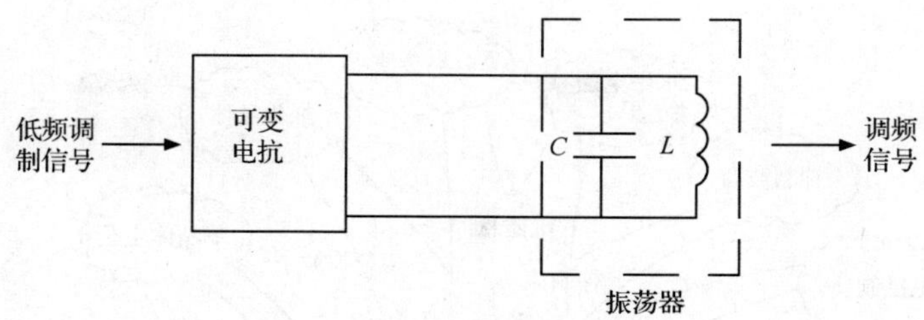

图 2.21　调频电路

2. 鉴频电路

能够完成鉴频功能的电路称为鉴频器或鉴频电路，有时也称为频率检波器。鉴频的方法通常分为两步，第一步先将等幅的调频波变成幅度随频率变化的调频、调幅波；第二步再用一般的检波器检出幅度变化，还原成低频信号。常用的鉴频器有相位鉴频器、比例鉴频器等。

2.3　电脉冲的电磁学特性

2.3.1　唯象模型描述

电脉冲作为一种能量介入手段，其实质是外场作用下局域熔体的结构变异行为，借助流体自身的对流和传导，从而实现对液态金属母相的控制[1]。就这一点而言，脉冲电场的作用形式、作用区域、作用大小以及熔体自身的传质和传热效应将成为该技术的核心及出发点。根据电磁感应定律，当闭合回路内的脉冲电流发生变化时，在闭合回路内将产生磁场。这里所说的"脉冲电流变化"可分为两种情况。其一是导电回路不动，穿过回路的电流密度随时间而变化；其二是导电回路与磁场之间有相对运动，即导体切割磁力线。

材料电磁过程[2]（electromagnetic processing of materials，EPM）是指将电场或磁场引入到材料的制备或加工过程中，从而实现对材料制备或加工过程和产品质量的控制及材料组织和性能的改善。

该技术最早在凝固过程中取得了显著成绩，主要应用强大电磁场力对半固态熔体进行搅拌，进而影响凝固过程，并最终改善铸件的质量与宏观偏析。经过近二十年的发展，材料电磁工艺目前已经成为一门多学科交叉、工艺手段复杂和应用广泛的新研究领域。按照所采用的电场或者磁场特征可以把电磁过程进行分类，如图 2.22 所示[3]。

任何一门学科的深入发展，要想对其应用本质有所突破，都少不了建立一个本

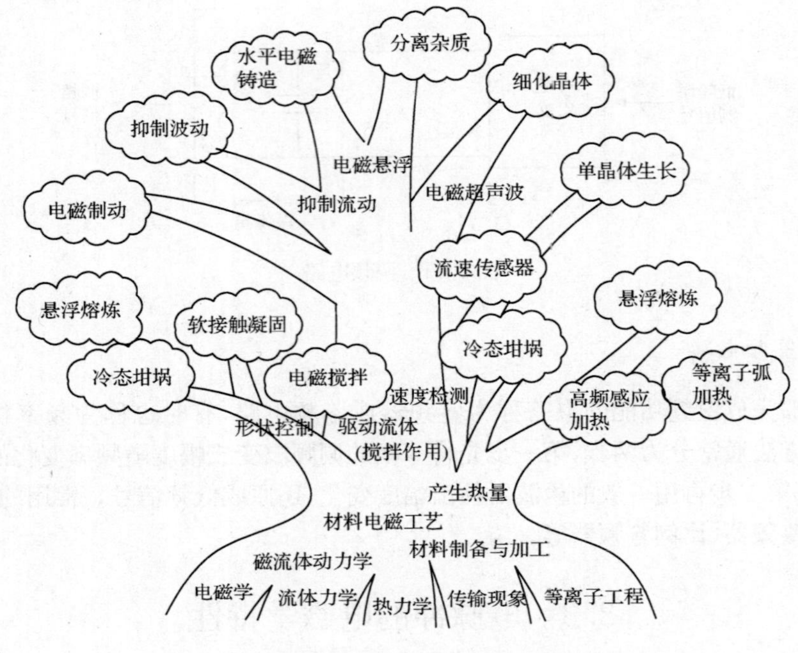

图 2.22　材料电磁工艺树

构模型，并成功地对实验现象进行解释与预测，这样实验结果就有可预见性，进而可以避免大量的“炒菜法”导致的浪费。目前电磁模拟主要有如下几种方法。

1. 有限差分法(FDM)

有限差分法是提出最早、发展最成熟的一种基于微分方程的数值解法，早在20世纪50年代就以方法简单、概念清晰等特点被广泛应用于各种电磁场问题的数值分析。尤其是有限差分法对连续方程离散化处理的思想，成为后来各种数值方法发展的基础。

有限差分法的基本原理是：用离散的代数形式的有限差分方程近似代替连续的微分方程，在代数方程中将空间各点待求量的值与其邻近点的值联系起来。

2. 矩量法(MOM)

矩量法是内域积分形式的加权余量法的总称，根据加权方法的不同，又可分为点配法、最小二乘法和伽辽金法等。

矩量法的基本原理是：先选定基函数对未知函数进行近似展开，代入算子方程，再选取适当的权函数，使在加权平均意义下方程的余量等于零，由此将连续的算子方程转换为代数方程。原则上，矩量法可用于求解微分方程和积分方程，但用于微分方程时所得到的代数方程组的系数矩阵往往是病态的，故在电磁问题中主要用于求解积分方程。

矩量法最早被 Richmand 和 Harrington 用于求解电磁场问题，而后在 Harrington的著作中得到了系统的论述，从此成为电磁场问题数值解的主要方法，并成功地应用于天线问题和电磁散射问题等。

3. 有限元法(FEM)

有限元法的原理在数学上首先由 Courant 提出，早期在力学中用于结构的分析。这一名称在 20 世纪 60 年代出现在 Clough 的著作中，直到 1969 年才开始用于求解电磁场问题。

有限元法是以微分方程为基础的数值方法，最初主要是利用变分原理将方程转变为等价的变分方程，经改进的里茨(Ritz)法，将微分方程的求解转变为代数方程的求解问题。由于并非任意的微分方程都可能找到与其等价的变分方程，使得上述形式的有限元法的应用受到一定的限制，用加权余量的伽辽金法直接从微分方程出发构造有限元方程，就可突破变分原理的限制。

有限元法的最大特点是：先通过各种适当的形式将解域划分成有限个单元，再在每个单元中构造分域基函数，利用里茨法或伽辽金法构造代数形式的有限元方程，这也是将其称为有限元法的根本原因。

有限元法的最大优点是其离散单元的灵活性，相对而言，有限元法可以精确地模拟各种复杂的结构，并通过选择取样点的疏密情况适应场分布的不同情况，既能保证计算精度的要求，又不增加过大的计算量；另一大优点是所形成的有限元方程组的系数矩阵是稀疏的、对称的，这非常有利于代数方程组的求解。此外，由于有限元法应用广泛，所以其数学基础研究得比较透彻，已经有比较成熟的自动剖分等标准化的商业软件可供使用。本书在电磁场的模拟一章中，主要也是采用有限元法对熔体内部电磁场的分布状况进行求解的。

4. 时域有限差分法(FDTD)

早在 1966 年，Yee 在其著名的论文“Numerical solution of initial boundary value problems involving maxwell’s equations in isotropic media”中，用后来被称为 Yee 氏网格的空间离散方式将依赖于时间变量的麦克斯韦旋度方程转化为差分格式，并成功地模拟了电磁脉冲与理想导体的时域响应，这就是后来被称为时域有限差分法的一种新的电磁场时域计算方法。20 世纪 80 年代后期以来，时域有限差分法进入一个新的发展阶段，由成熟转入被广泛接受和应用，在应用中又不断有新的发现。它的突出优点主要集中在直接时域计算、广泛的适用性、节约存储时间和计算时间、适应并行计算、计算程序的通用性强及简单、直观性等方面。

以电脉冲孕育处理纯铝为例，当对铝熔体施加脉冲电场时，这两种情况都可能存在。首先，石墨电极与铝液接触后可形成导电回路，且此时除热运动外，熔体可视为处于静止状态；一旦脉冲电场激励发生，即介入铝熔体中的电场随时间呈周期性变化，同时变化的电场又产生互感磁场。其间，当回路电流发生变化时，电流密度随时间变化产生感应脉冲磁场并使铝熔体运动属于第一种情况；铝液的受激行为可形成磁场和金属熔体之间的相对运动，故可以看做是金属液以一定速度切割磁力线产生感应电流。因此，铝熔体内的电流密度 $\boldsymbol{J}$ 可由下式表示：

$$\boldsymbol{J} = \sigma\left(\boldsymbol{E} + \boldsymbol{V} \times \boldsymbol{B} + \frac{\partial \boldsymbol{D}}{\partial t}\right) \tag{2.1}$$

式中，$\boldsymbol{J}$ 为电流密度，$\mathrm{A/m^2}$；$\boldsymbol{B}$ 为磁流密度，T；$\boldsymbol{E}$ 为电场强度，V/m；$\boldsymbol{V}$ 为磁场运动速度（实际应为磁场运动速度与铝熔体流动速度之差），m/s；$\boldsymbol{D}$ 为电位移，$\mathrm{C/m^2}$；σ 为铝熔体的电导率，Ω^{-1}。

上式右边三项分别为铝熔体的传导电流密度项、感生电流密度项及位移电流密度项，其中，位移电流与感生电流及传导电流相比很小，计算时可以忽略[4]。故式(2.1)可简化为

$$\boldsymbol{J} = \sigma(\boldsymbol{E} + \boldsymbol{V} \times \boldsymbol{B}) \tag{2.2}$$

铝熔体中的脉冲磁场与导体中的电流相互作用产生洛仑兹力，可由下式表示：

$$\boldsymbol{F} = \boldsymbol{J} \times \boldsymbol{B} \tag{2.3}$$

式中，$\boldsymbol{J}$ 为有旋场；$\boldsymbol{B}$ 为无旋场。故 $\boldsymbol{F}$ 可分解为一个有旋分量与一个无旋分量的叠加，其有旋分量可产生使铝熔体悬浮的作用力，而无旋分量则提供使铝熔体产生类似于强化传热传质的搅拌效果。

2.3.2　理论解析

简化的麦克斯韦微分方程更有利于有限元分析软件的计算。一般的做法是通过定义两个量将电场和磁场分离开，从而分别形成一个独立的电场或磁场的偏微分方程。这两个量一个是矢量磁势 $\boldsymbol{A}$（亦称磁矢势），另一个是标量电势 V，其定义如下所示：

$$\boldsymbol{B} = \nabla \times \boldsymbol{A} \tag{2.4}$$

$$\boldsymbol{E} = -\nabla V \tag{2.5}$$

也就是说，磁势的旋度等于磁通量密度。由于按式(2.4)和式(2.5)定义的 $\boldsymbol{A}$ 和 V 能自动满足法拉第电磁感应定律和高斯磁通定律，且按此式推导的电磁场偏微分方程具有对称特性，故可采用有限元法获得磁势和电势的场分布值，进而通过后处理即得到电磁场的各种物理量，如磁流密度、储能等[5]。

本书采用 ANSYS 求解电脉冲处理铝熔体时的电磁场空间分布，在计算中利用了磁矢势法。考虑到静态场、动态场并忽略位移电流的情况下麦克斯韦方程组

如下所示：

$$\begin{cases}\nabla\times\{H\}=\{\boldsymbol{J}\}\\ \nabla\times\{\boldsymbol{E}\}=-\dfrac{\partial \boldsymbol{B}}{\partial t}\\ \nabla\boldsymbol{B}=0\end{cases}\tag{2.6}$$

电磁场本构方程如下所示：

$$\{H\}=[\nu]\{\boldsymbol{B}\}\tag{2.7}$$

$$\{\boldsymbol{J}\}=[\sigma]\{\{\boldsymbol{E}\}+\{V\}\times\{\boldsymbol{B}\}\}\tag{2.8}$$

用势函数表示磁流密度 $\boldsymbol{B}$ 和电场强度 $\boldsymbol{E}$，则有

$$\{\boldsymbol{B}\}=\nabla\times\{\boldsymbol{A}\}\tag{2.9}$$

$$\{\boldsymbol{E}\}=-\left\{\frac{\partial \boldsymbol{A}}{\partial t}\right\}-\nabla V\tag{2.10}$$

式中，$\{\boldsymbol{A}\}$ 为磁矢势；V 为电标势。由麦克斯韦方程组、电磁场本构方程以及势函数定义，同时引入库仑规范 $\nabla\{\boldsymbol{A}\}=0$，则可得下列用于有限元计算的偏微分方程。

在导电区：

$$\begin{cases}\nabla\times[\nu]\nabla\times\{\boldsymbol{A}\}-\nabla\nu\nabla\{\boldsymbol{A}\}+[\sigma]\left\{\dfrac{\partial \boldsymbol{A}}{\partial t}\right\}+\{\sigma\}\nabla V-\{V\}\times[\sigma]\nabla\times[\boldsymbol{A}]=\{0\}\\ \nabla\left\{-[\sigma]\left\{\dfrac{\partial \boldsymbol{A}}{\partial t}\right\}-[\sigma]\nabla V+\{V\}\times[\sigma]\nabla\times\{\boldsymbol{A}\}\right\}=\{0\}\end{cases}\tag{2.11}$$

在自由空间和不导电区：

$$\nabla\times[\nu]\nabla\times\{\boldsymbol{A}\}-\nabla\nu\nabla\{\boldsymbol{A}\}=\{\boldsymbol{J}\}\tag{2.12}$$

2.4　电脉冲作用下熔体内部电磁场分布的有限元模拟

电脉冲孕育处理作为一种全新的改善材料组织及性能的手段，已显示出重要的研究价值和良好的应用前景。考虑到本研究目的在于探讨和评价脉冲电场下金属熔体微观结构的改变及其驱动机制，以便为电脉冲孕育处理技术的生产应用奠定理论基础。基于此，作为解决问题的出发点，建立符合金属熔体电脉冲处理工艺的外场数值模型将十分必要。

2.4.1　电磁场的数值计算研究

1. 理论基础与解析方法

电磁学是经典物理学的重要部分，它主要研究电荷和电流产生电场及磁场的机理、电磁场对电荷及电流的作用，以及电磁场对介质的各种效应等。1865 年麦克斯韦归纳了已有的实验结果和基本概念，并系统地总结前人的研究成果，特别是

从库仑到安培、法拉第等电磁学说的全部成就，并在此基础上，着重从场的观点出发，把一切电磁现象及其规律看做是电场和磁场的性质变化及其相互联系、相互作用在不同场合的具体体现。他概括了全电流欧姆定律、电磁感应定律、磁通连续性原理和高斯通量定律，并提出了“涡旋电场”假说和“位移电流”假说，明确地用数学公式把它们表现出来。从而得出了经典的电磁场基本方程组，它有积分和微分两种表达形式[6]。

积分形式为

$$\oint \boldsymbol{H} \mathrm{d}\boldsymbol{l} = i_\mathrm{c} + i_\mathrm{d} \tag{2.13}$$

$$\oint \boldsymbol{E} \mathrm{d}\boldsymbol{l} = -\frac{\partial \Phi}{\partial t} \tag{2.14}$$

$$\oiint \boldsymbol{B} \mathrm{d}\boldsymbol{S} = 0 \tag{2.15}$$

$$\oiint \boldsymbol{D} \mathrm{d}\boldsymbol{S} = q \tag{2.16}$$

微分形式为

$$\nabla \times \boldsymbol{H} = \boldsymbol{J}_\mathrm{c} + \frac{\partial D}{\partial t} \tag{2.17}$$

$$\nabla \times \boldsymbol{E} = -\frac{\partial \boldsymbol{B}}{\partial t} \tag{2.18}$$

$$\nabla \boldsymbol{B} = 0 \tag{2.19}$$

$$\nabla \boldsymbol{D} = \rho \tag{2.20}$$

式中，$\boldsymbol{H}$ 为媒质中的磁场强度，A/m；$\boldsymbol{B}$ 为媒质中的磁流密度，T；$\boldsymbol{E}$ 为媒质中的电场强度，V/m；$\boldsymbol{D}$ 为媒质中的电位移，$\mathrm{C/m^2}$；$\boldsymbol{J}_\mathrm{c}$ 为媒质中的传导电流密度，$\mathrm{A/m^2}$；Φ 为闭合曲线所通过的磁通量，Wb；i_c、i_d 分别为闭合曲线所围的传导电流和位移电流，A；ρ 为媒质中电荷的体密度，$\mathrm{C/m^3}$；q 为媒质中闭合曲线所围的电荷量，C。

其中，麦克斯韦微分形式的四个表达式分别被称为麦克斯韦方程组第一、第二、第三、第四方程，是方程组的主要内容。在积分和微分方程中有关场量间的关系如下所示：

$$\begin{cases} \boldsymbol{D} = \varepsilon_0 \boldsymbol{E} + \boldsymbol{P} \\ \boldsymbol{B} = \mu_0 \boldsymbol{H} + \boldsymbol{M} \\ \boldsymbol{J}_\mathrm{c} = \sigma(\boldsymbol{E} + \boldsymbol{E}_\mathrm{e}) \end{cases} \tag{2.21}$$

式中，ε_0、μ_0 分别为真空中的介电常数及磁导率常数；$\boldsymbol{P}$ 为电极化强度，$\mathrm{C/m^2}$；$\boldsymbol{M}$ 为磁化强度，A/m；σ 为媒质的电导率，Ω^{-1}；$\boldsymbol{E}_\mathrm{e}$ 为局外电场强度，V/m。

在无局外电场的各向同性媒质中，式(2.21)可改写为

$$\begin{cases}\boldsymbol{D}=\varepsilon\boldsymbol{E}\\ \boldsymbol{B}=\mu\boldsymbol{H}\\ \boldsymbol{J}_c=\sigma\boldsymbol{E}\end{cases}\tag{2.22}$$

若金属导体与绝缘介质分界面上的电荷面密度与电流线密度分别为 ρ_f 和 J_f，则与麦克斯韦方程组相对应的边界条件如下所示：

$$\begin{cases}\boldsymbol{n}\times(\boldsymbol{E}_2-\boldsymbol{E}_1)=0\\ \boldsymbol{n}\times(\boldsymbol{H}_2-\boldsymbol{H}_1)=J_f\\ \boldsymbol{n}(\boldsymbol{D}_2-\boldsymbol{D}_1)=\rho_f\\ \boldsymbol{n}(\boldsymbol{B}_2-\boldsymbol{B}_1)=0\end{cases}\tag{2.23}$$

式中，$\boldsymbol{n}$ 为边界的法线方向。由式(2.23)可知，在跨越边界层时，$\boldsymbol{E}$ 的切向分量与 $\boldsymbol{B}$ 的法向分量总是连续的。

按照上述的电磁场理论模型，其求解方法有多种，如理论解析法、数值计算法、实验模拟法及图解法等。目前数值计算方法中的有限元法[5,7,8]得到了广泛应用。其基本思想于 1943 年由 Courant 提出，当时他尝试应用有限元定义在三角形区域上的分片连续函数和最小势能原理相结合，来求解 St. Venant 扭转问题。但是，有限元法真正应用于工程中则是随电子计算机的广泛应用和发展才实现的。有限元法在 20 世纪 50 年代首先在连续体力学领域——飞机结构静、动态特性分析中应用，随后很快广泛应用于求解热传导、电磁场、流体力学等连续性问题。1960 年，美国的 Clough 在其著作中首先提出“有限元法”这一名称[7]。1969 年Silvester 将有限元法推广应用于时谐电磁场问题[9]。

有限元法以变分原理为基础，把所要求解的微分方程数学模型——边值问题，首先转化为相应的变分问题，即泛函求极值问题；然后利用剖分插值，将离散化变分问题转变为普通多元函数的极值问题，最终归结为一组多元的代数方程组，求解之后即得待求边值问题的数值解。有限元法的核心在于剖分插值，它是将所研究的连续场分割为有限个单元，然后用比较简单的插值函数来表示每个单元的解，但是它并不要求每个单元的试探解都满足边界条件，而是在全部单元总体合成后再引入边界条件。这样，就能对于内部和边界上的单元采用同样的插值函数，使方法构造得到极大的简化。此外，由于变分原理的应用，使第二、三类及不同媒质分界面上的边界条件作为自然边界条件在总体合成时将隐含地得到满足，也就是说，自然边界条件将被包含在泛函达到极值的要求之中，不必单独列出，而唯一需考虑的仅是强制边界条件(第一类边界条件)的处理，这就进一步简化了方法的构造。在掌握有限元法等数值方法的基础上，许多电气工程、通信工程等领域的研究成果可以直接应用于电磁冶金学。

2. ANSYS 有限元程序及其分析流程

近几十年来，有限元方法在工程研究与应用上的价值使各国相继投巨资开发了许多通用的大型有限元程序，如 ALGOR、ANSYS、ABACUS、MARK 和 NASTRAN 等。其中，ANSYS 有限元程序以其功能强大、设计灵活及通用性强等特点，成为本领域具有代表性的软件包。ANSYS 提供了不断改进的功能，如结构高度非线性分析、电磁分析、计算流体动力学分析、设计优化、接触分析、自适应网格划分、大应变/有限转动，以及利用 ANSYS 参数设计语言的扩展宏功能。特别是 ANSYS 提供的多物理场耦合功能允许在同一模型上进行各种各样的耦合计算，如热-结构、磁-结构耦合、流体-热耦合等。

就 ANSYS 的分析流程而言，该软件主要包括三个部分：前处理模块、分析计算模块和后处理模块。

(1) 前处理模块提供了一个强大的实体建模及网格划分工具，用户可以方便地构造有限元模型。

(2) 在前处理阶段完成建模后，用户可在求解阶段获得分析结果。本阶段可以定义分析类型、分析选项、载荷数据和载荷步选项，然后开始有限元求解。

(3) ANSYS 程序的后处理过程紧接在前处理和求解过程之后，通过友好的用户界面，可以很容易获得求解过程的计算结果并对其进行运算。本章通过处理器 POST1 访问数据集。

3. 有限元法在材料电磁过程模拟中的应用

近几十年来，随着磁流体力学(magneto-hydro-dynamics)被引入冶金领域，以日本和法国为突出代表的研究人员把电磁技术的应用扩展到整个材料制备领域，开拓出名为材料电磁过程(electromagnetic processing of materials)的集基础理论研究和工艺技术开发为一体的崭新研究空间[10]。在此基础上，关于电磁场数值定量分析问题的研究十分活跃，求解这类问题已开始考虑了复杂边界、多种磁性介质的影响。EI-Kaddah 等[11]和 Meyer 等[12]采用互感法计算了液态金属内的电磁场及流场的分布；Hegbusi 等[13]对 Sn-Pb 合金悬浮液的电磁搅拌过程进行了模拟研究；Kolesnichenko 等[14]采用磁矢势变量的边界元和有限差分法，讨论了脉冲磁场对液态金属行为的影响；Tarapore 等[15]采用互感法计算感应炉内金属熔液的流场；Szekely 等[16]采用磁矢势方法计算了感应炉内的电磁搅拌；EI-Kaddah 等[17]用互感法计算了感应炉的电磁场和流场；Kim 等[18]和 Chung 等[19]运用磁场边界更新法，通过求解感应方程，实现了对钢包电磁线性搅拌过程中电磁场和熔体流动场的数值模拟；通过求解感应方程，在假定浇注过程中熔体无入口速度的条件下，Nathenson 等[20]和 Spitzer 等[21]分别得到了方坯和圆坯连铸过程中结晶器内电磁旋转搅拌作用下熔体流动场的分布情况；Iwai 等[22]和 Yamaguchi 等[23]运用磁矢势方程，分别采用边界元和有限元方法对圆锭结晶器内的三维电磁场进行了计算；Tanaka 等[24]考虑了结晶器分瓣结构和忽略标量电位带来的误差对计算结果的影响，在磁矢势方程中引入两个修正系数分别表示标量电位带来的误差对计算结果的影响，在拉坯方向的模拟结果与实验数据吻合较好；Kuwabara 等[25]依据磁矢势方程并假设涡电流是在具有一定厚度和宽度且彼此绝缘的水平导体环中流动，在此基础上提出了准三维耦合电流模型。

2.4.2　电磁场模拟基本理论与计算方法

脉冲电磁场有限元数值模拟的理论主要是基于麦克斯韦方程组，该方程组由安培环路定律、法拉第电磁感应定律、高斯电通定律和高斯磁通定律组成。上面四个定律的微分形式如下：

$$\nabla\times\{\boldsymbol{H}\}=\{\boldsymbol{J}\}+\left\{\frac{\partial\boldsymbol{D}}{\partial t}\right\}=\{\boldsymbol{J}_s\}+\{\boldsymbol{J}_e\}+\{\boldsymbol{J}_v\}+\left\{\frac{\partial\boldsymbol{D}}{\partial t}\right\}\tag{2.24}$$

$$\nabla\times\{\boldsymbol{E}\}=-\left\{\frac{\partial\boldsymbol{B}}{\partial t}\right\}\tag{2.25}$$

$$\nabla\cdot\{\boldsymbol{B}\}=0\tag{2.26}$$

$$\nabla\cdot\{\boldsymbol{D}\}=\rho\tag{2.27}$$

式中，$\nabla\times$ 为旋度算子；$\nabla\cdot$ 为散度算子；$\{\boldsymbol{H}\}$ 为磁场强度矢量；$\{\boldsymbol{J}\}$ 为总电流密度矢量；$\{\boldsymbol{J}_s\}$ 为外施激励源电流密度矢量；$\{\boldsymbol{J}_e\}$ 为感应涡流密度矢量；$\{\boldsymbol{J}_v\}$ 为速度电流密度矢量；$\{\boldsymbol{D}\}$ 为电位移矢量；t 为时间；$\{\boldsymbol{E}\}$ 为电场强度矢量；$\{\boldsymbol{B}\}$ 为磁感应强度矢量；ρ 为体电荷密度。

对于电磁场的计算，为使问题得到简化，通过定义两个量来把电场和磁场变量分离开来，分别形成一个独立的电场或磁场的偏微分方程，这样有利于数值求解，这两个量一个是矢量磁势 $\boldsymbol{A}$，另一个是标量电势 V，它们的定义如下。

矢量磁势定义为

$$\boldsymbol{B}=\nabla\times\boldsymbol{A}\tag{2.28}$$

也就是说，磁势的旋度等于磁通量密度。标量电势的定义为

$$\boldsymbol{E}=-\nabla V\tag{2.29}$$

通过矢量磁势和标量电势可以简化磁场偏微分方程和电场偏微分方程，简化后的方程如下所示：

$$\nabla^2\boldsymbol{A}-\mu\varepsilon\frac{\partial^2\boldsymbol{A}}{\partial t^2}=-\mu\boldsymbol{J}\tag{2.30}$$

$$\nabla^2 V-\mu\varepsilon\frac{\partial^2 V}{\partial t^2}=-\frac{\rho}{\varepsilon}\tag{2.31}$$

式中，μ 和 ε 分别为介质的磁导率和介电常数；∇^2 为拉普拉斯算子，即

$$\nabla^2=\left(\frac{\partial^2}{\partial x^2}+\frac{\partial^2}{\partial y^2}+\frac{\partial^2}{\partial z^2}\right) \tag{2.32}$$

通过求解方程(2.30)和方程(2.31),就可求出系统内任意一点的电场强度、磁场强度以及其他与电磁学有关的变量。

目前,市面上电磁场计算软件主要有 Ansoft 公司的 Maxwell、美国 SRAC 公司的 Cosmos 及 ANSYS 公司的 ANSYS 等。由于 ANSYS 软件的成功经验以及应用的普及性,本书对电脉冲在熔体中激发的电场、磁场以及其耦合场的仿真分析中选用了该软件。

2.4.3 脉冲电磁场在熔体内分布的模拟

1. 电流场模拟单元的选取

ANSYS 有限元分析软件支持稳态电流传导分析、谐波电流传导分析和瞬态电流传导分析。对于三维电流场模拟问题,ANSYS 共提供了 9 种计算单元,见表 2.1,它们分别为 SOLID5、SOLID69、SOLID98、SOLID122、SOLID123、SOLID127、SOLID128、SOLID231、SOLID232[1],而这 9 种单元中,仅有SOLID231 和 SOLID232 适用于瞬态电流场分析。SOLID231 剖分网格采用的方法为六面体单元,而 SOLID232 剖分网格采用的方法为四面体单元。

表 2.1 ANSYS 电场分析单元

单元	维数	单元形状、特点	自由度	应用注释
SOLID5	三维	六面体,8 节点	6	稳态电流传导分析、热电耦合分析、电磁耦合分析
SOLID69	三维	六面体,8 节点	2	稳态电流传导分析、热电耦合分析
SOLID98	三维	四面体,10 节点	6	稳态电流传导分析、热电耦合分析、电磁耦合分析
SOLID122	三维	六面体,20 节点	1	静态电流传导分析、谐态电流传导分析、瞬态电流传导分析
SOLID123	三维	四面体,10 节点	1	静态电流传寻分析、谐态电流传导分析、瞬态电流传导分析
SOLID127	三维	四面体,10 节点	1	静态电流传导分析
SOLID128	三维	六面体,20 节点	1	静态电流传导分析
SOLID231	三维	六面体,20 节点	1	稳态电流传导分析、谐态电流传导分析、瞬态电流传导分析
SOLID232	三维	四面体,10 节点	1	稳态电流传导分析、谐态电流传导分析、瞬态电流传导分析

SOLID231 是 20 节点电流单元,该单元每个节点仅有一个电压自由度。它对边界的变形有较强的适应能力,所以非常适用于模拟带有曲面的边界。解法采用标量法,每个节点的自由度为电压值,主要应用于静态电流传导分析、谐态电流传

导分析与瞬态电流传导分析。SOLID231 单元形状及支持的退化形状如图 2.23 所示。

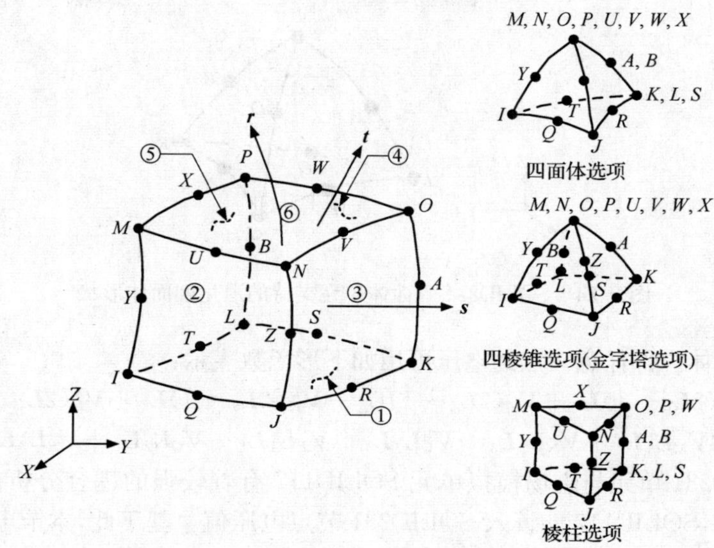

图 2.23　SOLID231 单元形状及支持的退化形状

SOLID231 六面体内任意一点电压 V 可用形函数表示为

$$
\begin{aligned}
V = & \frac{1}{8}[V_I(1-\boldsymbol{s})(1-\boldsymbol{t})(1-\boldsymbol{r})(-\boldsymbol{s}-\boldsymbol{t}-\boldsymbol{r}-2) \\
& +V_J(1+\boldsymbol{s})(1-\boldsymbol{t})(1-\boldsymbol{r})(\boldsymbol{s}-\boldsymbol{t}-\boldsymbol{r}-2) \\
& +V_K(1+\boldsymbol{s})(1+\boldsymbol{t})(1-\boldsymbol{r})(\boldsymbol{s}+\boldsymbol{t}-\boldsymbol{r}-2) \\
& +V_L(1-\boldsymbol{s})(1+\boldsymbol{t})(1-\boldsymbol{r})(-\boldsymbol{s}+\boldsymbol{t}-\boldsymbol{r}-2) \\
& +V_M(1-\boldsymbol{s})(1-\boldsymbol{t})(1+\boldsymbol{r})(-\boldsymbol{s}-\boldsymbol{t}+\boldsymbol{r}-2) \\
& +V_N(1+\boldsymbol{s})(1-\boldsymbol{t})(1+\boldsymbol{r})(\boldsymbol{s}-\boldsymbol{t}+\boldsymbol{r}-2) \\
& +V_O(1+\boldsymbol{s})(1+\boldsymbol{t})(1+\boldsymbol{r})(\boldsymbol{s}+\boldsymbol{t}+\boldsymbol{r}-2) \\
& +V_P(1-\boldsymbol{s})(1+\boldsymbol{t})(1+\boldsymbol{r})(-\boldsymbol{s}+\boldsymbol{t}+\boldsymbol{r}-2)] \\
& +\frac{1}{4}[V_Q(1-\boldsymbol{s}^2)(1-\boldsymbol{t})(1-\boldsymbol{r})+V_R(1+\boldsymbol{s})(1-\boldsymbol{t}^2)(1-\boldsymbol{r}) \\
& +V_Q(1-\boldsymbol{s}^2)(1-\boldsymbol{t})(1-\boldsymbol{r})+V_R(1+\boldsymbol{s})(1-\boldsymbol{t}^2)(1-\boldsymbol{r}) \\
& +V_s(1-\boldsymbol{s}^2)(1+\boldsymbol{t})(1-\boldsymbol{r})+V_T(1-\boldsymbol{s})(1-\boldsymbol{t}^2)(1-\boldsymbol{r}) \\
& +V_U(1-\boldsymbol{s}^2)(1-\boldsymbol{t})(1+\boldsymbol{r})+V_V(1+\boldsymbol{s})(1-\boldsymbol{t}^2)(1+\boldsymbol{r}) \\
& +V_W(1-\boldsymbol{s}^2)(1+\boldsymbol{t})(1+\boldsymbol{r})+V_X(1-\boldsymbol{s})(1-\boldsymbol{t}^2)(1+\boldsymbol{r}) \\
& +V_Y(1-\boldsymbol{s})(1-\boldsymbol{t})(1-\boldsymbol{r}^2)+V_Z(1+\boldsymbol{s})(1-\boldsymbol{t})(1-\boldsymbol{r}^2)]
\end{aligned}
\tag{2.33}
$$

式中，$V_T, V_P, \cdots$ 为节点电压自由度；$\boldsymbol{s}$、$\boldsymbol{t}$、$\boldsymbol{r}$ 为单元局部坐标值，方向如图 2.23 所示。该六面体单元经压缩节点可变为 10 节点四面体单元，如图 2.24 所示。

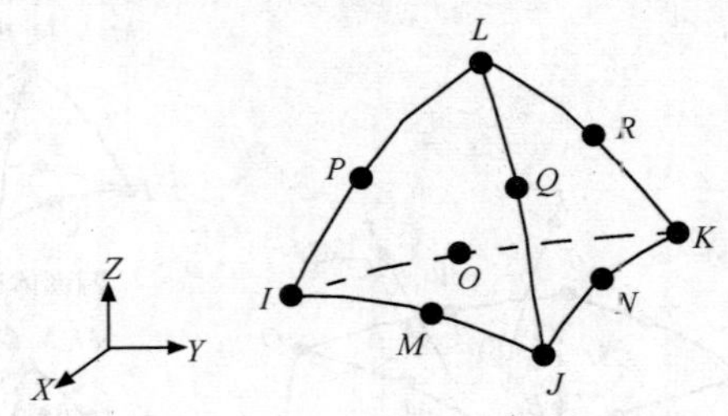

图 2.24　SOLID231 六面体单元支持的退化四面体形状

该四面体内部任意一点的电压可用如下形函数表示：

$$V = V_I(2\boldsymbol{L}_1 - 1)\boldsymbol{L}_1 + V_J(2\boldsymbol{L}_2 - 1)\boldsymbol{L}_2 + V_K(2\boldsymbol{L}_3 - 1)\boldsymbol{L}_3 + V_L(2\boldsymbol{L}_4 - 1)\boldsymbol{L}_4 + 4V_M\boldsymbol{L}_1\boldsymbol{L}_2 + V_N\boldsymbol{L}_2\boldsymbol{L}_3 + V_O\boldsymbol{L}_1\boldsymbol{L}_3 + V_P\boldsymbol{L}_1\boldsymbol{L}_4 + V_Q\boldsymbol{L}_2\boldsymbol{L}_4 + V_R\boldsymbol{L}_3\boldsymbol{L}_4 \quad (2.34)$$

SOLID231 单元与磁场模拟单元 SOLID117 有着较强的耦合分析能力，它们的节点一致，SOLID117 能读入 SOLID231 节点电压值。基于此，本节电流场计算单元选取 SOLID231 为计算单元。

2. *磁场模拟单元的选取*

由于电脉冲为瞬态场，某一时刻的磁场由该时刻通过熔体的电场强度决定，又由于铝铜熔体为非铁磁体，所以熔体外围磁场强度与熔体边界处磁场强度不会有较大突变，因此，可以通过测量熔池外围任意一点的磁场强度，来校验磁场强度计算的正确性。磁场的分布与特征，由该时刻的电流场分布特征决定，电磁场的正确求解，可以验证电场求解的正确性。基于此点认识，本节在计算电场的分布特征后，应用顺序耦合法计算熔体中的磁场分布，并应用高斯计对熔体外围磁场强度值进行测量，与 ANSYS 模拟值进行比对，进而分析电磁场模型的正确性。

熔体内部磁场强度的计算，可分为节点法和单元边法，Biro 等[26]与 Preis 等[27]发现了有限元节点法在 3-D 磁场模拟中遇到不连续介质时矢量 $\boldsymbol{A}$ 存在的偏差，随后其机理由几位学者先后推演出来[28~31]。正因为基于节点法的有限元法存在的问题，本节选择基于棱边单元法的 SOLID117 单元进行分析，它与 SOLID231 有着很强的耦合能力，能读入 SOLID231 电流单元模拟得到的节点结果，另外，它较其他方法要求内存更小，速度更快[32]。SOLID117 单元形状及其支持的退化形状如图 2.25 所示。

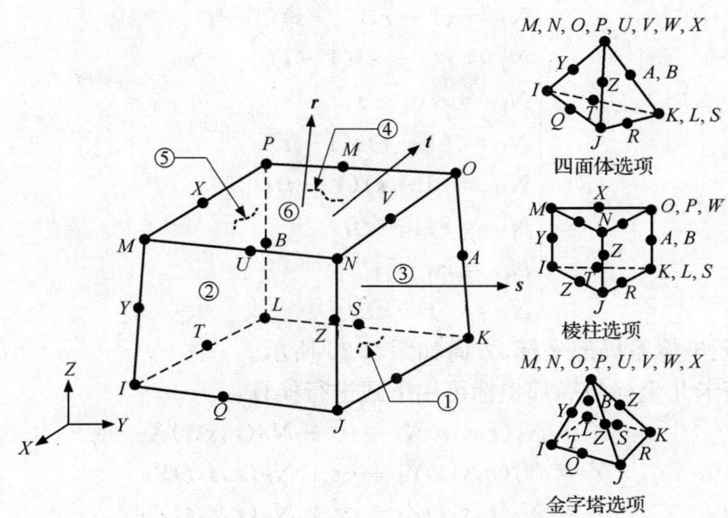

图 2.25　SOLID117 单元形状及其支持的退化形状

该单元采用棱边单元边法求解，则任意一点的磁矢量势 $\boldsymbol{A}$ 与各棱边处磁矢量势以及任意一点的标量势 V 与节点处标量势的关系可表示为

$$\boldsymbol{A}=\boldsymbol{A}_Q E_Q+\cdots+\boldsymbol{A}_B E_B \tag{2.35}$$

$$V=V_I N_I+\cdots+V_P N_P \tag{2.36}$$

式中，$E_Q,\cdots,E_B$ 为矢量单元边形函数，它们可表示为

$$\begin{cases}E_Q=+(1-\boldsymbol{s})(1-\boldsymbol{t})\,\nabla\boldsymbol{r}\\E_R=+\boldsymbol{r}(1-\boldsymbol{t})\,\nabla\boldsymbol{s}\\E_s=-\boldsymbol{s}(1-\boldsymbol{t})\,\nabla\boldsymbol{r}\\E_T=-(1-\boldsymbol{r})(1-\boldsymbol{t})\,\nabla\boldsymbol{s}\\E_U=+(1-\boldsymbol{s})\boldsymbol{t}\,\nabla\boldsymbol{r}\\E_V=+\boldsymbol{rt}\,\nabla\boldsymbol{s}\\E_W=-\boldsymbol{st}\,\nabla\boldsymbol{r}\\E_X=-(1-\boldsymbol{r})\boldsymbol{t}\,\nabla\boldsymbol{s}\\E_Y=+(1-\boldsymbol{s})(1-\boldsymbol{r})\,\nabla\boldsymbol{t}\\E_Z=+\boldsymbol{s}(1-\boldsymbol{r})\,\nabla\boldsymbol{t}\\E_A=+\boldsymbol{st}\,\nabla\boldsymbol{t}\\E_B=+(1-\boldsymbol{s})\boldsymbol{t}\,\nabla\boldsymbol{s}\end{cases} \tag{2.37}$$

$N_I,\cdots,N_P$ 为节点形函数，它们可表示为

$$\begin{cases} N_I = (1-\boldsymbol{r})(1-\boldsymbol{s})(1-\boldsymbol{t}) \\ N_J = \boldsymbol{r}(1-\boldsymbol{s})(1-\boldsymbol{t}) \\ N_K = \boldsymbol{rs}(1-\boldsymbol{t}) \\ N_L = (1-\boldsymbol{r})\boldsymbol{s}(1-\boldsymbol{t}) \\ N_M = (1-\boldsymbol{r})(1-\boldsymbol{s})\boldsymbol{t} \\ N_N = \boldsymbol{r}(1-\boldsymbol{s})\boldsymbol{t} \\ N_O = \boldsymbol{rst} \\ N_P = (1-\boldsymbol{r})\boldsymbol{st} \end{cases} \tag{2.38}$$

$\boldsymbol{r}$、$\boldsymbol{s}$、$\boldsymbol{t}$ 为单元坐标系局部坐标，方向如图 2.25 所示。

全局笛卡儿坐标与局部坐标可用下式进行换算：

$$X = N_I(\boldsymbol{r},\boldsymbol{s},\boldsymbol{t})X_I + \cdots + N_P(\boldsymbol{r},\boldsymbol{s},\boldsymbol{t})X_P \tag{2.39}$$

$$Y = N_I(\boldsymbol{r},\boldsymbol{s},\boldsymbol{t})Y_I + \cdots + N_P(\boldsymbol{r},\boldsymbol{s},\boldsymbol{t})Y_P \tag{2.40}$$

$$Z = N_I(\boldsymbol{r},\boldsymbol{s},\boldsymbol{t})Z_I + \cdots + N_P(\boldsymbol{r},\boldsymbol{s},\boldsymbol{t})Z_P \tag{2.41}$$

应该指出的是，ANSYS 电磁场计算单元对棱边单元法的选择性并不强，因为系统仅提供一种棱边计算单元，它与电流场计算单元 SOLID5、SOLID231 都有着较强的耦合分析能力。

3. 电场、磁场耦合分析

耦合分析是指考虑两个或多个工程物理之间相互作用的分析，ANSYS 提供了两种耦合方案，即顺序耦合法和直接耦合法。顺序耦合法包括两个或多个按一定顺序排列的分析，每一种分析属于某一物理场分析，通过将前一个分析的结果作为载荷施加到后一个分析中的方式进行耦合；直接耦合法是指只包含一个分析，它使用包含多场自由度的耦合单元，通过计算包含所需物理量的单元矩阵或载荷向量的方式进行耦合[33]。对于多场的相互作用非线性程度不是很高的情况，顺序耦合法更有效，也更灵活，因为每种分析都是相对独立的。当耦合场之间的相互作用是高度非线性的，直接耦合法较具有优势，它使用耦合变量一次求解得到结果。

电脉冲装置是通过电容器充放电来完成电脉冲产生的，因此，回路的线度比距离 $c\tau$ 小得多，在回路范围内的电场都十分近似地由该时刻的电荷分布所决定，符合似稳电场的条件[34]；另外，ANSYS 软件没有提供直接电磁耦合分析单元，基于此，本节采用顺序耦合法进行求解，如图 2.26 所示。

在电流场与电磁场的耦合分析中是通过 ANSYS 的 LEREAD 技术由 SOLID231 单元读取节点电压值，再由 SOLID117 单元完成基于棱边单元法的电磁场计算。

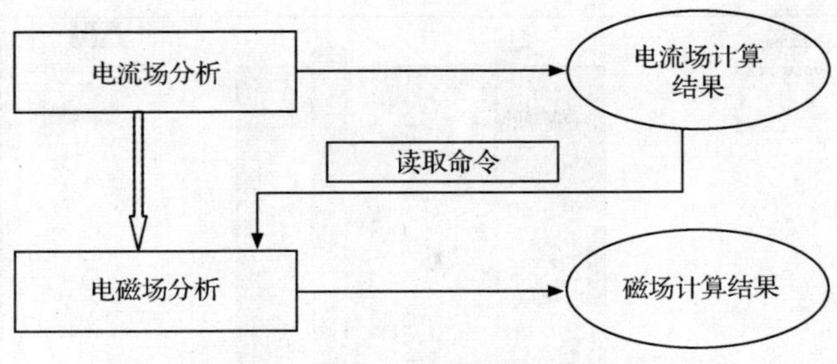

图 2.26　顺序耦合分析数据流程图

2.4.4　模型的建立

1. 模型的架构

本次计算机仿真研究采用的铝铜合金熔池为高纯三氧化二铝坩埚，尺寸为 ϕ200mm（内径）×300mm（内深）；电脉冲处理电极采用铁电极（尺寸 ϕ18mm），其插入深度及接入脉冲发生器的位置可以进行调节。模拟选择脉冲电极插入深度为 240mm，电极预留熔体外表面 10mm，电极端部接入 EMP-C 型脉冲发生器，实验装置仿真图如图 2.27 所示。

电脉冲处理装置是在合金液相线以上不大过热度的情况下进行，该温度已经超过合金的理论居里点，不显示磁性，铝铜熔体在该温度下磁导率与真空磁导率相同，因此装置漏磁现象很严重。另外，系统内部的磁场是由系统内部的电场激发的，因此可以通过测量设备周围磁场强度的强弱来检验电场计算的准确性。按照电磁场模拟理论，空气域一般选取模型的 5 倍大小，模拟过程中空气域与实验装置关系如图 2.28 所示。

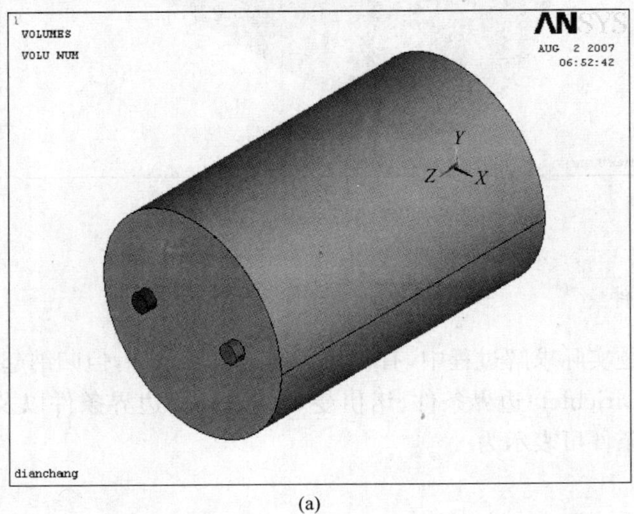

(a)

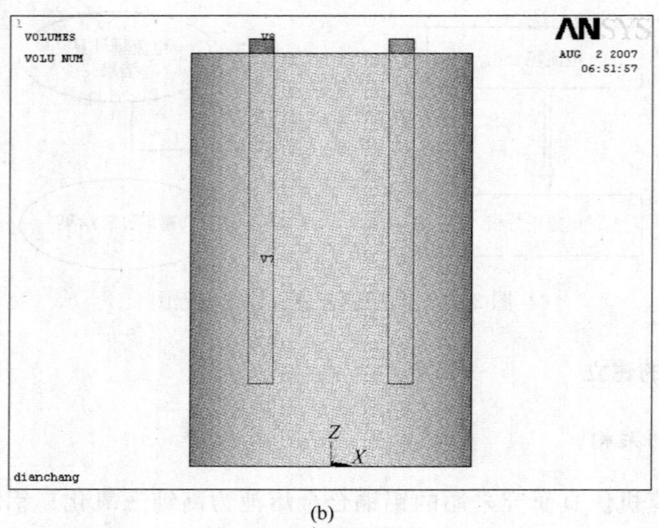

(b)

图 2.27　实验装置仿真图

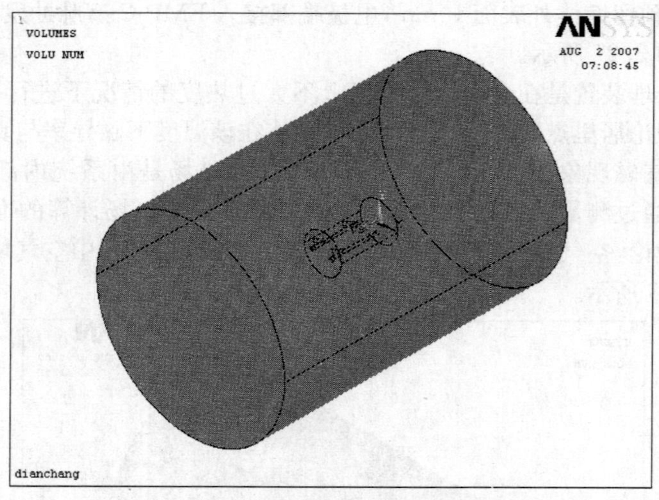

图 2.28　磁场模拟中空气域分布图

2. 边界条件

电磁场问题实际求解过程中，有各种各样的边界条件，但归纳起来可概括为三种：狄里克雷(Dirichlet)边界条件、诺伊曼(Neumann)边界条件以及它们的组合。狄里克雷边界条件可表示为

$$\phi|_{\Gamma}=g(\Gamma) \tag{2.42}$$

式中，Γ 为狄里克雷边界；$g(\Gamma)$ 是位置的函数，可以为常数或零，当为零时称此狄里克雷边界条件为其次狄里克雷边界条件。诺伊曼边界条件可表示为

$$\frac{\partial\phi}{\partial \boldsymbol{n}}|_{\Gamma}+f(\Gamma)\phi|_{\Gamma}=h(\Gamma) \tag{2.43}$$

式中，Γ 为诺伊曼边界条件；$\boldsymbol{n}$ 为边界 Γ 的外法线矢量；$f(\Gamma)$ 和 $h(\Gamma)$ 为一般函数，可以为常数或零，当为零时称此诺伊曼边界条件为其次诺伊曼边界条件。

实际上，电磁场的有限元求解，只有在边界条件和初始条件的限制下，电磁场才有定解，电磁场边界条件的设定是计算成功的关键。本节采用的外边界空气域为通量平行边界条件，即狄里克雷边界条件，又常称其为第一类边界条件。

3. 模型网格剖分与选择

ANSYS 有限元计算软件支持自由网格剖分，映射网格剖分，拖拉、扫略网格剖分，混合网格剖分四种网格剖分技术。以上四种网格剖分技术，对于 ANSYS 有限元软件而言，以自由网格剖分最为容易，但是相比较而言，其计算精度没有应用映射网格中的六面体网格剖分的计算结果准确[35]。映射网格剖分是仅适用于规整模型的一种剖分方法，如果不满足条件，就要对模型进行切割、连接操作。图 2.29 所示为本模型进行六面体网格剖分所采用的切割方法，图 2.30 为六面体网格的剖分结果，其中，六面体网格剖分中 DESIZE 的高次阶相设置为 5。图 2.31 为自由网格剖分技术应用到本系统的网格剖分结果，自由网格的剖分密度级别为 3 级。

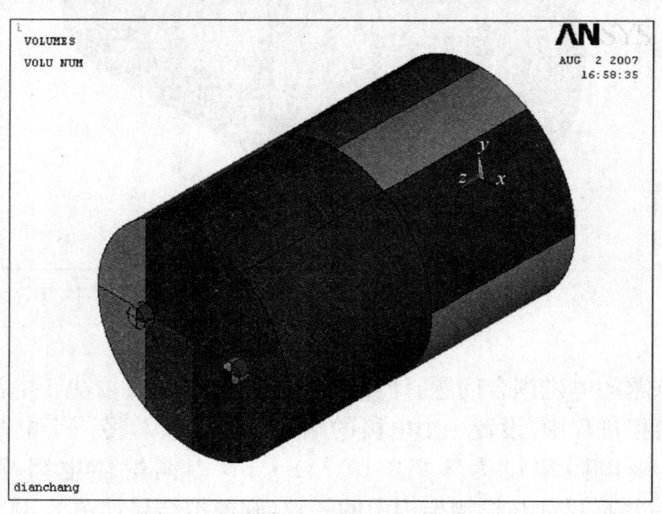

图 2.29　六面体剖分方法

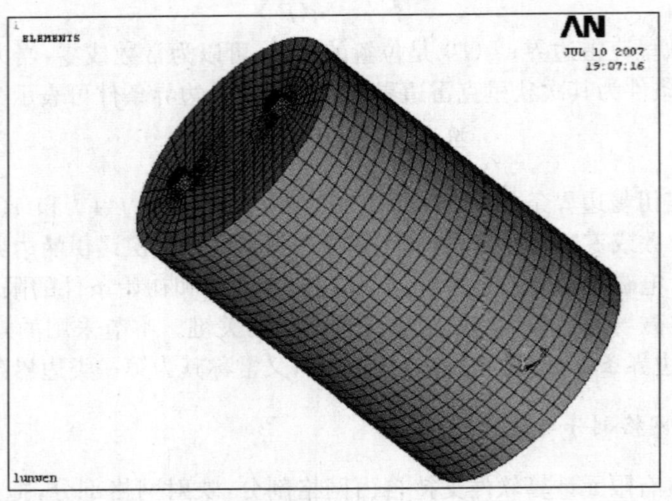

图 2.30　六面体网格剖分结果

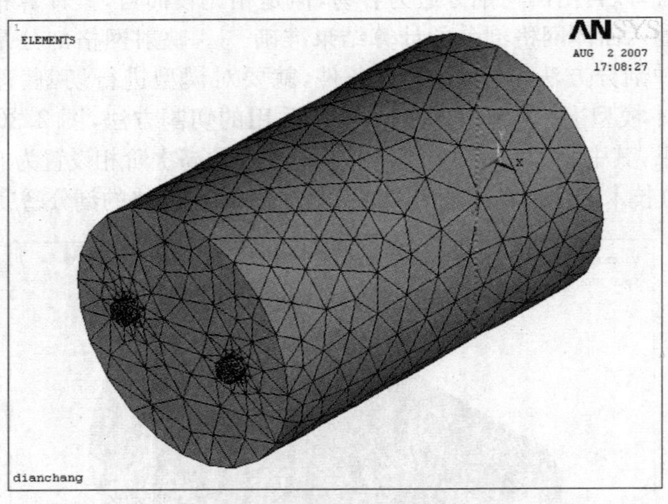

图 2.31　自由网格剖分结果

对于本课题的电磁耦合问题，计算结果的正确性，主要取决于电流场的分布情况，基于此，模拟过程中，设置一个电极的端点电势为 0V，另一个电极的端点电势为 50V，铁电极电阻率设为 $8.7\times10^{-8}\,\Omega\cdot m$，铝铜熔体电阻率设为 $4.8\times10^{-8}\,\Omega\cdot m$[36]，坩埚尺寸与模型架构中的一致，则模拟结果如图 2.32 所示。

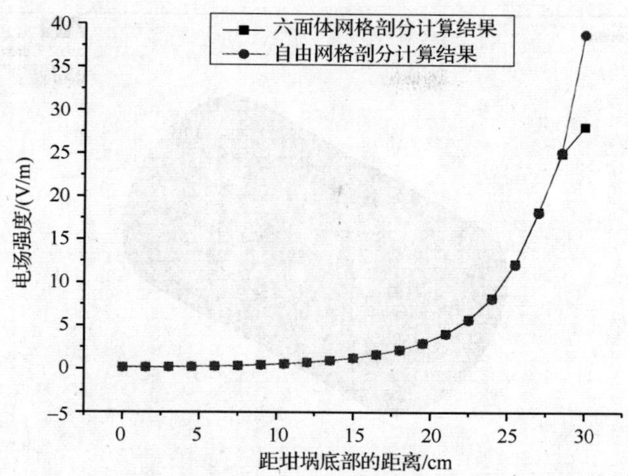

图 2.32　自由网格剖分与六面体网格剖分计算结果对比

由图 2.32 可见，自由网格剖分与六面体网格剖分方法对本模型导致的误差不大，仅在熔池与电极的接触面上出现了较大误差。分析认为，这主要是由于计算机配置的问题，六面体网格剖分得较为粗糙，而自由网格由于对边界进行了自动加密处理技术，计算结果较为准确。因此，本节在模型的建立与求解过程中选用 ANSYS自由网格剖分技术进行电场与磁场的计算。

4. 网格有效性检验

有限元作为一种数值解法本身只能得到一种近似解。有限元的网格剖分质量将直接影响到求解的精确度，网格剖分越细密，计算精度也越高。在进行模拟之前要对模拟的系统进行网格剖分，而迭代计算就是根据所剖分的网格中的每个节点依次计算。因此，选取网格的形状和网格的疏密也将影响模拟的结果，网格形状不同导致的结果偏差如图 2.32 所示；另外，一般来说网格越密，单位体积的模型中剖分的网格数越多，计算结果就越精确。但是，网格数越多，所需计算的时间越长，对计算机的硬件要求越大。因此，在实际的计算中并不是追求网格越密越好，而是根据具体情况具体分析、综合考虑[37]。

基于此，作者对本课题的网格疏密进行了比较，图 2.31 为网格剖分采用的剖分等级为 3 级的自由网格剖分结果，图 2.33 和图 2.34 分别为网格剖分采用的剖分等级为 4 级与 2 级的剖分结果。

基于以上三种网格密度划分方案，对中轴线上电场强度的大小进行比较，其中，电阻率的选取和坩埚尺寸同前，模拟结果如图 2.35 所示。

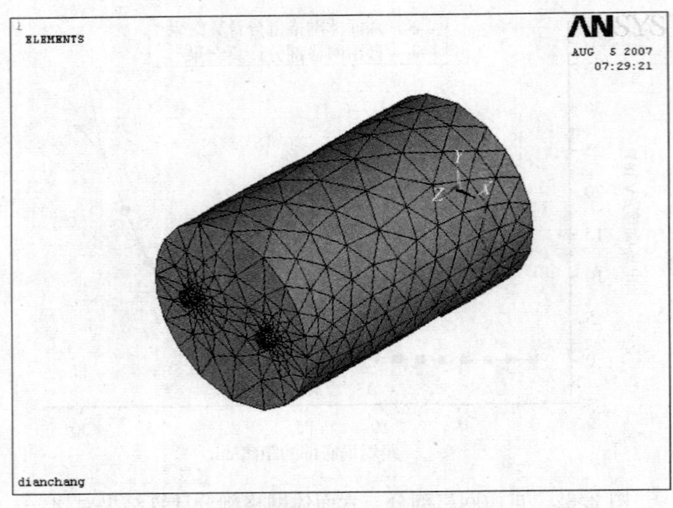

图 2.33　网格密度 4 级剖分结果图

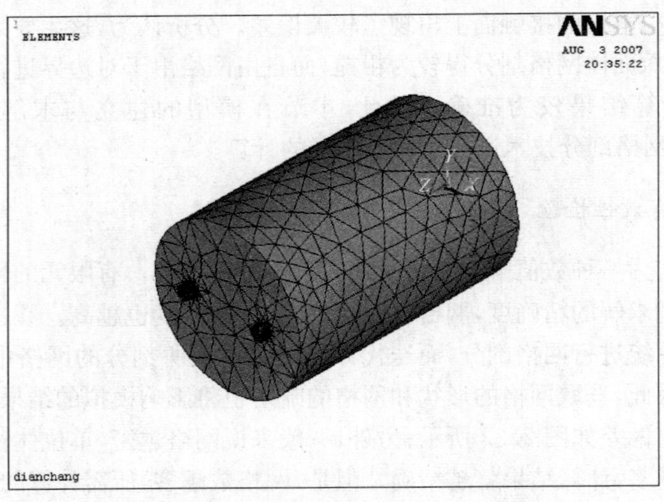

图 2.34　网格密度 2 级剖分结果图

由图 2.35 可知，自由网格密度设置为 4 级、3 级、2 级时熔体内部电场强度的求解结果差异不大，收敛性很好，在熔池 10cm 以下该三种求解结果已经趋于一致。因此，说明该自由网格密度等级已经满足求解精度的需要，结合课题组计算机的配置，最终确定系统网格剖分等级为 3 级。

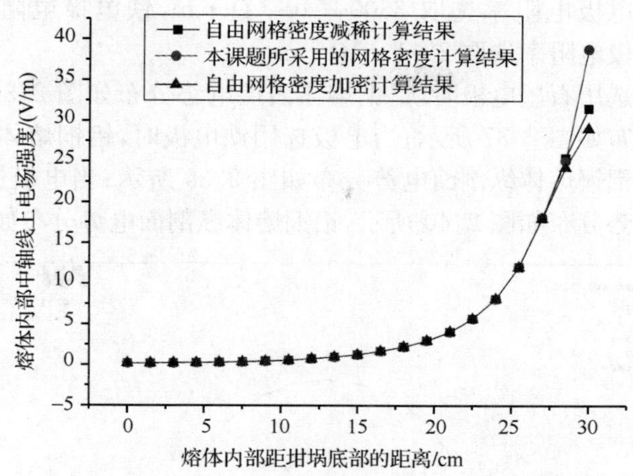

图 2.35　网格剖分单元密度对求解结果的影响

2.4.5　熔体内部电磁场分布仿真研究

本节将重点探讨脉冲电极距离以及脉冲电极在熔体中插入深度等因素对熔体内部电流场、电磁场的影响，进而掌握熔体内部电磁场分布规律及影响因素，探讨改善熔体内部电场分布的新方法。在此基础之上，应用独立设计的高温熔体内部电场强度测量装置对熔体内部电场强度进行测量，然后与脉冲电场数值模拟求解结果进行比较，以此检验数值模拟的正确性；电磁场来源于电流的流动，因此，只有在电场的正确求解基础之上才能得到正确的电磁场求解结果，本章应用上海恒通公司生产的高斯计对电磁场的求解结果进行检验，进而从另一个侧面验证电场求解的正确性。

1. 电极电阻率对熔体中电场分布的影响

电脉冲处理电极分别采用高纯石墨电极、铁电极、铜电极，其插入熔体中的深度及接入脉冲发生器的位置可以进行调节。模拟中，选择脉冲电极插入深度为240mm，电极预留熔体外表面 10mm。EPM-C 型脉冲发生器电压在 100～800V 之间可调，根据课题组多年的实践经验，500V 的中电压对 Al-5%Cu 熔体的处理效果最好，因此，本节的模拟也主要围绕 500V 的中电压进行，实验装置仿真图如图 2.27 和图 2.28 所示。经实测，在 500V 中电压的情况下，因线路损耗等原因，输入到电极处的电压约为 50V，因此本节在模拟过程中，电极输入电压设定为 50V。本节重点是考察不同电极电阻率对熔体中电场分布的影响，进而指导电脉冲在工业应用中的电极材质选择问题。

综合考虑温度的影响，模拟过程中 Al-5% Cu 熔体电阻率选取 4.8×

$10^{-8}\Omega \cdot m$，石墨电极电阻率选取 $3500\times10^{-8}\Omega \cdot m$，铁电极电阻率选取 $8.7\times10^{-8}\Omega \cdot m$，铜电极电阻率选取 $2\times10^{-8}\Omega \cdot m$。

当电极材料选用石墨电极时，铝铜熔体表层电势分布如图 2.36 所示，铝铜熔体纵剖面电势分布如图 2.37 所示；当电极选用铁电极时，铝铜熔体表层电势分布如图 2.38 所示，铝铜熔体纵剖面电势分布如图 2.39 所示；当电极选用铜电极时，铝铜熔体表层电势分布如图 2.40 所示，铝铜熔体纵剖面电势分布如图 2.41 所示。

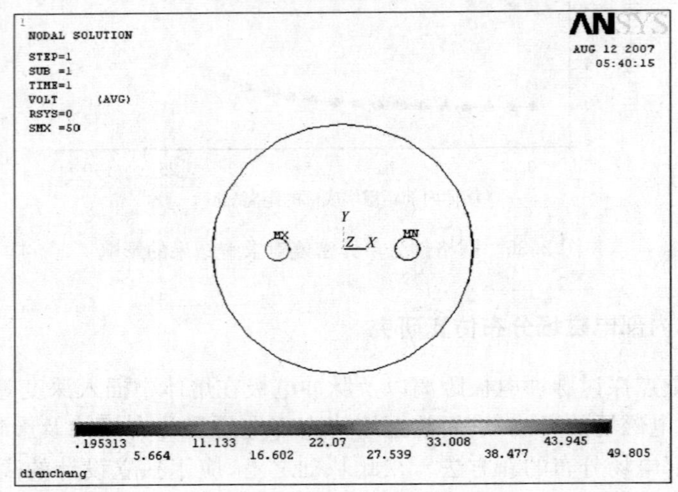

图 2.36　石墨电极铝铜熔体表层电势

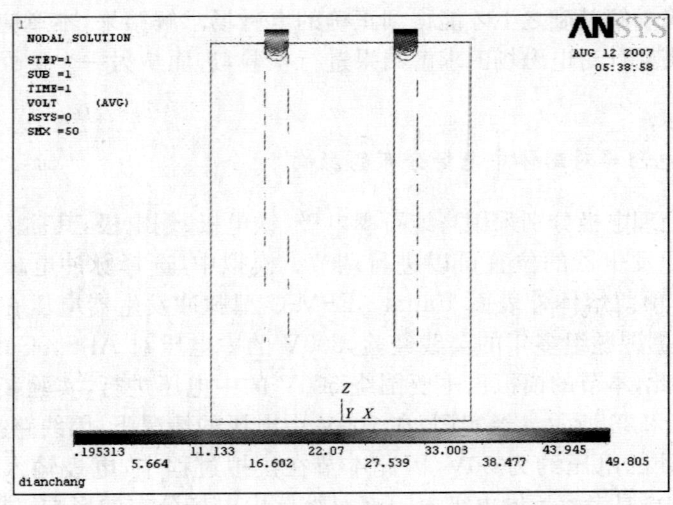

图 2.37　石墨电极铝铜熔体纵剖面电势

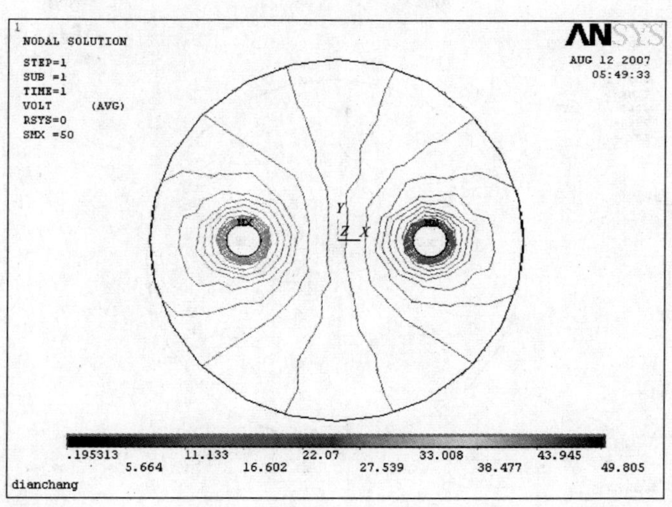

图 2.38　铁电极铝铜熔体表层电势

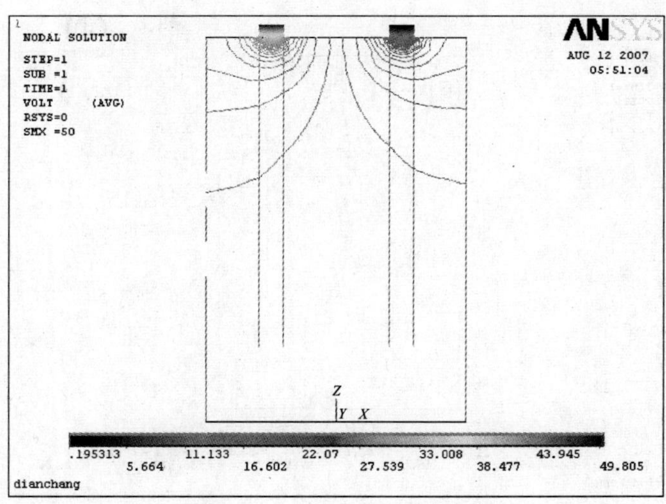

图 2.39　铁电极铝铜熔体纵剖面电势

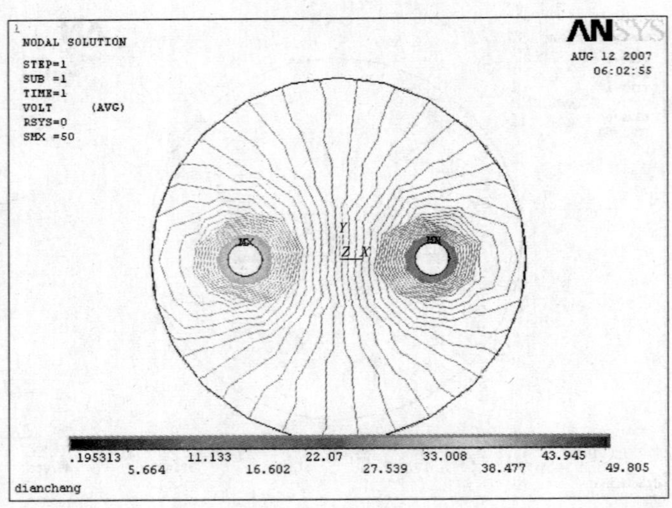

图 2.40　铜电极铝铜熔体表层电势

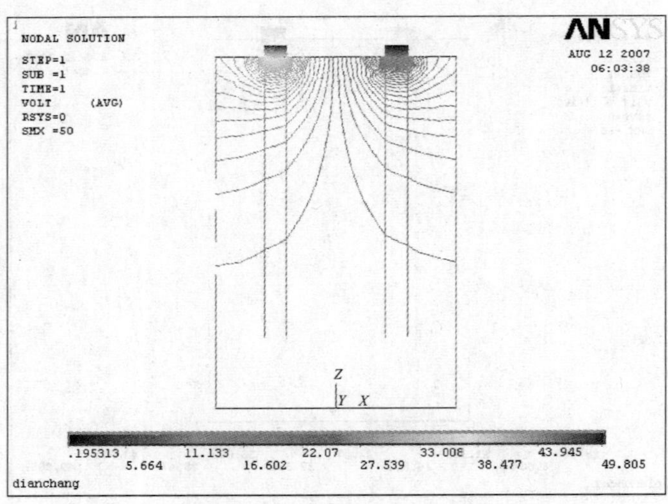

图 2.41　铜电极铝铜熔体纵剖面电势

由图 2.36～图 2.41 的仿真结果可知，在等势线间距为 0.4V/m 的情况下，石墨电极在熔体表层没有形成电势等值线，表明熔体表层电势差别极小；从其剖面可见，电势等值线集中在石墨电极的端部位置，熔体内部没有电势等值线。由此可知，石墨电极由于其电阻率约为铝铜熔体电阻率的 730 倍，相对于铝铜熔体而言，电阻极大，又因为电压与电阻成正比，因此，导致石墨电极上的电压降相对于铝铜熔体来说较大，电压极大部分消耗在电极上，而输入到熔体内部电压极小，从而使电脉冲对熔体的作用能力极大地被削弱。相比而言，选用铜电极电阻率约为熔体电阻率的 0.5 倍，电阻较小，其对电脉冲的电压削弱作用比较弱，从而输入到熔体中的有效电压值较大，传播距离较远，因此，导致熔体表层与熔体剖面上电势等值线较密集。铁电极的电阻率与熔体相当，其作用能力介于石墨电极与铜电极之间。电势等值线总体来说都是由电极向熔体边部呈发散状，越靠近电极，电势等值线越密集，越远离电极，电势等值线越稀疏；从纵剖面来看，电势等值线在熔体中表层密度大，熔体深部稀疏。

电脉冲作用熔体起本质作用的为脉冲电场，而当距离一定的情况下，电场强度是与两点的电势成正比。基于这一原理，本节进一步对熔体中轴线上的电场强度进行求解，求解结果如图 2.42 所示。

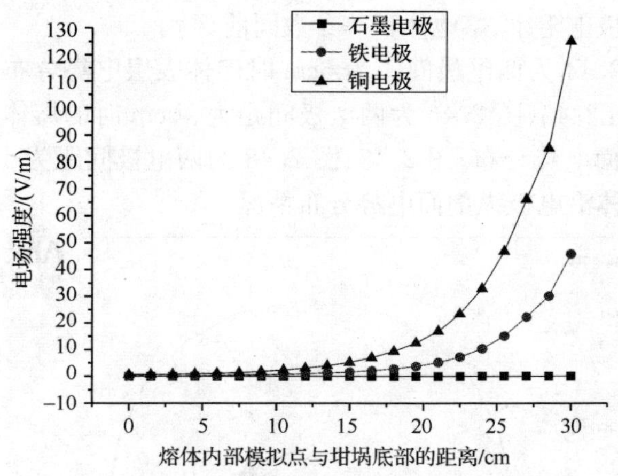

图 2.42　不同电极熔体中轴线内各点的电场强度

由图 2.42 可知，三种电极在熔体中形成的电场强度随着深度的增加，电场强度迅速减小，在熔池底部，三种电极形成的电场强度都趋于零；石墨电极在熔体中形成的电场强度最小，表面处电场强度仅为 0.15V/m，铜电极在熔体中形成的电场强度最大，表面处电场强度为 125.11V/m，铁电极在熔体中形成的电场强度介于石墨电极与铜电极之间，表面处电场强度为 45.84V/m。由此得出如下结论：电阻率越小的电极在熔体表层及熔体内部产生的电场强度越大。因此，在电极的选择过程中，应尽量选择电阻率较小的电极，这样可用较小的外加脉冲电压实现所要求的电场强度。考虑到实验成本及其方便性与实用性，确定本课题在以后的实验中选用铁电极。

另外，从图 2.42 还可以看出，电场强度沿着熔体深度方向迅速减小，当深度达到 10cm 时，电场强度已减小到表面场强的 1/10，当深度达到 20cm 时，电场强度已减小到原来的 1/100，由于此时电场强度相对于熔体表面场强较小，其对熔体的作用可以忽略。因此，作者认为，电场作用深度在电极距离为 10cm 时，有效作用深度为 10cm 左右，而此时电脉冲对下部熔体的作用可以忽略。

2. 电极距离对熔体中电场分布的影响

根据第 1 小节模拟结果可知，电极电阻率对熔体内部电场强度有较大影响，这对指导生产中的电极材料选择提供了理论基础。但是，对于不同的熔池体积与深度，两电极之间的距离应如何安排，电极距离对电场强度有无影响，这方面的理解无疑也是脉冲技术研究的重点。根据实验中坩埚尺寸的大小，分别把电极位置调整为 6cm、10cm、14cm 进行电场的仿真研究，从而进一步探讨两电极位置由远及近的变化导致的电势及电场分布以及电场强度的变化，电极选择上文确定的铁电极，脉冲参数、电极电阻率、熔池体积等参数同前。

图 2.43、图 2.44 为两电极间距为 6cm 时熔体表层电势分布与熔体沿电极纵剖面电势分布；图 2.45、图 2.46 为两电极间距为 10cm 时的熔体表层电势分布与熔体沿电极纵剖面电势分布；图 2.47、图 2.48 为两电极间距为 14cm 时的熔体表层电势分布与熔体沿电极纵剖面电势分布情况。

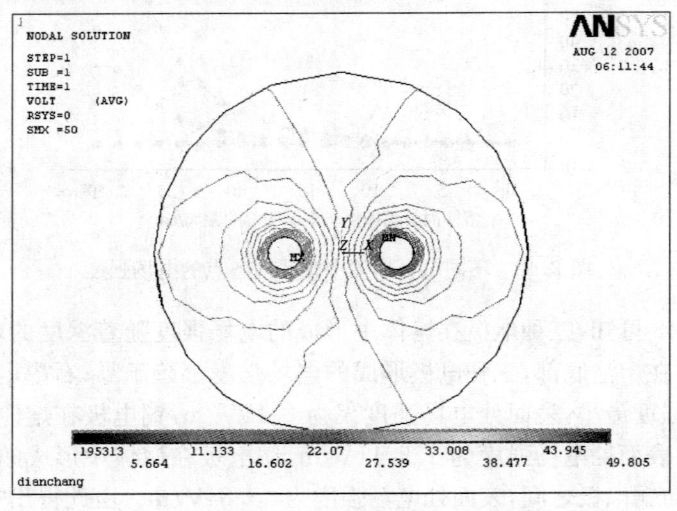

图 2.43 极间距 6cm 时铝铜熔体表层电势

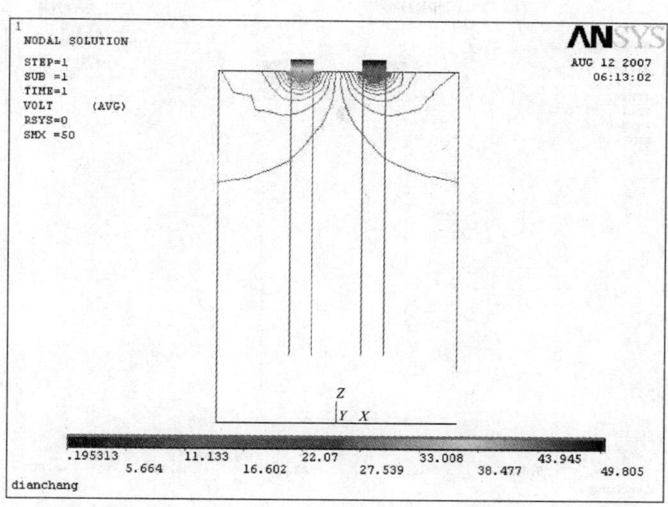

图 2.44　极间距 6cm 时铝铜熔体纵剖面电势

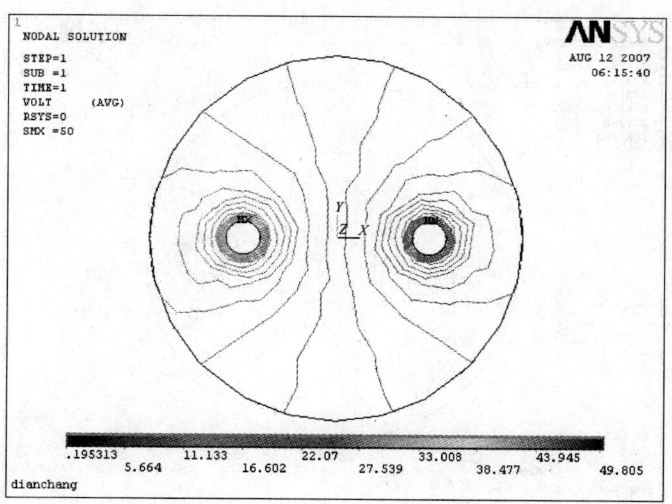

图 2.45　极间距 10cm 时铝铜熔体表层电势

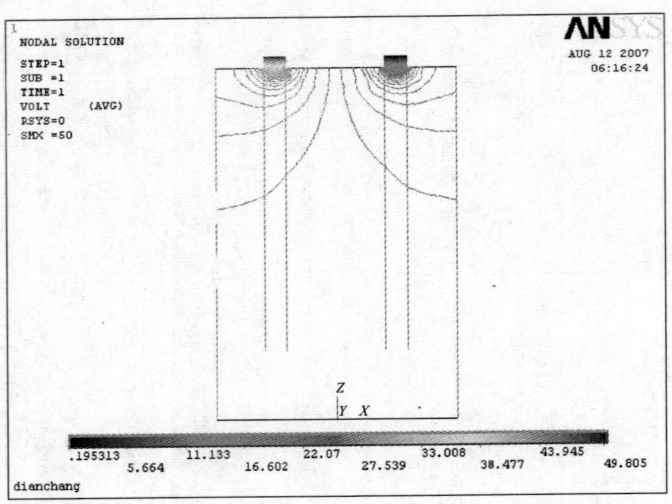

图 2.46　极间距 10cm 时铝铜熔体纵剖面电势

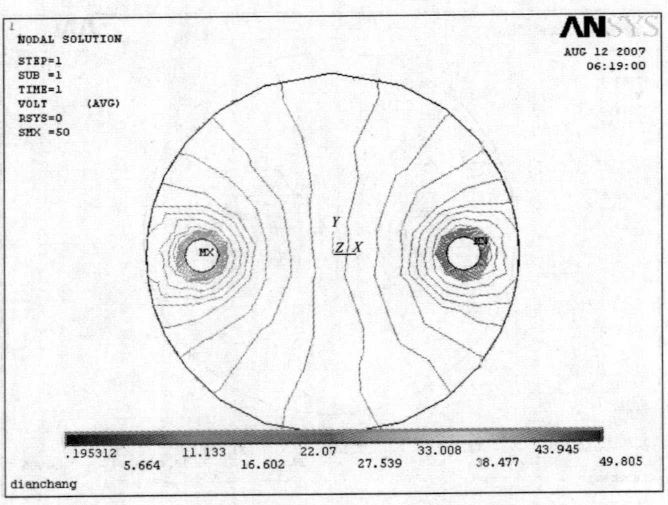

图 2.47　极间距 14cm 时铝铜熔体表层电势

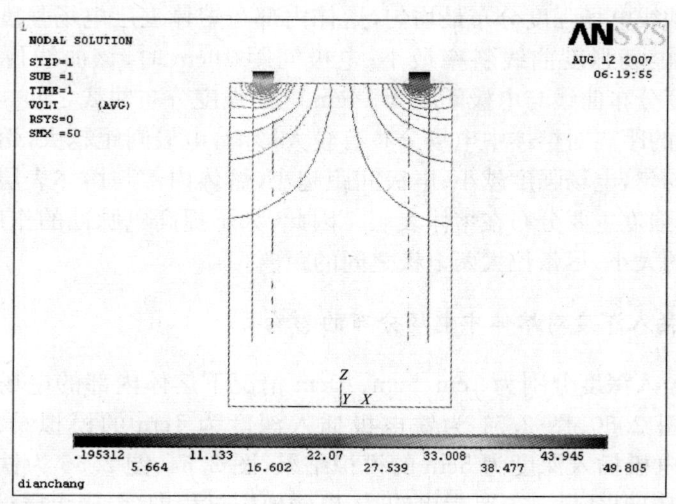

图 2.48　极间距 14cm 时铝铜熔体纵剖面电势

从图 2.43～图 2.48 的仿真结果可以看出，电极距离越近，两电极之间的电势等值线越密，熔体表层等势线分布越不均匀；两电极距离越远，两电极之间的电势等值线越稀，熔体表层等势线分布越均匀。为了理解电极间距对熔体中电场强度的影响，对不同电极间距情况下熔体中轴线上的电场强度进行进一步的模拟，模拟结果如图 2.49 所示。

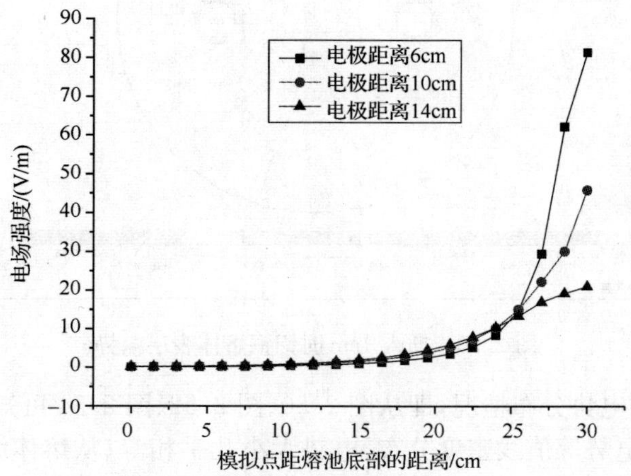

图 2.49　电极间距对铝铜熔体中轴线上电场强度影响

由图 2.49 可知，电极间距为 6cm 时，中轴线电场强度分布最不均匀，电场强度曲线最陡峭，斜率也最大，表面电场强度最大，熔体内部电场强度最小；电极间距

14cm 时,中轴线电场强度分布最均匀,熔体内部与熔体表层电场强度之间的差值最小,表现为电场强度曲线斜率最小;电极间距 10cm 时,该曲线位于电极间距 6cm 电场强度分布曲线与电极间距为 14cm 电场强度分布曲线之间。由此可以得出:电极之间的距离对熔体中电场分布有较大影响,电极间距越大,熔体内部电场强度分布越均匀,电场强度越小;电极间距越小,熔体内部与熔体表层电场强度差别越大,电场强度主要分布在熔体表层。因此,为了提高电脉冲的作用效果,应根据坩埚尺寸的大小,尽量拉大两电极之间的距离。

3. 电极插入深度对熔体中电场分布的影响

对电极插入深度分别为 1cm、5cm、10cm 情况下熔体内部的电场与电势情况进行模拟。图 2.50、图 2.51 为铁电极插入深度为 1cm 的模拟结果,图 2.52、图 2.53为铁电极插入深度为 5cm 的模拟结果,图 2.54、图 2.55 为铁电极插入深度为 10cm 的模拟结果。需要指出的是,电磁模拟过程中,电极出露熔体的预留高度皆为 1cm,电极两端的输入情况、坩埚尺寸及其他模拟参数同前。

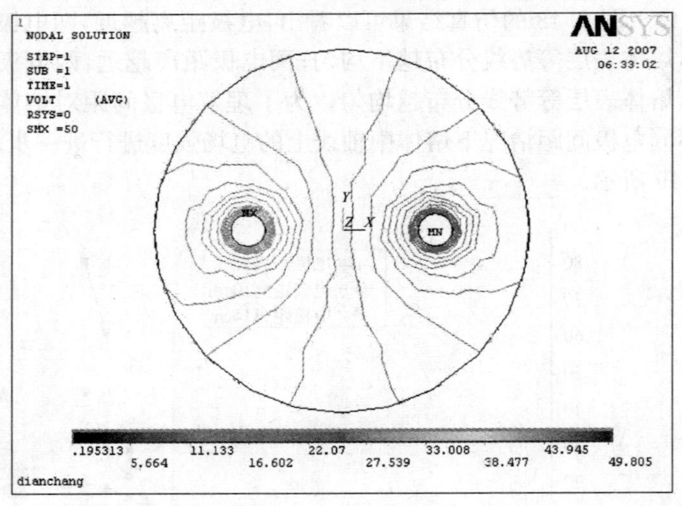

图 2.50 插入 1cm 时铝铜熔体表层电势

从熔体表层电势分布情况,即从图 2.50、图 2.52、图 2.54 可知,熔体表层电势分布差别不大,电势等值线密度分布、电势大小几乎相等;从熔体纵剖面电势分布来看,即从图 2.51、图 2.53、图 2.55 可知,三种电极插入深度导致的电势分布差别很小。本节对铁电极三种不同插入深度情况下的熔体纵剖面中轴线上的电场强度进行了模拟,模拟结果如图 2.56 所示。

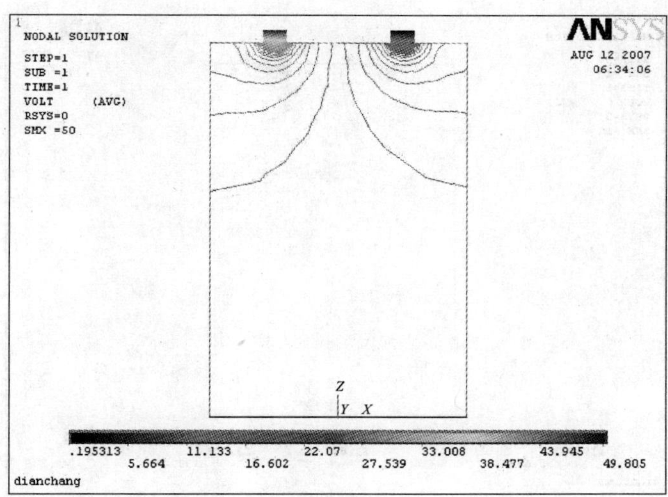

图 2.51　插入 1cm 时铝铜熔体纵剖面电势

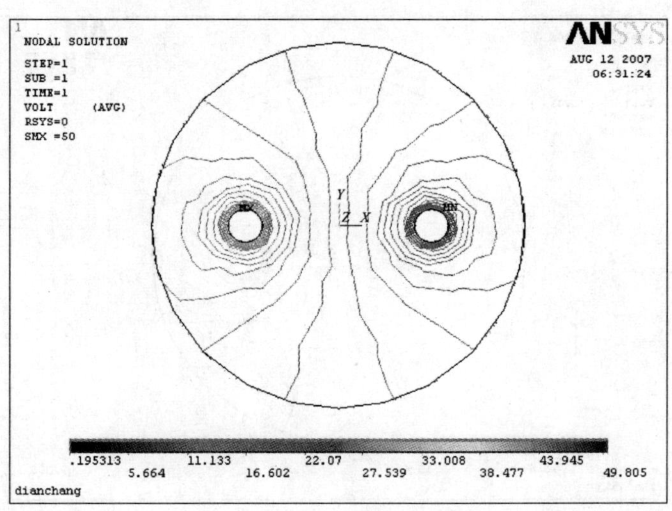

图 2.52　插入 5cm 时铝铜熔体表层电势

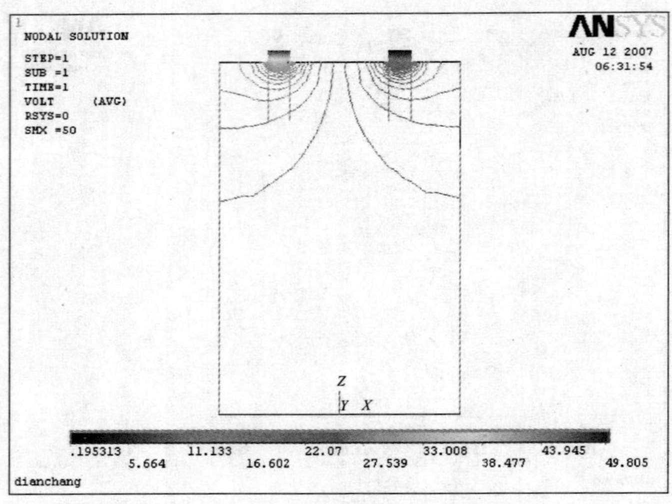

图 2.53　插入 5cm 时铝铜熔体纵剖面电势

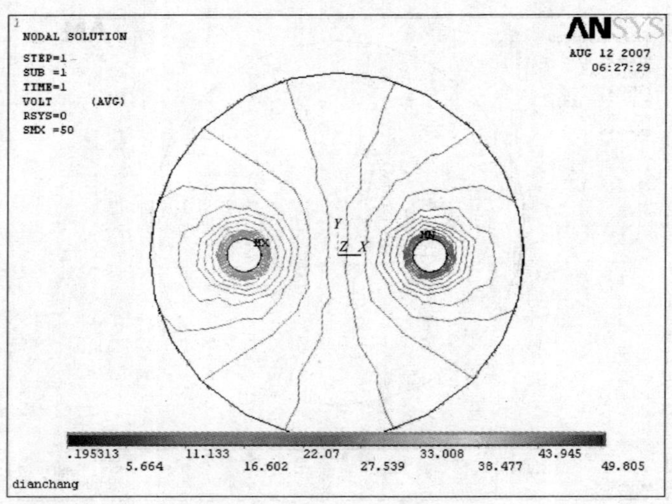

图 2.54　插入 10cm 时铝铜熔体表层电势

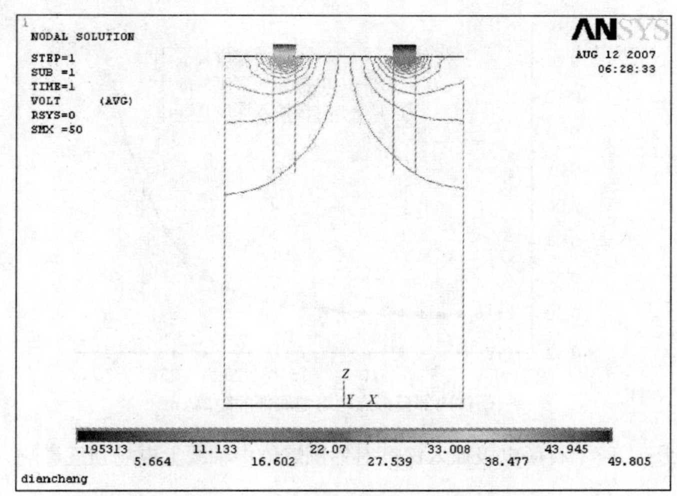

图 2.55　插入 10cm 时铝铜熔体纵剖面电势

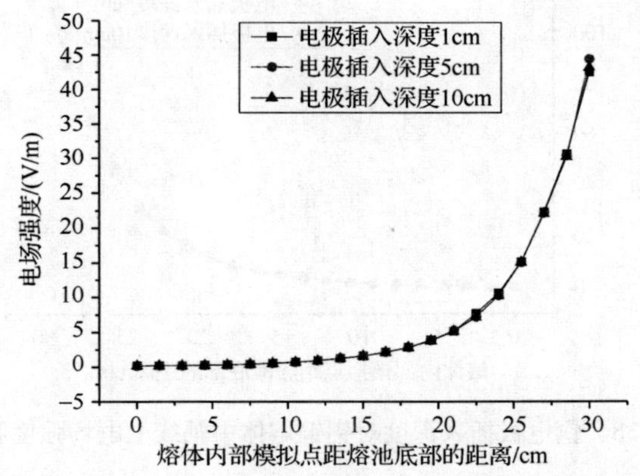

图 2.56　铁电极插入深度对铝铜熔体中轴线上电场强度影响

由图 2.56 可知,铁电极三种不同插入深度下中轴线处电场强度基本相同,因此,铁电极插入深度对熔体中电场强度的影响不大。基于此,为了减少对熔体的污染,在后续实验中,电极插入深度达到 1cm 即可。对于石墨电极和铜电极,也对电极的插入深度对熔体内部电场强度的分布情况进行了模拟,图 2.57 为石墨电极的模拟结果,图 2.58 为铜电极的模拟结果。

从模拟结果图 2.57 和图 2.58 可见,石墨电极与铜电极的插入深度对铝铜熔体内部电场强度的分布影响不大,这主要是由于熔体的电阻率较小,相对于电极而言,面积较大,造成其体电阻较小,电极优先在熔体中传导,进而削弱了电极向熔体深度传导电压的效果,导致熔体深处电场强度较弱。研究过程中亦对电阻率较大

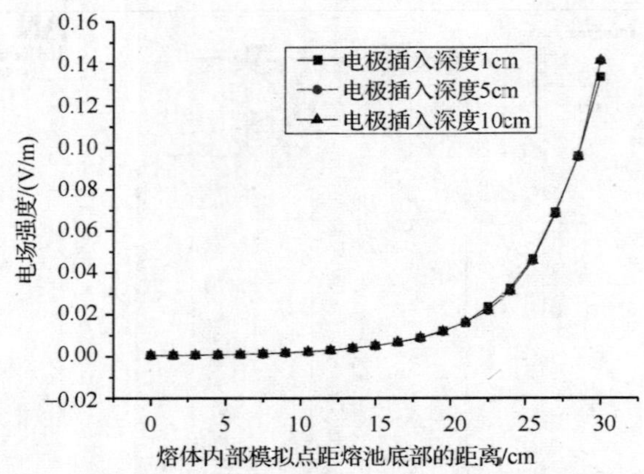

图 2.57　石墨电极插入深度对铝铜熔体中轴线上电场强度影响

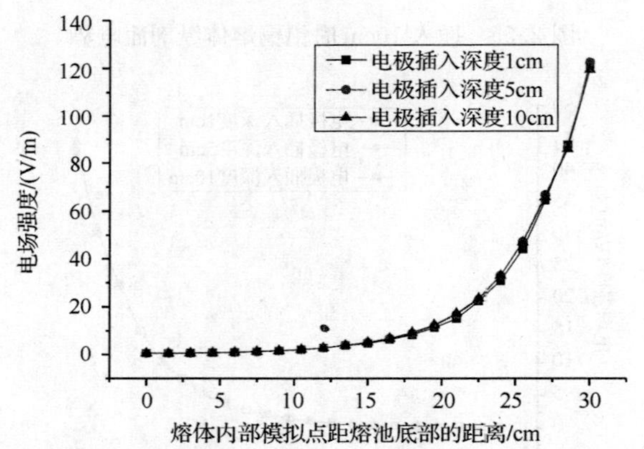

图 2.58　铜电极插入深度对铝铜熔体中轴线上电场强度影响

的电解质溶液中电脉冲处理效果进行了仿真研究，发现在该种情况下，电极电阻率、电极插入深度对电场分布有较大影响，原因是电极的电阻率远远小于熔体的电阻率，电极向盐溶液深度传导电压能力较强，进而影响了盐溶液中的电场分布情况。基于此，作者认为：当熔体的电阻率小于或接近于电极电阻率时，电极的插入深度对熔体中的电场强度没有影响；当熔体的电阻率远远大于电极电阻率时，电极的插入深度对熔体中的电场强度将有较大影响。

第 1 小节对电脉冲作用下 Al-5%Cu 熔体内部电场的分布状况进行了模拟，但是数值模拟正确与否要经过实验的检验才能下结论。因此，对高温 Al-5%Cu 熔体内部电场强度进行测量是必要的，可是到目前为止还未见对高温熔体内部电场强度进行测量的报道。基于此，作者专门设计了高温熔体内部电场强度测量装置，实验原理如图 2.59 所示。

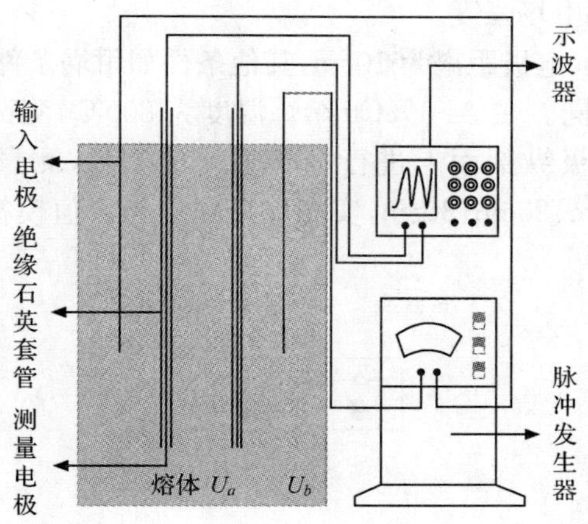

图 2.59　电场强度测量装置原理图

当电极接入电脉冲设备时，两输入电极在熔体内部形成电势差，进而导致熔体内部产生电流。如果两测量电极端点之间有电场，则两电极端点处必然有电势差的存在。它们之间的关系如下所示：

$$U = U_a - U_b = \oint_{a \to b} \boldsymbol{E} \mathrm{d}l \tag{2.44}$$

$$\boldsymbol{E} = (U_a - U_b)/l = U/l \tag{2.45}$$

因此，可以通过测量两电极端点之间的电势差，进而调整测量电极的位置来了解熔体内部电场的分布状况。本次实验设计的适用于高温熔体内部电场强度的测量装置如图 2.60 所示。

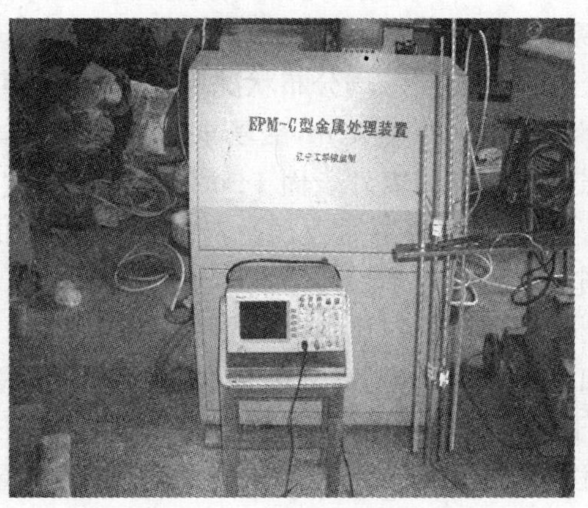

图 2.60　高温熔体内部电场强度测量装置

图中示波器捕捉的是测量电极两端点的电压降，则根据式(2.44)，可以计算两电极端点之间的平均电场强度。

实验采用铁电极、电极距离为 10cm，其他条件如坩埚条件、熔体插入深度与第 1 小节中仿真条件相同。在 Al-5%Cu 熔炼温度为 800℃，测试电极距离为 5cm 的情况下，在沿脉冲电极纵剖面上进行电场强度的测量，测量点分别距熔体表面 2cm、5cm、10cm、20cm、25cm、30cm，实测电场强度与数值模拟结果的吻合情况如图 2.61 所示。

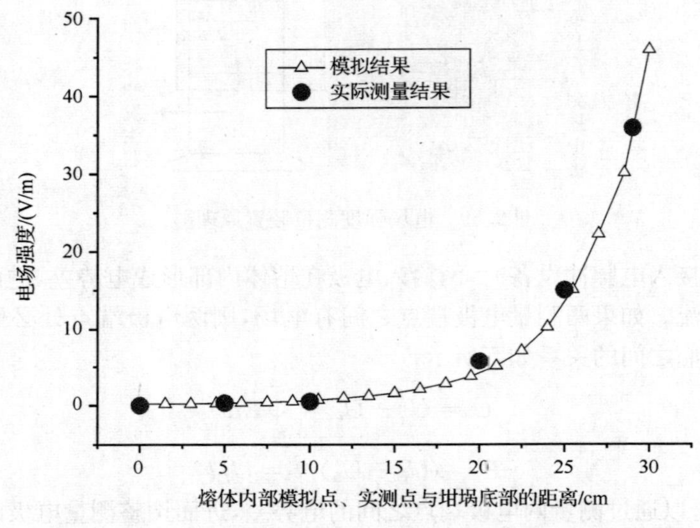

图 2.61　实测结果与模拟结果比较

由图 2.61 可见，ANSYS 系统仿真模型与电场强度实测值吻合度较高，两者偏差较小，证明了该系统仿真模型的正确性与可推广性。

针对本单元电极为铁电极的磁场分布状况进行了求解，其中，磁场的求解路径如图 2.62 所示。实验中，坩埚厚度 4cm，磁场求解路径与熔体距离为 5cm，因此，相当于求解的磁场强度为距离坩埚外表面 1cm 处的磁场强度。在 Al-5%Cu 熔炼温度为 800℃的情况下，采用上海恒通公司生产的高斯计对坩埚外侧 1cm 处进行磁场强度的测量。测量点分别位于熔体表面 0cm、10cm、22cm、28cm 高度处，磁场强度求解结果与实测磁场强度的对比情况如图 2.63 所示。

从对比结果可知，仿真模拟的磁场强度比实测磁场强度稍大，但趋势相同，作者认为，这主要是由于在模拟过程中铝铜熔体为非铁磁体，锁磁能力较弱，漏磁现象较严重，而模拟过程中，磁场边界设置为系统的 5 倍，因此导致了偏差。这一问题的出现，可以应用磁场的远场单元来实现，由于本节关注的重点是电场的变化情况，从而没有进行磁场的深入模拟。系统的磁场是由电场产生的，因此仿真中磁场的求解能够验证电场求解的正确性，图 2.63 所示磁场强度的模拟结果与实测磁场

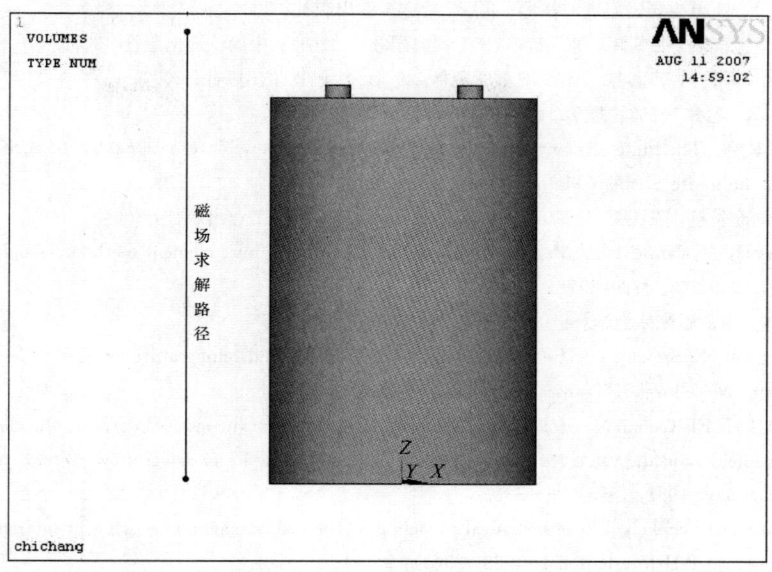

图 2.62　磁感应强度求解路径

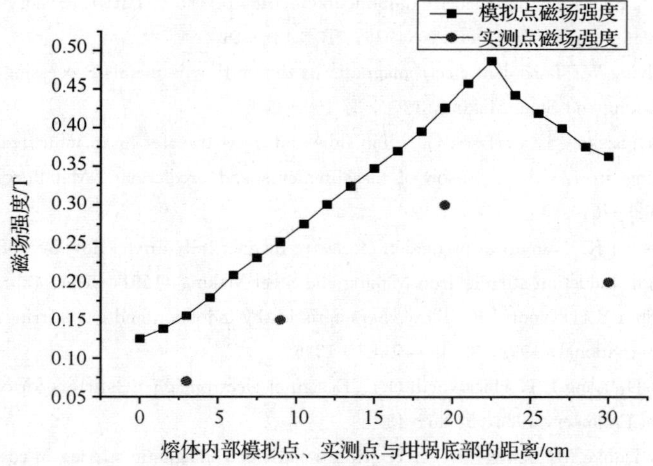

图 2.63　磁场强度模拟与实测结果对比

强度趋势一致，偏差较小的结果从另一个侧面证明了电场求解的正确性。

参 考 文 献

[1] 张生. 脉冲镀和脉冲焊电源. 北京：机械工业出版社，1988.
[2] 韩至成. 电磁冶金学. 北京：冶金工业出版社，2001.

[3] 张伟强. 金属电磁凝固原理与技术. 北京：冶金工业出版社，2004.

[4] 唐兴伦，范群波，张朝晖，等. ANSYS工程应用教程. 北京：中国铁道出版社，2003.

[5] 洪庆章，刘清吉，郭嘉源. ANSYS教学范例. 北京：中国铁道出版社，2002.

[6] 程守洙，江之水. 普通物理学. 北京：高等教育出版社，1998.

[7] Clough R W. The finite element after 25 years—A personal view. International Conference on Applications of the Finite Element Method, Hovik, 1979.

[8] 张立新，徐长航，陈江荣. ANSYS 7.0基础教程. 北京：机械工业出版社，2004.

[9] Silvester P, Haslam C R S. Magneto telluric modeling by the finite element method. Geophysical Prospecting, 1969, 20: 872～891.

[10] 胡文瑞. 宇宙磁流体力学. 北京：科学出版社，1987.

[11] EI-Kaddah N, Szekely J. The electromagnetic force field, and temperature profiles in levitated metal droplets. Metallurgical Transactions, 1983, 14B: 401～410.

[12] Meyer J L, EI-Kaddah N, Szekely J. A comprehensive study of the induced current, the electromagnetic force field, and the velocity field in a complex electro magnetically driven flow system. Metallurgical Transactions, 1987, 18B: 529～538.

[13] Hegbusi O J, Szekely J. Mathematical modeling of the electromagnetic stirring of molten metal-solid suspensions. ISIJ International, 1988, 28(3): 97～102.

[14] Kolesnichenko A F, Podoltsev A D, Kucheryavaya I N. Action of pulse magnetic field on molten metal. ISIJ International, 1994, 8: 715～721.

[15] Tarapore E D, Evans J. Fluid velocity in induction melting furnaces: Part 1. Theory and laboratory experiments. Metallurgical Transactions, 1976, 7B: 343～351.

[16] Szekely J, Chang W. Turbulent electromagnetically driven flow in metals Processing: Part 1. Formulation. Iron Making and Steel Making, 1977, 3: 190～204.

[17] EI-Kaddah N, Szekely J, Carlsson G. Fluid flow and mass transfer in an inductively stirred four-ton melt of melting steel: A comparison of measurements and predictions. Metallurgical Transactions, 1984, 15B: 633～640.

[18] Kim W S, Yoon J K. Numerical prediction of electro magnetically driven flow in ASEA-SKF ladle refining by straight induction stirrer. Iron Making and Steel Making, 1991, 8(6): 425～432.

[19] Chung S I, Shin Y H, Yoon J K. Flow characteristics by induction and gas stirring in ASEA-SKF ladles. ISIJ International, 1992, 32(12): 1287～1296.

[20] Nathenson R D, Long L J, Hackworth D T. Design of electromagnetic stirrers for continuous casting. Iron and Steel Engineer, 1986, 5: 36～43.

[21] Spitzer K H, Dubke M, Schwerdtfeger K. Rotational electromagnetic stirring in continuous casting of round strands. Metallurgical Transactions, 1986, 17B: 119～131.

[22] Iwai K, Sassa K, Asai S. Theoretical analysis of the magnetic field of a cold crucible. Electromagnetic Forces and Applications, Amsterdam: Elsevier Science Publishers B. V., 1992.

[23] Yamaguchi T, Kawase Y, Maekawa T. Finite element analysis of flux distributions and eddy current losses in a cold crucible system. International Symposium on Electromagnetic Processing of Materials, Nagoya, 1994: 121～129.

[24] Tanaka T, Kurita K, Kuroda A. Mathematical modeling for electromagnetic field and shaping of melts in cold crucible. ISIJ International, 1991, 31(4): 350～357.

[25] Kuwabara M, Nakata H, Sassa K. Theoretical analysis of electromagnetic field of induction cold crucible taking account of azimuthal distribution. Proceeding of the Sixth International Iron and Steel Congress, Nagoya, 1990: 246～252.

[26] Biro O, Preis K, Magele C, et al. Numerical analysis of 3D magnetostatic fields. IEEE Transactions on Magnetics, 1991, 27(5): 3798～3803.

[27] Preis K, Bardi I, Biro O, et al. Different finite element formulations of 3-D magnetostatic fields. IEEE Transactions on Magnetics, 1992, 28(2): 1056～1059.

[28] Gyimesi M, Ostergaard D F. Non-conforming hexahedral edge elements for magnetic analysis. IEEE Transactions on Magnetics, 1998, 34(5): 2481～2484.

[29] Gyimesi M, Ostergaard D F. Mixed shape non-conforming edge elements. IEEE Transactions on Magnetics, 1999, 35(3): 1406～1409.

[30] Ostergaard D F, Gyimesi M. Analysis of benchmark problem TEAM20 with various formulations. Proceedings of the TEAM Workshop, COMPUMAG Rio, 1997: 18～20.

[31] Gyimesi M, Ostergaard D F. Mixed shape non-conforming edge elements. CEFC 98, Tucson, 1998.

[32] Tarvydas P. Edge finitre elements for 3D electromagnetic field modeling. Electronics and Electrical Engineering, 2007, 4(76): 29～32.

[33] ANSYS Inc.. ANSYS耦合场分析指南. SASI P Inc., 1998.

[34] 张三慧. 电磁学(第二版). 北京：清华大学出版社，2003.

[35] Cook W A, Oakes W R. Mapping methods for generating three-dimensional meshes. Computers in Mechanical Engineering, 1982, 8: 67～72.

[36] Serway, Raymond A. Principles of Physics. 2nd ed. London: Saunders College Pub., 2002.

[37] 杜平安. 有限元网格剖分的基本原则. 机械设计与制造，2000，1：34～36.

第三章 电脉冲熔体处理对钢铁材料凝固组织与性能的影响

3.1 脉冲电压对高碳钢凝固组织的影响

根据1.5节的阐述,电脉冲对金属凝固组织影响的研究早期多见于在凝固过程中施加这种作用,其主要实验材料局限于低熔点合金,如Pb-Sn等。1998年前后,王建中等开始从事对于较高熔点的钢液进行电脉冲处理的研究,以便评价其对碳钢凝固组织的影响。根据电脉冲特点,此项研究主要围绕脉冲电压大小、冷却速率的变化等工艺参数展开,并将为电脉冲熔体处理技术在实际连续铸钢中的生产应用奠定基础。

3.1.1 实验材料与方法

由于高碳钢的枝晶组织比较发达,且碳偏析严重,因此,从电脉冲细化的观点来看,选择T8钢作为实验材料。加热炉采用Si-Mo棒井式炉,其最高加热温度为1700℃。炉管内径100mm,炉底可通惰性气体保护。各炉实验均将适量T8钢置于刚玉坩埚(尺寸ϕ72mm×104mm)内加热至1550℃,加热时炉内同时通N_2保护,采用Pt-Rh测温,温度精度控制在±1℃。待钢液熔清后保温1h,以保证钢液温度恒定,随后进行不同电脉冲参数的熔体处理,脉冲峰值电压分别采用100V、300V和500V,处理时间均为60s,脉冲频率为2Hz。处理完毕后为避免浇注带来的影响,直接让钢水在坩埚内冷却,冷却方式选择空冷、炉冷和缓冷三种方式。其中,电脉冲处理所用电极为Mg-Mo陶瓷,其导热导电性能良好,且能在钢液中稳定存在而没有污染。为消除电极的冷却效应,在其插入钢液前先在炉内预热,插入钢液5min后再进行电脉冲处理。实验装置示意图如图1.10所示。

3.1.2 脉冲电压对高碳钢凝固组织的影响

将3.1.1节的电脉冲处理钢液随炉冷却至1300℃,然后将坩埚从炉内取出。将凝固锭沿纵向剖开,打磨后用1∶1盐酸水溶液热侵蚀,观察其低倍组织如图3.1所示。

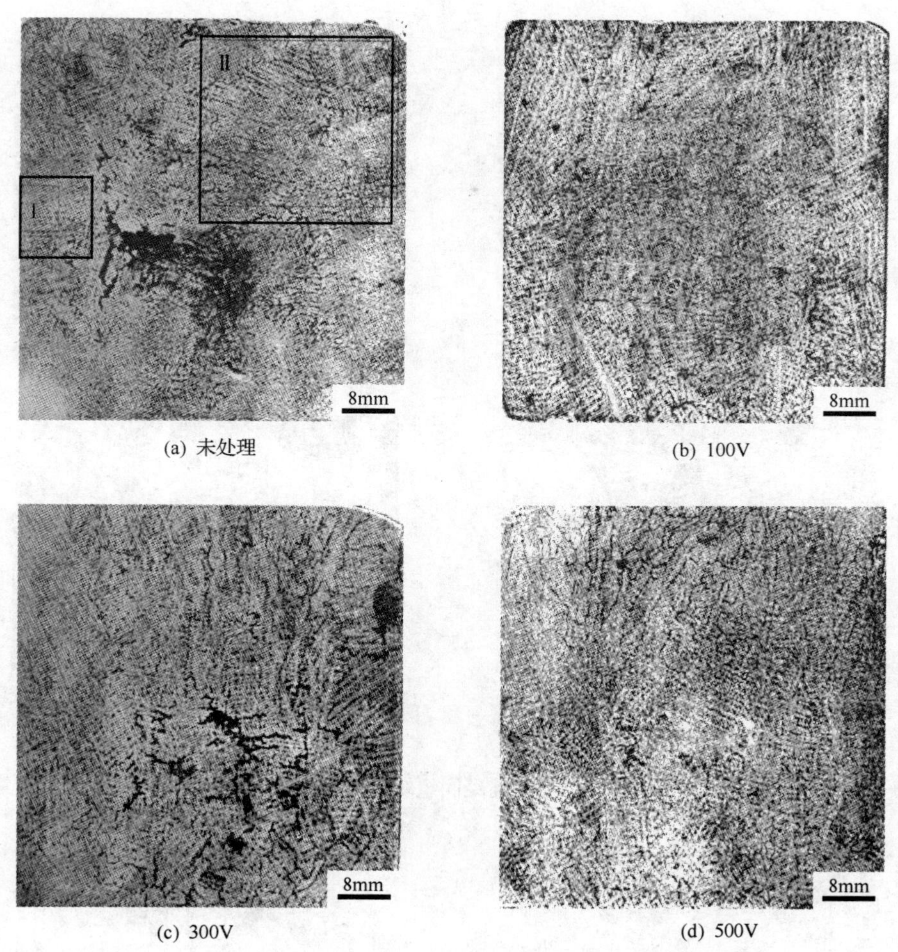

(a) 未处理　(b) 100V

(c) 300V　(d) 500V

图 3.1　不同脉冲电压处理所得到的 T8 钢纵剖面的低倍组织(炉冷)

由图 3.1 可以看出，未处理钢锭凝固组织中心有比较严重的疏松和缩孔，如图 3.1(a)所示；而进行电脉冲处理后，疏松程度均有不同程度改善，凝固组织均匀化程度亦提高。特别是当脉冲电压为 100V 和 500V 时，这种改善效果尤为明显。从图 3.1(a)所示方框Ⅰ位置截取试样，用来进一步观察其组织，如图 3.2 所示。

由图 3.2 可以看出，对于Ⅰ位置截取试样的凝固组织，其未处理试样枝晶形态非常明显，且方向性很强；而 100V 脉冲电压处理试样仍存在枝晶组织，但其方向性已不明显，枝晶比较短小且凌乱；300V 脉冲电压处理试样的枝晶呈粗化趋势；而 500V 脉冲电压处理后，凝固组织中的枝晶形态开始变得不明显，整个凝固组织趋向均匀化。另外，在Ⅱ位置截取试样的凝固组织中(图 3.3)，可以看到，一些具

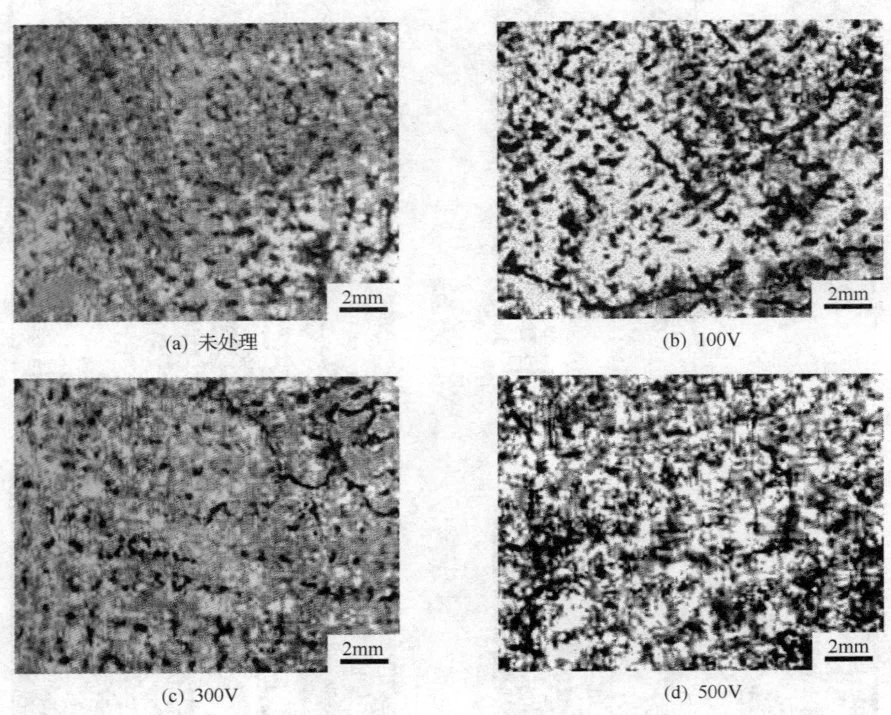

(a) 未处理　　(b) 100V

(c) 300V　　(d) 500V

图 3.2　钢锭凝固组织局部Ⅰ放大

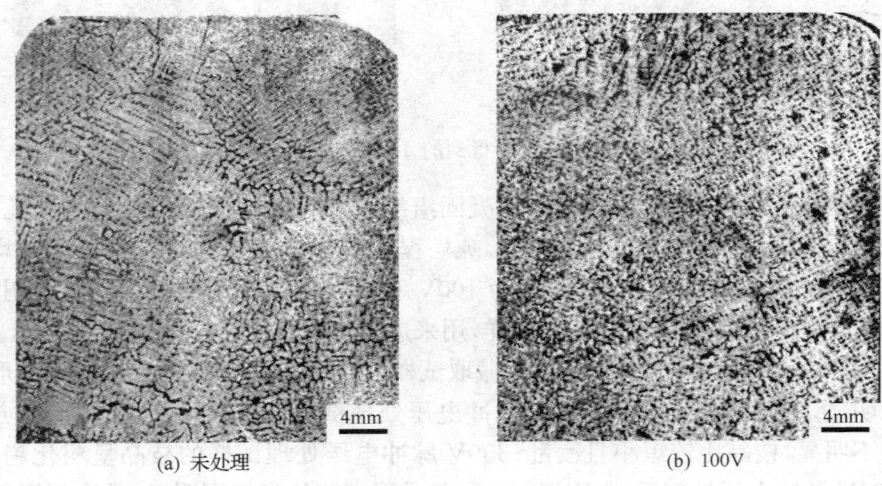

(a) 未处理　　(b) 100V

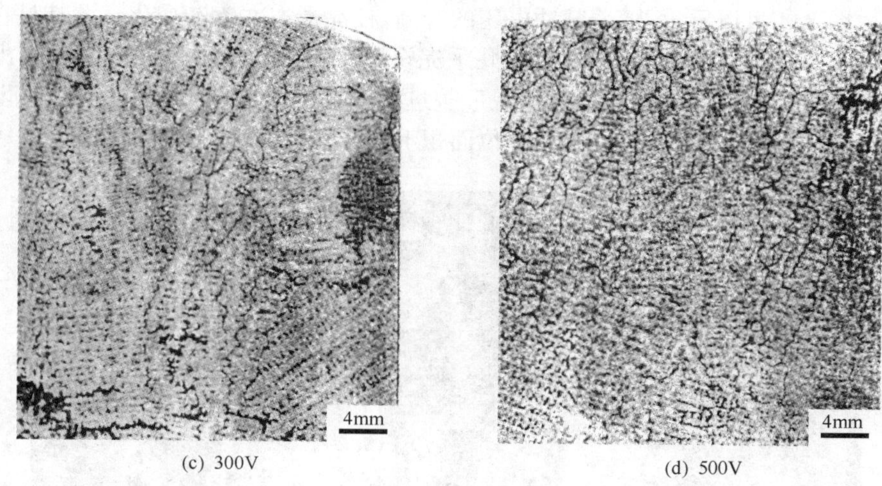

(c) 300V　　(d) 500V

图 3.3　钢锭凝固组织局部Ⅱ放大

有明显边界的区域，应为凝固初生相的晶粒，在未处理的组织中，这些晶粒比较粗大，每个晶粒区域内的枝晶形态都很明显；而在100V脉冲电压处理试样中晶粒数量明显增加，约为未处理时的2倍；300V脉冲电压处理试样晶粒呈长条形态，且具有明显晶粒边界；而当脉冲电压提高到500V时，晶粒明显细化，且晶粒形态以多边形状为主，有的晶粒区域内的枝晶特征已逐渐消失。因此，电脉冲熔体处理的T8钢凝固组织在随炉冷却条件下，较高脉冲电压将导致组织细化，枝晶不明显甚至消失。

在空冷条件下，上述经电脉冲熔体处理的凝固组织如图3.4所示。

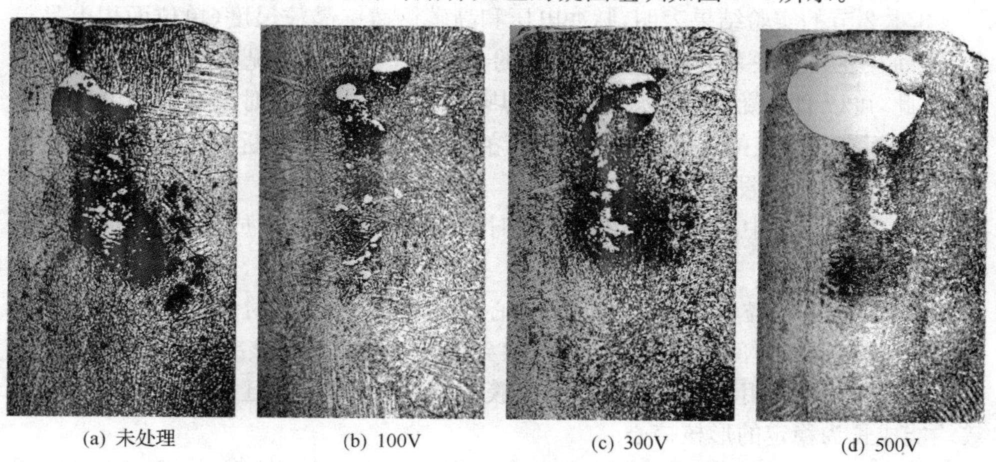

(a) 未处理　　(b) 100V　　(c) 300V　　(d) 500V

图 3.4　空冷条件下不同脉冲电压对T8钢凝固组织的影响

由图 3.4 可以看出，随着脉冲电压的升高，枝晶形态亦逐渐变化。尤其是在高电压情况下，典型碳钢枝晶形态特点几乎完全消失，很难从图 3.4(d)中辨别出一个完整的枝晶。对图 3.4 的组织细观形貌进行观察，如图 3.5 所示。此时可发现电脉冲熔体处理后组织细化明显，单位面积上的晶粒数目随电压升高而增加。

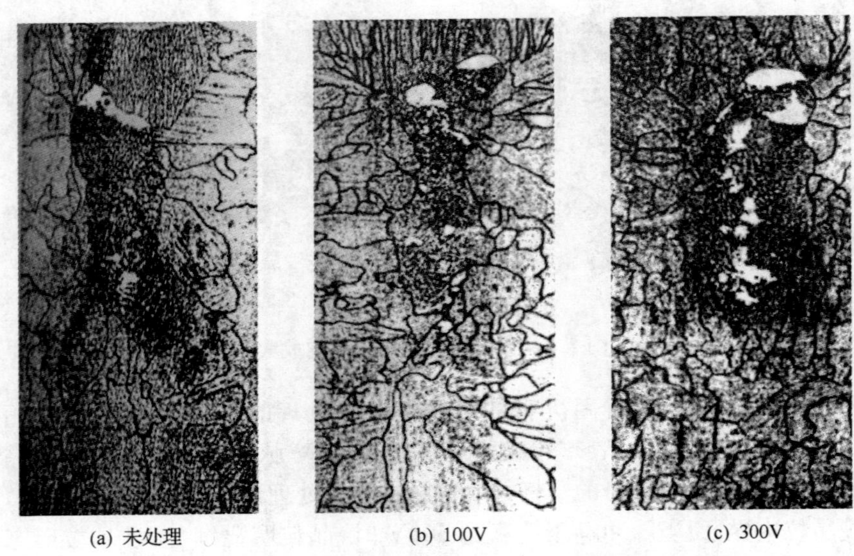

(a) 未处理　(b) 100V　(c) 300V

图 3.5　空冷条件下不同脉冲电压处理 T8 钢凝固组织的晶粒尺寸

3.1.3　脉冲电压与形核率间的经验公式

3.1.2 节的实验结果表明，脉冲电压和高碳钢铸锭晶粒尺度(单位面积上晶粒数)之间存在某种联系。由于实验采用的小钢锭，在空冷情况下凝固速率相对较快，因此，可以假定凝固一开始钢液的过热度就降低，且凝固时没有强烈的钢液流动，从而不存在晶核的重熔、枝晶生长的熔断，也不会出现熔断的枝晶碎片成为新的形核点的情况。假设：

(1) 凝固组织中晶粒均由凝固开始时形成的晶核长大而成，晶核形成后即稳定存在；

(2) 铸锭中晶粒分布沿钢锭纵向中心线呈对称分布，同时认为不同脉冲电压处理时，形核起始时间相同，因此，所观察到的晶粒数目与形核率成正比；

(3) 电脉冲作用下钢液中的原子团簇畸变处于稳态区，且孕育出来的原子团簇均能成长为稳定的形核核心。

基于上述假设，在典型的金属凝固形核率的表达式中引入脉冲电流项，从而得到形核率 I 和电流密度 j 之间的关系[1~2]，如下式所示：

$$I = A'D'\exp[-(W_0 + K_1 j^2 \xi V)(kT_0)^{-1}] \tag{3.1}$$

式中，A' 是和温度无关的常数；D' 是载流介质的扩散系数(即有脉冲电流通过的金属液扩散系数)；W_0 是未加电脉冲时金属液形核势垒；K_1 是和金属材料相关的常数；V 是所形成的晶核体积；$\xi = (\sigma_0 - \sigma_n)(\sigma_n + 2\sigma_0)^{-1}$，且 σ_0 和 σ_n 分别是无序介质(金属液或凝固两相区)所形成的晶核的电导率；k 是玻尔兹曼常量；T_0 是未加电脉冲时的形核温度。需要指出，式(3.1)假定电脉冲的脉冲宽度较小，以至于可以忽略电流引起的焦耳热。脉冲电场的主要贡献是造成金属液凝固形核势垒的改变。

就本实验而言，当脉冲电压单因素变化时，式(3.1)中除电流密度 j 外均可视为常数，故式(3.1)可转化为

$$I = C_1 \exp(C_2 j^2) \tag{3.2}$$

式中，$C_1 = A'D'\exp(-W_0/kT_0)$；$C_2 = -K_1\xi V/kT_0$，且 $C_2 > 0$，原因是金属凝固时，晶核电导率 $\sigma_n > \sigma_0$。式(3.2)表明，对同一种金属液，且凝固环境一致时，电脉冲熔体处理后的形核率与其电流密度的平方呈 e 指数关系，该函数在 $j>0$ 全域上单调增加。另外，由于指数项 $C_2 j^2$ 是方向向上的抛物线，故式(3.2)揭示了金属形核率与电流密度的变化规律中存在 j 的转折点 j_T，当 $j<j_T$ 时，随脉冲电流增加，I 值变化并不明显；而当 $j>j_T$ 时，I 值将有较大变化。按上面的推导，j_T 值是金属物性参数的函数，因此，针对不同材料，开展电脉冲参数优化的实验研究，进而获得指导生产实践的 j_T 值具有重要的意义。

另外，考虑到金属液中通过的平均电流密度 $\bar{j}$ 和脉冲电路中的平均电流 $\bar{i}$ 可用下式表示。其中，参数 λ 和脉冲发生器全电路、熔体温度、金属液与电极电阻率、电极间距及插入深度等因素有关，在本实验条件下，可以认为是一常数。

$$\bar{j} = \lambda \bar{i} \tag{3.3}$$

如第二章所述，脉冲电流的发生电路通常可以简化成一个等效的电阻和电容构成的 RC 电路。因此，脉冲电流可以表示成

$$i(t) = \frac{E}{R}\mathrm{e}^{-\frac{t}{\tau}} \tag{3.4}$$

式中，$i(t)$是脉冲电流；E 是脉冲电压；R 是脉冲电路中的等效电阻；t 是时间；$\tau = RC$，具有时间量纲。工程上通常认为经过 $3\tau \sim 5\tau$ 的时间，脉冲电路已经达到稳定。故在 5τ 的时间内对脉冲电流取平均值 $\bar{i}$，如下式所示：

$$\bar{i} = \frac{\int_0^{5\tau} \frac{E\mathrm{e}^{-\frac{t}{\tau}}}{R}\mathrm{d}t}{5\tau} = \frac{E}{5R}(1 - \mathrm{e}^{-5}) \tag{3.5}$$

本实验的电脉冲熔体处理工艺，仅有脉冲电压单因素变化，所以可得到

$$\bar{j} = \lambda\eta E = \beta E \tag{3.6}$$

式中，$\eta = (1 - e^{-5})/5R$；$\beta = \lambda\eta$。代入式(3.2)得到

$$I = C_1 \exp(A_1 E^2) \tag{3.7}$$

式中，$A_1 = C_2\beta^2$，这样得到了形核率与脉冲电压的近似定量关系式，也就是形核率与脉冲电压的平方呈 e 指数关系。

3.1.4 冷却速率对电脉冲熔体处理 T8 钢凝固组织的影响

按照王建中[3]的观点，电脉冲处理后金属熔体中将出现有利于形核稳定的原子团簇(参见第一章和第五章)，这将导致不同冷却速率下凝固组织的差异。本节对 T8 钢电脉冲熔体处理后在不同冷却速率下的凝固形态进行研究。实验采用凝固冷却速率按从大到小顺序包括：空冷、炉冷和缓冷。

100V 脉冲电压处理后 T8 钢液在不同冷却速率下所得到钢锭纵剖面局部的低倍组织如图 3.6 所示。

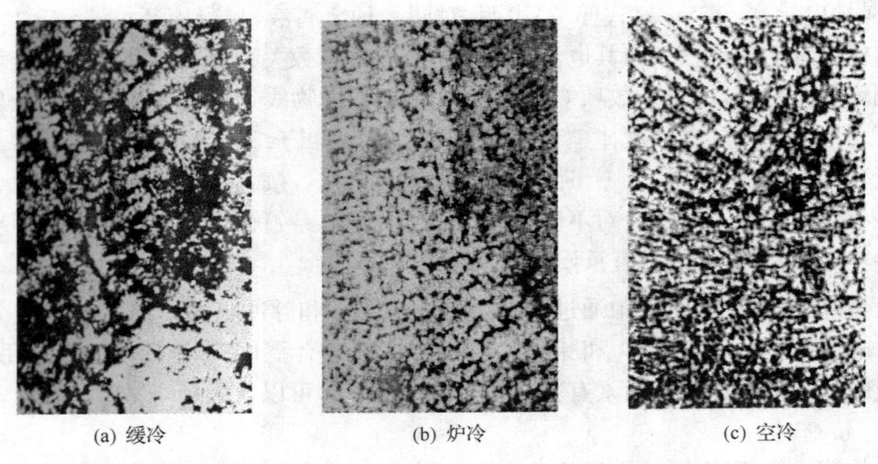

(a) 缓冷　　(b) 炉冷　　(c) 空冷

图 3.6　100V 脉冲电压处理 T8 钢在三种不同冷却速率下的凝固组织

由图 3.6 可以看出，随着冷却速率的增加，铸锭凝固组织中的枝晶逐渐细化，符合经典凝固冷却速率与凝固组织之间的关系。300V 脉冲电压处理 T8 钢在不同冷却速率下的凝固组织如图 3.7 所示。

由图 3.7 可以看出，300V 脉冲电压处理 T8 钢在不同冷却速率下凝固组织的变化特点与图 3.6 一致。但和 100V 脉冲电压处理相比，其凝固组织存在如下差异：一是比较图 3.6(a)与图 3.7(a)可知，缓冷情况下 300V 脉冲电压处理后独立发展的枝晶数目略有增加；二是在炉冷情况下，100V 脉冲电压处理后的枝晶个数在图 3.6(b)中约为 15 个，但在同样冷却条件下，300V 脉冲电压处理后的 T8 钢的枝晶出现了粗化，同时独立发展的枝晶的大小从整体上减小了，枝晶的交错生长在图中很明显地体现出来了，其可辨别的数量为 17 个，数量与 100V 脉冲电压时相

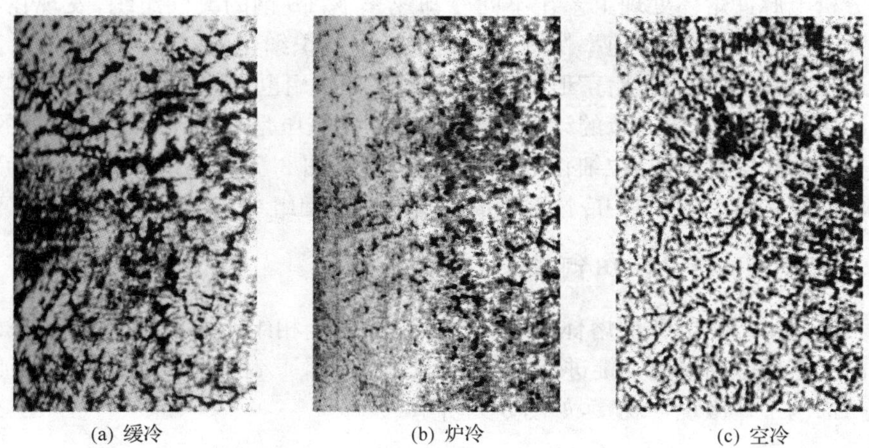

(a) 缓冷　(b) 炉冷　(c) 空冷

图 3.7　300V 脉冲电压处理 T8 钢在三种不同冷却速率下的凝固组织

当；三是在空冷情况下，100V、300V 脉冲电压处理后枝晶臂粗细相差不大，只是前者作用后，枝晶的方向性较强，发展也较充分。空冷时，T8 钢的凝固组织中出现了一些边界非常明显的区域。这些区域内有一个或两个枝晶，且枝晶的形态开始"模糊化"。比较图 3.6(c)与图 3.7(c)可以看出，空冷时这些区域的大小和数目在 100V 和 300V 脉冲电压处理条件下是不同的。

500V 脉冲电压处理 T8 钢在不同冷却速率下的凝固组织如图 3.8 所示。由图可以看出，经较高脉冲电压处理后，钢锭在三种冷却速率下的枝晶形态均有不同程度的"模糊化"。尤其在空冷条件下，几乎看不到明显的枝晶，且晶粒细小。

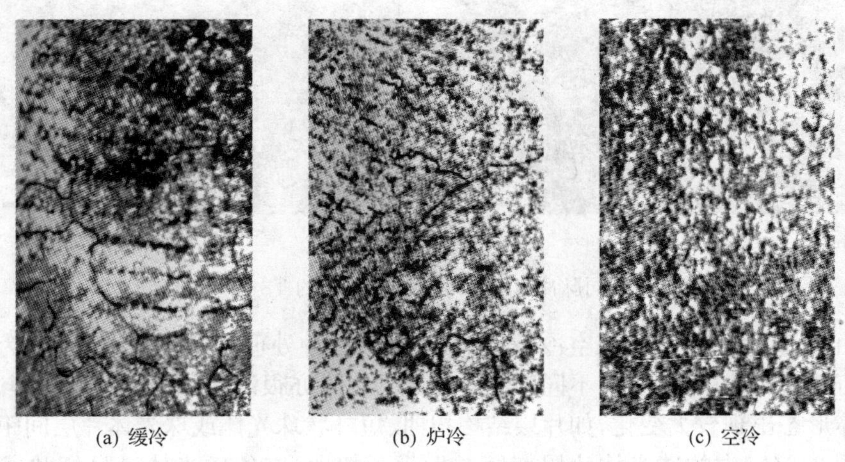

(a) 缓冷　(b) 炉冷　(c) 空冷

图 3.8　500V 脉冲电压处理 T8 钢在三种不同冷却速率下的凝固组织

分析电脉冲熔体处理工艺在不同冷却速率下 T8 钢的凝固组织，发现在不同的脉冲电压条件下，冷却速率快总是有利于凝固组织细化的。而且如果冷却速率不合适，即使电脉冲有“孕育”形核的作用[3]，这种作用也会被不恰当的冷却过程抵消掉。例如，按照 3.1.3 节的计算结果，较高脉冲电压是有利于形核率增加的，但如果凝固冷却缓慢，其晶粒细化效果将不明显，如图 3.7 所示，虽然经过 500V 脉冲电压处理，但在缓冷和炉冷情况下凝固得到的钢锭组织仍然比较粗大。

3.1.5 不同脉冲电压对 T8 钢珠光体形态的影响

为进一步研究电脉冲熔体处理工艺对 T8 钢金相组织的影响，将经过 3.1.1 节不同工艺处理的凝固钢锭进行打磨、抛光，随后用 4%的硝酸酒精溶液侵蚀，并置于扫描电子显微镜下观察，如图 3.9 所示。

(a) 未处理　(b) 100V　(c) 300V　(d) 500V

图 3.9　不同脉冲电压处理空冷条件下的 T8 钢金相组织

由图 3.9 可以看出，在空冷条件下，未经电脉冲处理的 T8 钢金相组织为典型的具有片层结构的珠光体，不同珠光体领域的边界亦很清晰。而电脉冲处理试样，珠光体形态出现较大变化，如片层结构扭曲、短杆状珠光体或珠光体片层间距缩短等。图 3.9(b)中的珠光体片层变短并发生了扭曲，有的珠光体已呈杆状或颗粒状。300V 脉冲电压处理后，珠光体也出现了局部扭曲，但短杆状的珠光体数量有所减少，同时可以看到珠光体的片层间距比100V脉冲电压处理时减小。当脉冲电压提高到500V时，可以看到珠光体片层间距很小，按图3.9的放大倍数观察，有些珠光体片层已很难分辨。

利用扫描电镜观察图3.8组织中珠光体的细观形貌，如图3.10所示。

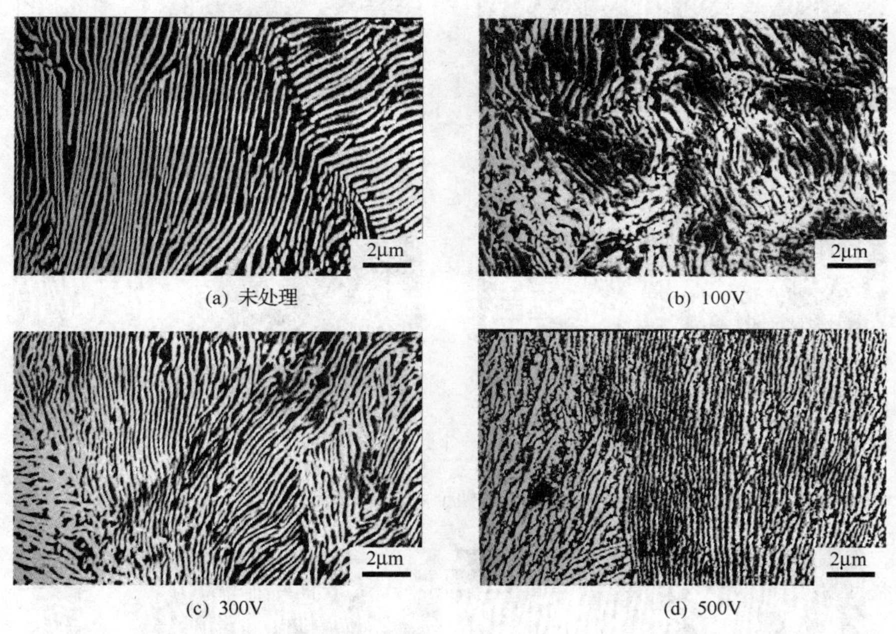

(a) 未处理　(b) 100V　(c) 300V　(d) 500V

图3.10　不同脉冲电压处理空冷条件下的T8钢金相组织

由图3.10可以看出，T8钢在不同电脉冲处理条件下的珠光体形态存在很大差异，100V脉冲电压时，与未处理情形相比珠光体片变粗、变短。而对于300V和500V脉冲电压处理而言，珠光体形态的主要变化是片层间距的大大缩小以及短杆状珠光体的出现。为进一步说明与比较，对炉冷下经过电脉冲处理的T8钢组织中的珠光体形态进行了研究，如图3.11所示。

从形态观察，炉冷情况下，经电脉冲处理后珠光体的变化和空冷条件大体一致，只不过在炉冷时，100V脉冲电压作用后的T8钢的珠光体片并没有出现粗化，仅仅是变细而已。另外，500V脉冲电压处理后的T8钢金相试样中局部还出现了粒状组织，如图3.10(d)所示。这种变化很有意义，原因是T8工具钢中珠光体的球化是其加工工艺的重要环节，一般是通过球化退火来完成。而上述的实验结果表明，如果适当调整工艺，选择合适的电脉冲熔体处理参数就有可能获得粒状珠光体组织，从而简化T8钢球化退火工艺，达到节能和提高生产率的目的。在缓冷条件下，不同脉冲电压处理T8钢珠光体形态的变化如图3.12所示。

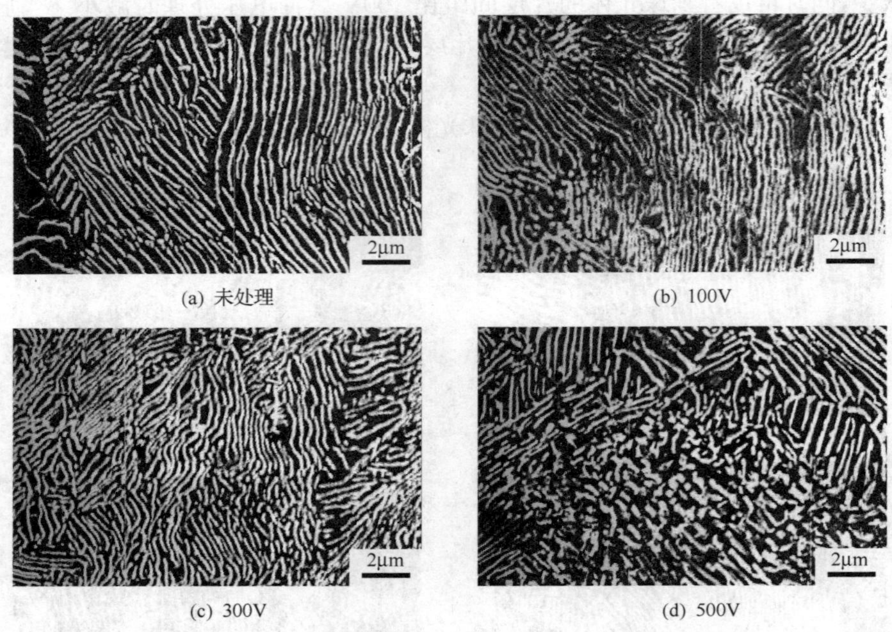

(a) 未处理　　(b) 100V

(c) 300V　　(d) 500V

图 3.11　不同脉冲电压处理炉冷条件下的 T8 钢金相组织

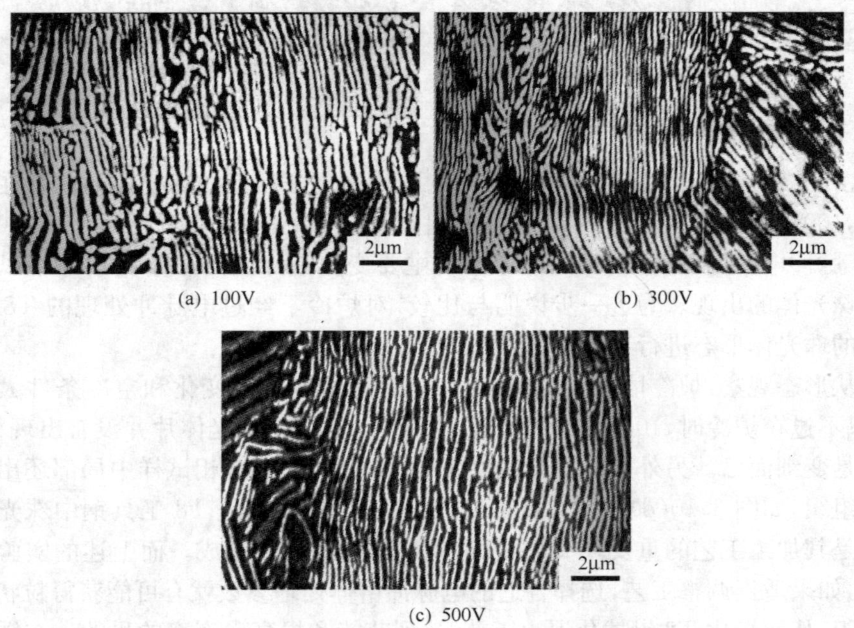

(a) 100V　　(b) 300V

(c) 500V

图 3.12　不同脉冲电压处理缓冷条件下的 T8 钢金相组织

由图 3.12 可见,缓冷条件下,经过电脉冲熔体处理的 T8 钢珠光体形态同样出现了片层间距的减小。按金相测试方法[4],在多个视场内测量珠光体的片层间距,取其统计值,得到如图 3.12 所示的结果。

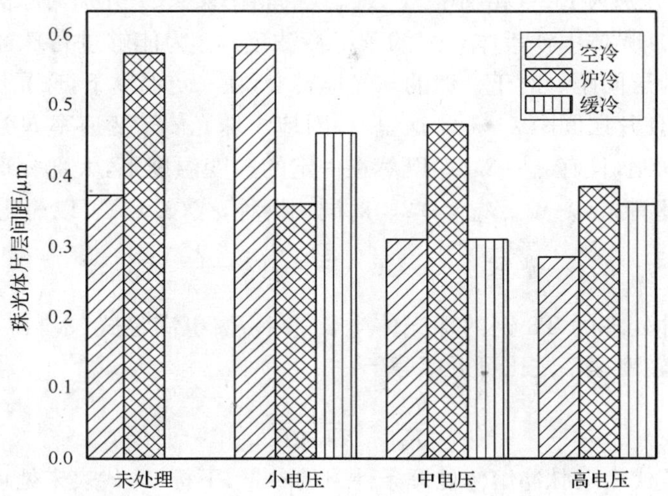

图 3.13　不同实验条件下电脉冲熔体处理 T8 钢珠光体的片层间距

由图 3.13 可以看出,无论采用何种冷却方式,未经电脉冲处理的 T8 钢珠光体的片层间距都比处理过的片层间距大(在此不考虑空冷、100V 脉冲电压情况,因为其珠光体形态的变化出现异常)。而且,无论是哪种冷却速率,高电压电脉冲作用下的珠光体片层间距都比同冷却速率下其他脉冲电压作用要小。

在传统的珠光体转变过程中,其片层间距主要与过冷度成反比关系,即增加过冷,将降低珠光体片层间距。然而,上述实验结果说明,电脉冲熔体处理亦可改变珠光体的组织形态包括片层间距。另外,碳原子的扩散速率大小决定了珠光体的长大速率,珠光体的生长速率 R 和珠光体片层间距 λ,对于纯 Fe-C 合金体系来说,满足关系式[5]:

$$\lambda^{2.7} R = \text{Const.} \tag{3.8}$$

可见,随片层间距 λ 减小,珠光体的平均生长速率 R 将增大。以炉冷为例,未处理的 T8 钢珠光体片层间距为 0.588μm,而 500V 脉冲电压处理的珠光体片层间距为 0.39μm,代入式(3.8)得

$$(0.588)^{2.7} R_0 = (0.39)^{2.7} R_e \tag{3.9}$$

计算可得电脉冲熔体处理后的 T8 钢珠光体生长速率 R_e 与未处理的珠光体生长速率 R_0 之比:$R_e/R_0 = 3.03$,即电脉冲熔体处理后珠光体的平均生长速率是未处理时的 3 倍。按照文献[6]的结果,钢中珠光体转变速率 R 与珠光体片层间距、过

冷度 ΔT 及扩散系数 D 等因素满足如下关系：

$$R=\left(\frac{1}{|m_a|}+\frac{1}{m_c}\right)\frac{2D\Delta T}{(C_0-C_\alpha)\lambda}\left(1-\frac{\lambda_m}{\lambda}\right) \tag{3.10}$$

式中，m_a、m_c 分别为 Fe-C 相图中 A_3、A_{cm}线的斜率；C_0、C_α 分别为原奥氏体 γ 相的碳起始浓度、珠光体中铁素体 α 相的碳平衡浓度；λ_m 为能够进行珠光体转变的珠光体的最小片层间距。对于一般的珠光体转变，在一定温度下，珠光体可以通过调整片层间距，使片层间距 $\lambda\to\lambda_p$。这里，λ_p 对应于珠光体转变速率 R 达到最大时的珠光体片层间距，且有 $\lambda_p=2\lambda_m$。既然在一定的转变温度下，大部分珠光体片层间距 $\lambda\to\lambda_p$，因此有 $\lambda_m/\lambda\to\lambda_m/\lambda_p=1/2$。对同一钢种，式(3.10)可以简化为

$$R=\text{Const.}\cdot\frac{D\Delta T}{\lambda}\left(1-\frac{\lambda_m}{\lambda}\right) \tag{3.11}$$

假设经电脉冲处理的 T8 钢的珠光体生长速率 R_e 也满足式(3.11)，则与未处理 T8 钢珠光体转变速率之比可近似等于

$$\frac{R_e}{R_0}\approx\frac{D_e\Delta T_e\lambda_0}{D_0\Delta T_0\lambda_e} \tag{3.12}$$

式中，下标“e”代表电脉冲熔体处理条件下的参量；下标“0”代表未处理条件下的参量。若假定是否电脉冲处理并不影响碳原子扩散系数，则可从式(3.12)推得炉冷情况下 $\Delta T_e/\Delta T_0\approx2$。实际上，珠光体的共析转变温度为 727℃，在珠光体片层间距小于 0.6μm，且大于 0.3μm 时的形成温度为 670℃左右，所以正常的过冷度大约为 60℃。而经过电脉冲熔体处理后计算得到的过冷度却为原来的两倍，即达到 120℃。这显然与前述实验结果有偏差。因此，导致电脉冲条件下珠光体生长发生较大变化的原因应该是扩散系数 D。若假定电脉冲处理与未处理的珠光体转变温度相同，则由式(3.12)可以推知 $D_e/D_0\approx2$。对于电脉冲熔体处理后的 T8 钢，其珠光体转变时之所以会出现碳元素扩散能力增强的现象，我们认为：当电脉冲作用到过共析钢液时，如果脉冲参数合适，极有可能在钢液中造成整个液体中大范围碳元素的均匀分布，从而使得最初凝固的奥氏体 γ 相中的碳原子分布相对正常凝固情形下更均匀。当进入珠光体转变温度范围时，在原奥氏体晶粒内就有一定数量的 Fe_3C 开始聚集形核长大，打破了原始碳元素均匀分布的平衡关系。从传质角度看，导致大量近程碳原子迁移速率加快。因此，由于形核率的增加，碳元素扩散速率的加快，使珠光体片层间距缩小。

3.2 电脉冲处理时间对 9Cr2MoV 钢凝固组织的影响

3.1 节的研究结果表明，不同脉冲电压对 T8 钢凝固组织具有重要影响。但一些其他工艺参数(如电脉冲作用时间、设备输出功率)甚至不同钢种是否也存在不

同的实验结果，这是将该技术应用于生产实践中必须要考虑的问题。

3.2.1　实验材料与方法

实验材料采用 9Cr2MoV，其化学成分如表 3.1 所示。它是一种高碳合金钢，硬度较高，通常用做制备轧辊。

表 3.1　9Cr2MoV 的化学成分

合金元素	C	Cr	Mo	V	Si	Mn	S	P	Fe
含量/%	0.85～0.95	1.7～2.1	0.2～0.4	0.1～0.3	0.25～0.45	0.25～0.35	≤0.025	≤0.025	其他

实验在 500kg 频感应炉中进行，将钢熔化后，保持温度在 1560℃。首先用自制取样勺从感应炉中心区域取未经电脉冲处理的钢液，并置于空气中进行空冷凝固，以便与电脉冲熔体处理试样进行比较。采用高纯石墨电极(电极间距 120mm)垂直插入钢液中，先后启动不同功率的电脉冲发生装置进行处理。取样位置在感应炉中心，且位于两电极间。当电脉冲作用时间分别为 30s、60s、120s 和 180s 时，用取样勺分别从感应炉内同一位置提取钢液，并置于空气中冷却。电脉冲作用 3min 后，关闭脉冲发生器，将电极从感应炉内钢液中提出，倾倒感应炉出钢。出钢时，用取样勺从钢水包中取钢水样，然后将盛有钢液的取样勺置于空气中自然冷却凝固。此过程中的取样时间分别为停止电脉冲处理后 5min、8min 和 10min。

将不同处理条件下得到的圆柱形小钢锭凝固试样沿中心线纵向剖开，打磨然后在 70～80℃盐酸水溶液(体积比为 1∶1)中热侵蚀 40min。最后将钢锭样取出，清洁干燥处理后置于低倍显微镜下观察。

3.2.2　小功率电脉冲处理时脉冲处理时间对 9Cr2MoV 凝固组织的影响

经过小功率电脉冲处理后，在金相显微镜下观察到靠近锭模壁部位的低倍组织，如图 3.14 所示。

图 3.14(a)为未处理情形，柱状晶很发达，几乎占据整个视野；而经电脉冲处理 30s 后，柱状晶明显减少，且尺寸较细短；而电脉冲处理 60s 后，定向生长的柱状晶几乎没有；当处理时间延长到 120s 时，此时柱状晶比处理 30s 时略粗；电脉冲处理 180s 的凝固组织，其柱状晶长度比处理 120s 时略短，但等轴晶要粗大。通过度量各组织照片中的柱状晶长度，并取平均值，可得到如图 3.15 所示结果。可见，采用不同电脉冲处理时间对 9Cr2MoV 凝固组织的改善存在差异。在本实验条件下，电脉冲处理时间为 60s 和 120s 时，柱状晶似乎要比 30s 和 180s 处理时更易发展。

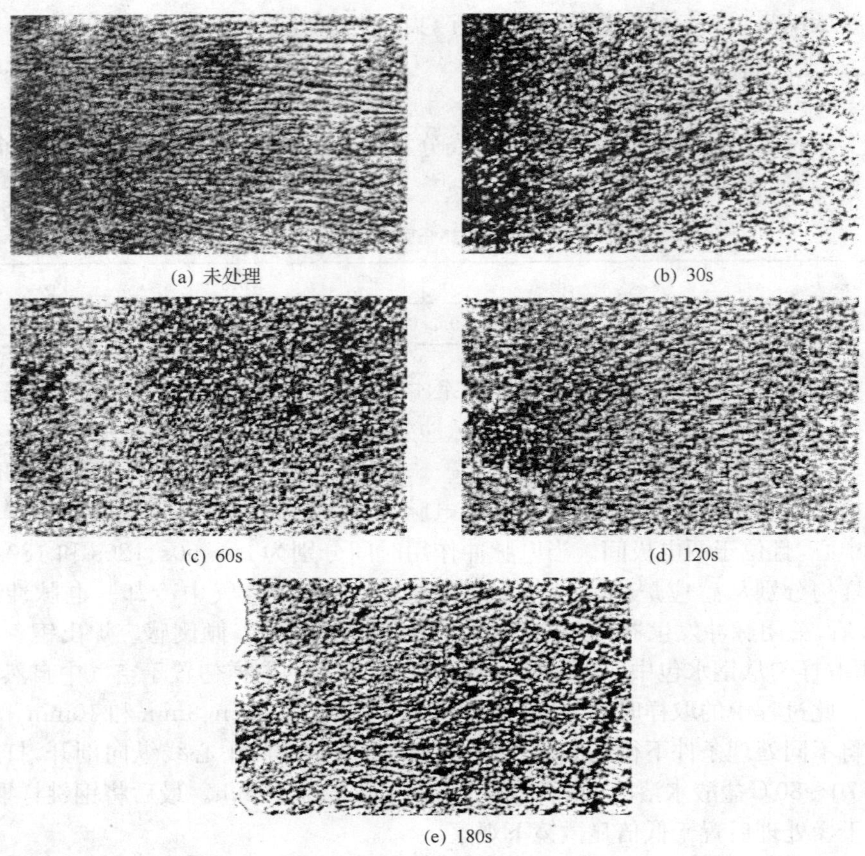
(a) 未处理　(b) 30s　(c) 60s　(d) 120s　(e) 180s

图 3.14　小功率电脉冲处理时间对钢锭凝固组织影响的低倍组织图

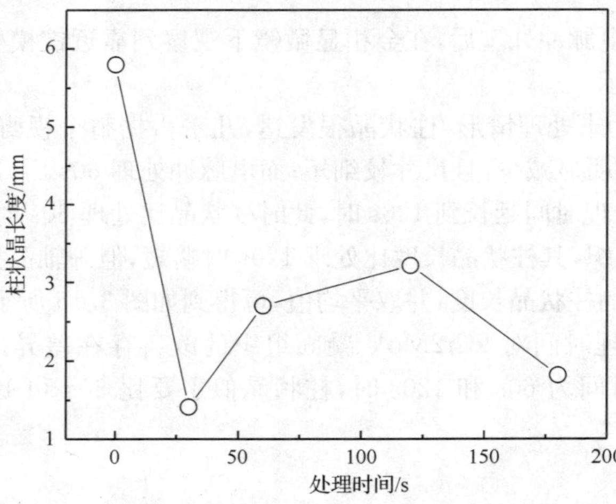

图 3.15　小功率电脉冲处理条件下柱状晶尺寸与电脉冲处理时间的关系

电脉冲熔体处理后 9Cr2MoV 钢锭边缘的显微组织如图 3.16 所示。可见，未经电脉冲处理的小钢锭高倍组织为典型的珠光体，而处理 30s 后珠光体片层出现了扭曲。

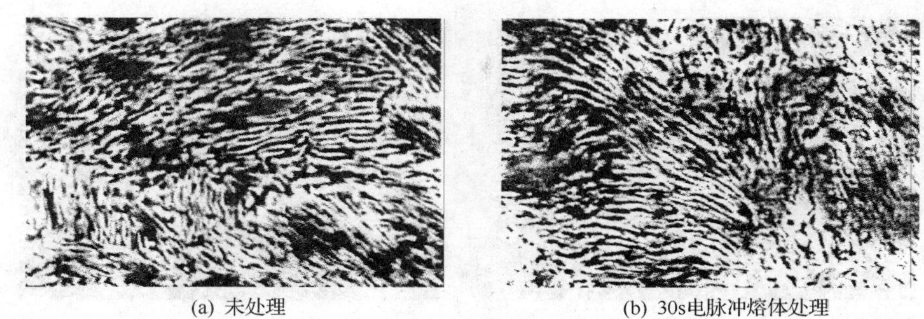

(a) 未处理　(b) 30s电脉冲熔体处理

图 3.16　小功率电脉冲处理小钢锭边缘的扫描电镜照片

3.2.3　大功率电脉冲处理时脉冲处理时间对 9Cr2MoV 凝固组织的影响

图 3.17 为大功率电脉冲发生器作用后，在金相显微镜下靠近锭模壁部位的低倍组织图，各图中所取视场位置相同。

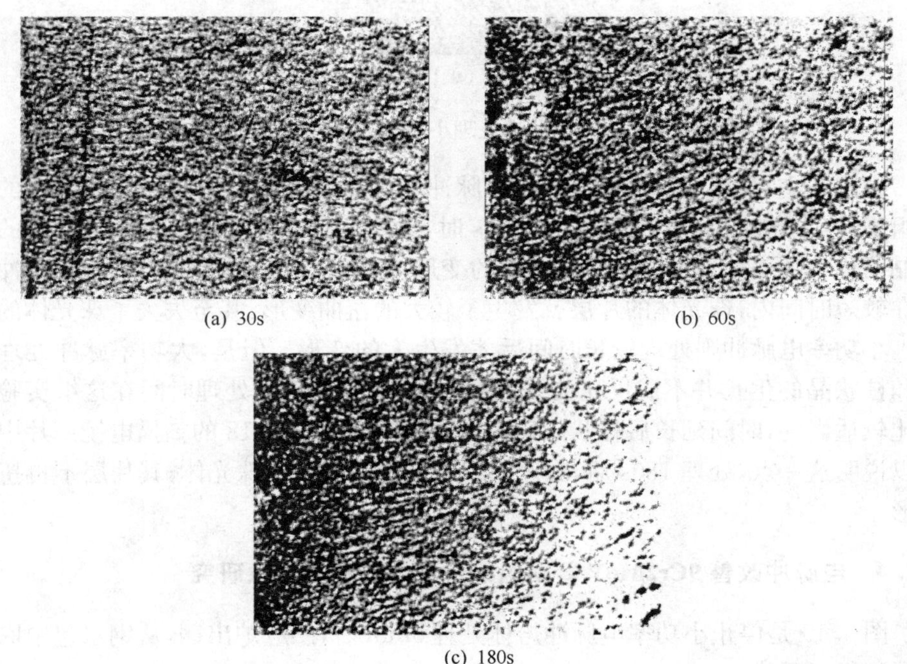

(a) 30s　(b) 60s

(c) 180s

图 3.17　大功率电脉冲处理时间对钢锭凝固组织影响

由图 3.17 可见，经 30s 大功率电脉冲处理后，柱状晶已经基本消失；而经 60s 处理后，柱状晶又出现；继续延长处理时间至 180s，柱状晶比 60s 处理有所缩短，但仍不如 30s 处理的钢锭组织。图 3.18 是相应钢锭的高倍扫描电镜照片。

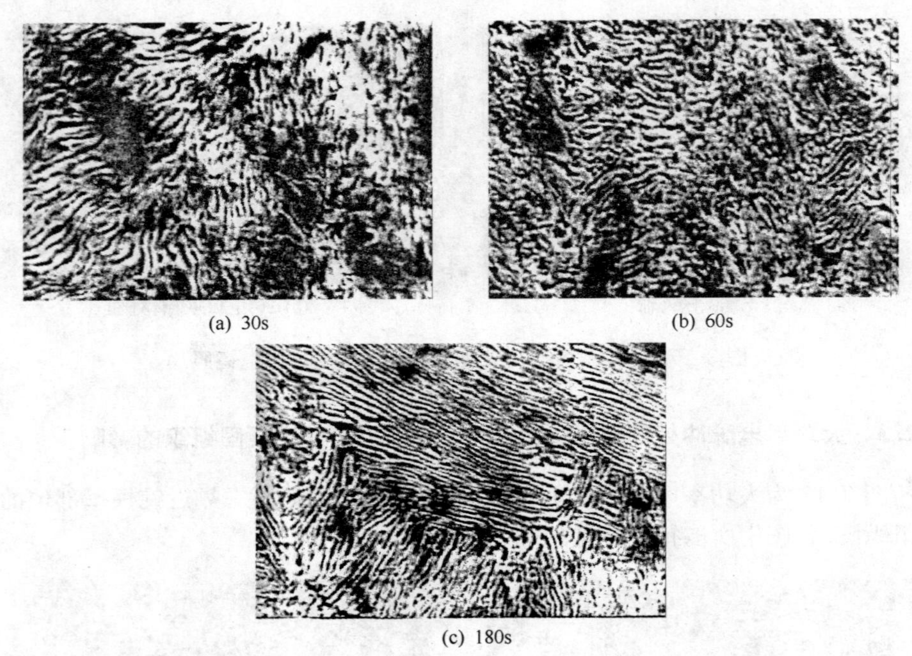

(a) 30s　(b) 60s　(c) 180s

图 3.18　大功率电脉冲处理小钢锭边缘的扫描电镜照片

由图 3.17 和图 3.18 可见，大功率脉冲发生器可在较短时间内使小钢锭的凝固组织发生变化，例如，处理时间为 30s 时，大功率脉冲处理钢锭凝固组织中的柱状晶要比小功率处理过的短。珠光体的变形亦呈现如此变化，大功率的电脉冲处理在较短时间内，珠光体的片层就发生了较大的扭曲变形，甚至失去了珠光体的特征。小功率电脉冲则处理较长时间后才发生大的变形。但是，大功率脉冲处理时间和柱状晶的生长并不成反比关系，例如，图 3.17 中 30s 处理时间在这组实验中是比较适当的，时间延长后柱状晶反而有所发展。在图 3.18 的扫描电镜照片中也可以说明这一点，处理 180s 后，凝固组织中出现了典型的珠光体，其片层不再扭曲变形。

3.2.4　电脉冲改善 9Cr2MoV 凝固组织过程中的衰退现象研究

图 3.19 是停止小功率电脉冲熔体处理 5min 后，感应炉出钢，从钢水包中取样的凝固组织照片。

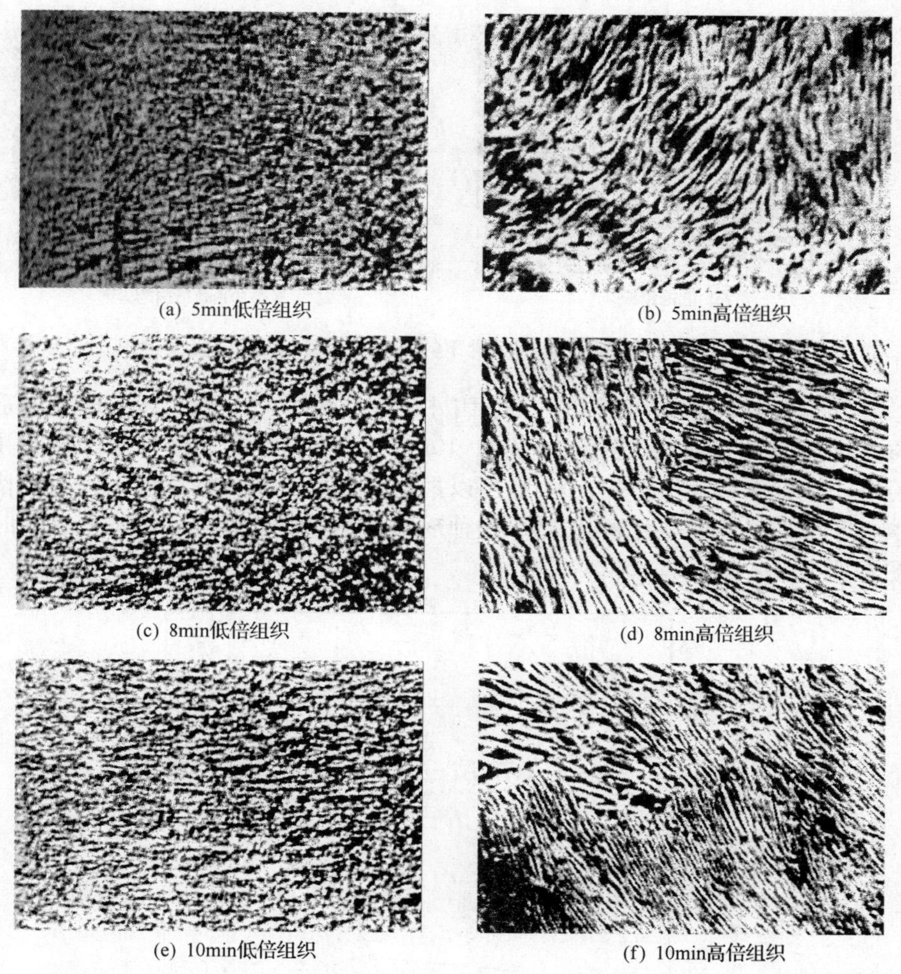

(a) 5min低倍组织　(b) 5min高倍组织

(c) 8min低倍组织　(d) 8min高倍组织

(e) 10min低倍组织　(f) 10min高倍组织

图 3.19　小功率脉冲处理条件下停止电脉冲不同时间后钢锭的低倍与高倍组织

由图 3.19(a)可以看出，此时柱状晶较细小，但其比感应炉内电脉冲处理后立即取出的凝固样的柱状晶要长；而由扫描电镜照片可见珠光体片层仍有些扭曲。由图 3.19(c)可见，停止小功率脉冲 8min 后从钢水包中取出的凝固样，其柱状晶比图 3.19(a)中略长，但不明显；相应的扫描电镜照片中珠光体片层已没有扭曲，但比较粗。如果继续延长脉冲处理后的静止时间到 10min，此时凝固组织中柱状晶有明显的发展，且有一定长度，但比未处理直接从感应炉内取出的凝固样品要好一些；其扫描电镜照片中珠光体片层结构明显粗于图 3.19(d)，与未处理过的钢锭的珠光体形貌相近。图 3.20(a)与(b)为大功率电脉冲处理停止 7min 后钢锭的低倍与高倍组织，比较可见，其珠光体形态与图 3.19(c)相近。

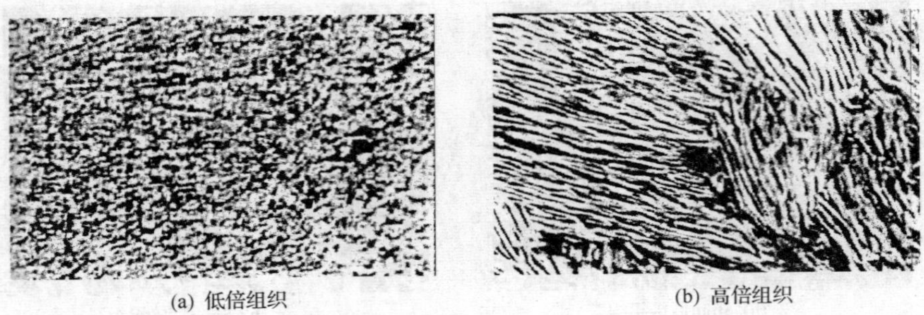
(a) 低倍组织　　　　(b) 高倍组织

图 3.20　大功率脉冲处理条件下停止电脉冲 7min 后的凝固组织

小功率电脉冲熔体处理后的照片中柱状晶长度与电脉冲停止时间关系如图 3.21所示。可以看出，当停止电脉冲 10min 后，小钢锭凝固组织中的柱状晶长度存在一个突然增大的转折。因此，可以推知电脉冲对钢液的凝固组织改善情况有类似于变质处理的孕育衰退现象，这种现象将在停止处理后达到某个临界时间后更加明显。

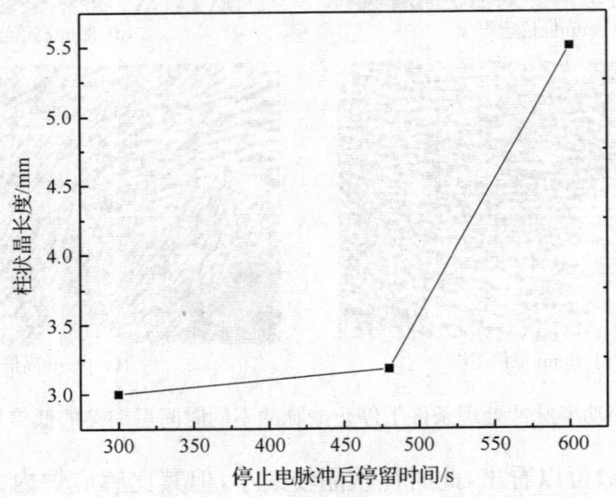

图 3.21　钢锭凝固组织柱状晶生长状况与停止电脉冲作用时间的关系

3.2.5　电脉冲对钢液结构的最佳作用时间及衰退现象机理讨论

由于我们所进行的电脉冲处理是在金属熔点以上进行的，因此，采用 Nakada 等[7]、Barnak 等[8]、Li 等[9]的观点很难解释上述 3.2.3 节与 3.2.4 节描述的实验现象，已有的该领域研究主要以凝固两相区施加电脉冲为主。采用王建中、齐锦刚等的液态金属模型(参见第五章)可以很好地对上述实验现象给出解释。

电脉冲作用金属熔体后，由于脉冲电场对熔体中原子团簇外电层的畸变效果，会使畸变的原子团簇外电层在松弛过程中捕获新的原子或原子团簇，如果捕捉到的原子数目和原有的团簇内的原子数之和满足下一个幻数条件，则此时原子团簇尺度将增大并相对稳定存在。因此，经过一定时间的电脉冲处理后，钢液中满足该温度下最大尺寸可能的原子团簇分布概率应占最优，可以认为此时金属熔体中大尺度原子团簇数量较多，因而对提高形核率、细化晶粒效果具有重大意义。另外，如果在金属熔体中原子团簇分布达到最佳状况后，继续施加电脉冲，此时同样会存在脉冲电场对某些大尺度原子团簇的畸变作用，畸变团簇的外电层会重新释放一些原子，从而跃迁到小尺度相对稳定的团簇状态。偏离最佳电脉冲作用时间越远，这种大尺度原子团簇裂解的概率越大。因此，可以推知金属熔体的电脉冲处理，应存在一最佳处理时间。

同时，电脉冲“孕育”处理出来的新的大尺度原子团簇，毕竟处于亚稳状态，特别是处于高能态的原子团簇，当停留时间超过一定界限时，体系存在自发向低能态跃迁的趋势，这种特性也解释了电脉冲熔体处理存在类似于变质处理的孕育衰退现象的原因。

3.2.6　电脉冲在碳钢凝固过程中的作用

为探讨金属熔体电脉冲处理与液固两相区处理的差异性，我们对 60 钢凝固过程中进行了电脉冲处理。实验时将 60 钢置于感应炉中熔化，待温度保持为 1550℃时，脱氧，并浇注到两个砂型铸模内。其中，一个铸模的钢棒电极与脉冲发生器相连，从浇注钢液时刻起施加脉冲，直至凝固过程结束；另一相同铸模则不加电脉冲，在空气中自然冷却。将铸锭沿中心线纵向剖开，并从表面到中心按一定的距离打孔取样，分析碳、硫成分。

1. 元素的偏析

60 钢铸锭纵剖面碳、硫元素的分布情况如图 3.22 所示。可以看出，经电脉冲处理后的 60 钢锭，碳、硫元素的分布比较均匀。例如，碳元素中心点与表面点的含量为 1.15，硫元素此值为 1.14；而没有经过电脉冲处理钢锭中元素偏析程度较大，其碳元素中心点与表面点的含量为 1.51，相应的硫元素此值为 3.2。

2. 金相组织

从未处理和电脉冲处理钢锭相同部位截取 12mm×12mm×12mm 小试样，在扫描电镜下观察，如图 3.23 所示。

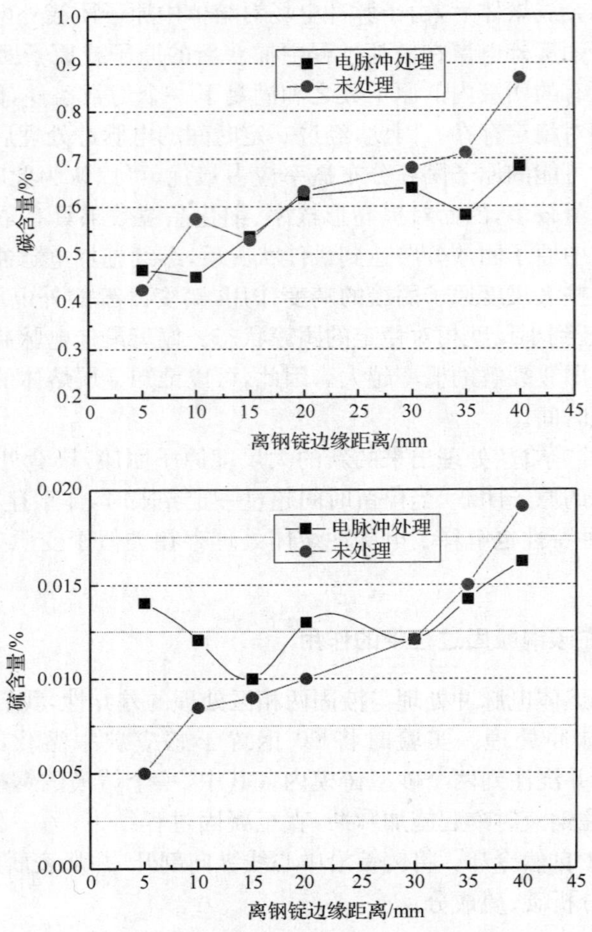

图 3.22　电脉冲处理对碳、硫元素偏析的影响

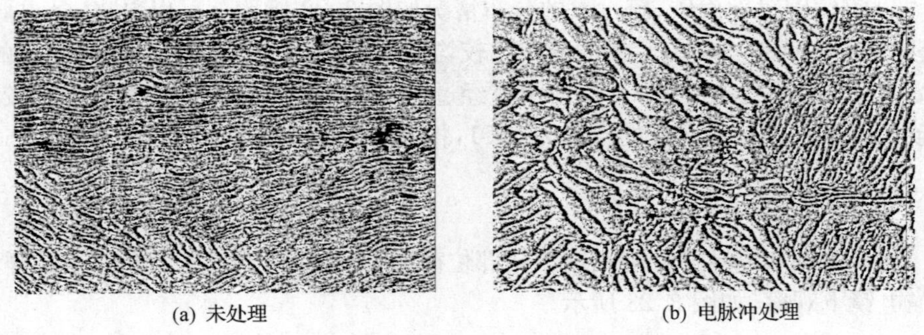

(a) 未处理　　(b) 电脉冲处理

图 3.23　电脉冲处理的 60 铸钢试样组织

由图 3.23 可见，经过电脉冲处理的试样，其凝固组织中的珠光体呈短棒状、河流状，而未处理试样铸态下其珠光体为长条状，且较稠密。这说明在凝固期施加电脉冲可以改变铸钢的金相组织。在研究中还发现，经过上述电脉冲处理的试样的耐侵蚀性强于未处理试样，在相同侵蚀时间内，原始钢样很容易看到晶界，而处理后的试样晶界则比较模糊，如图 3.24 所示。图 3.24(a)中晶粒比较大，是典型的钢铸态下的圆柱多边形；而图 3.24(b)中晶界非常模糊，依稀可辨的晶粒也与典型形态存在差异，有些被拉长；将电脉冲处理过的 60 钢金相试样进行第二次抛光并延长侵蚀时间，可以在光学显微镜下看到比较清晰的晶粒，如图 3.24(c)所示。显然，在凝固过程中，经过电脉冲处理的 60 钢某些晶粒被拉长。根据试样切取的部位可以判断，这些拉长了的晶粒方向沿两电极连线方向，此实验现象与 Li 等[9]得到的实验结果类似。因此，金属凝固生长中应用电脉冲，电脉冲作用依然存在，其影响机制实际上可转化为脉冲电流作用下凝固组织的生长问题。

(a) 未处理

(b) 电脉冲处理

(c) 电脉冲处理+深度侵蚀

图 3.24　电脉冲处理后钢样的耐侵蚀性能

3.3　电脉冲处理对 Q235 连铸钢小方坯凝固组织的影响

3.3.1　实验材料与方法

本实验在某钢铁公司的小方坯连铸机上进行，浇注钢种为 Q235。连铸机型号及操作参数如表 3.2 所示，实验装置如图 3.25 所示。

表 3.2　连铸机操作参数

选项	钢液过热度	拉速	连铸机型	流数	连铸方坯尺寸
参数	30K	3.6m/min	弧型	4	ϕ120mm×120mm

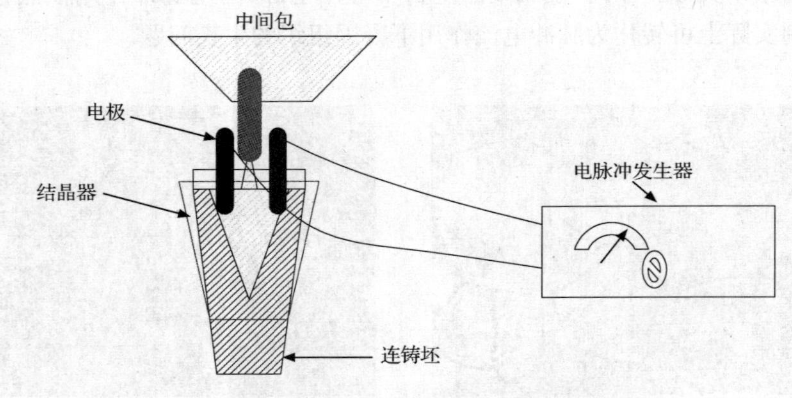

图 3.25　电脉冲在连铸结晶器作用实验装置

在图 3.25 所示的装置中，插入钢液中的电极为 Mg-Mo 导电陶瓷，可以耐 1600℃高温。电脉冲对钢液处理后，在此流上取连铸坯样；电脉冲作用前从同一流觞取空白铸坯，以便于比较。试样经加工后，用盐酸热侵并进行组织观察。另外，将经过电脉冲处理和未处理的 Q235 连铸坯样锻成 ϕ20mm×200mm 与 15mm×15mm×200mm 的坯料，随后经 900℃正火处理消除残留应力。按 GB 228—76 和 GB 2106—80 标准，加工拉伸样和冲击试样，在 MTS 拉伸试验机和摆锤式冲击试验机上检测其力学性能，同时进行组织观察。

3.3.2　组织观察

Q235 连铸小方坯横截面的低倍组织如图 3.26 所示。由图可见，未处理的铸坯样柱状晶发达、粗大且整个断面比较疏松，其热侵面粗糙不平（由于枝晶粗大，偏析程度较重，造成侵蚀深浅不一）；而经电脉冲处理的铸坯其组织明显细化，且整体结构比较致密，热侵表面较光滑，边缘等轴晶带有所扩大。在其放大的组织图中树枝晶特征不明显，如图 3.26(b)所示。这个实验结果与图 3.4 空冷、500V 脉冲电压处理条件下 T8 钢的低倍组织类似，其作用机理主要是电脉冲熔体处理后碳钢凝固过程中的扩散问题。由于液相内溶质扩散系数比较大，同时加上形核率高、冷却速率快，使得凝固过程中形成的枝晶间距之间的杂质元素偏析程度很小，用盐酸热侵难以显示出枝晶组织。

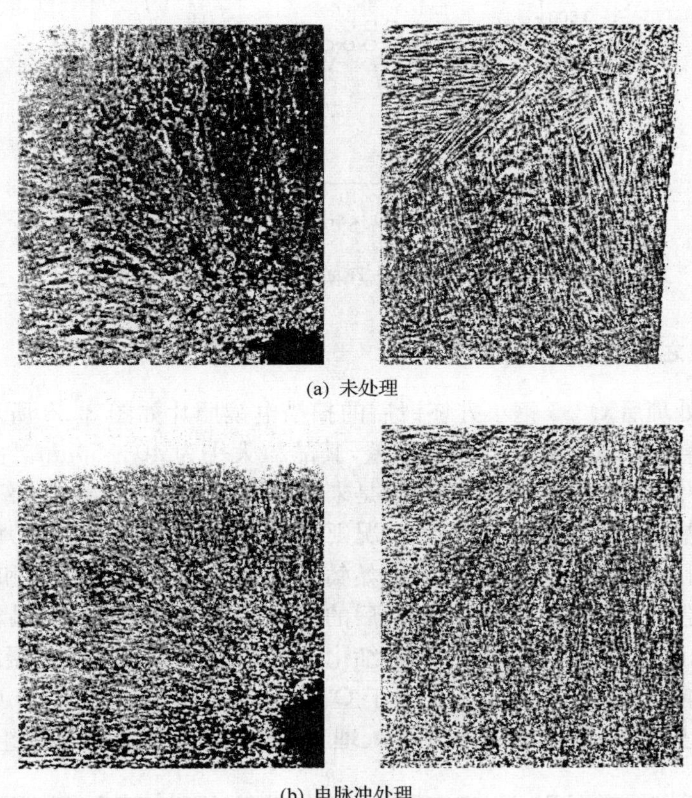

(a) 未处理

(b) 电脉冲处理

图 3.26　Q235 连铸小方坯组织观察

图中右侧图为相应左侧图某典型位置的放大照片

3.3.3　电脉冲处理对碳元素偏析的影响

沿铸坯中心线方向用 ϕ3mm 的钻头取样分析，取样间距为 3mm，所得碳元素偏析结果如图 3.27 所示。由图可见，经过电脉冲处理后碳元素的偏析程度有所改善，尤其在铸坯中心附近处，未处理的铸坯其碳含量(C_1)和冶炼成分(C_0)之差为 0.018%，而经过电脉冲处理的碳元素偏差不到 0.003%，前者是后者的 6 倍。

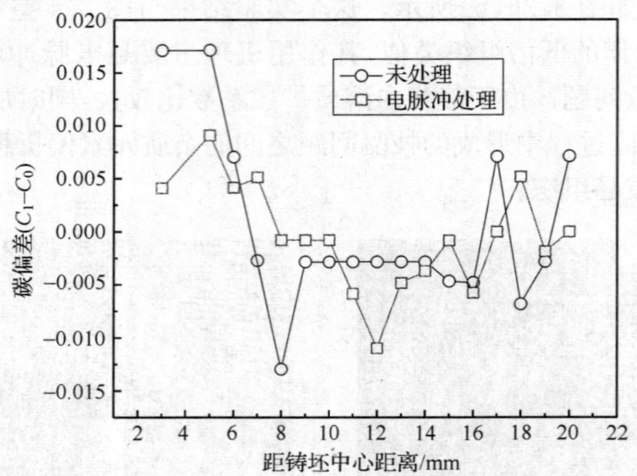

图 3.27 Q235 连铸小方坯横截面上碳元素偏析情况

3.3.4 热锻之后的金相组织比较

电脉冲处理后 Q235 钢小方坯锻后的扫描电镜照片如图 3.28 所示。可以看出,未处理铸坯的锻后组织均匀性较差,其晶粒大小为 40～50μm。由此可以推测,导致这种锻后组织均匀性差的原因是未处理原始连铸钢坯凝固组织粗大,晶粒尺寸有较大差异。而电脉冲处理后,情况则有明显改善,如图 3.28(b)中的晶粒尺寸仅 20μm,且组织均匀。这是由于原始铸坯组织自身的组织均匀和细化所致。在同样的锻造工艺条件下,电脉冲处理后的晶粒尺寸仅为未处理时晶粒尺寸的一半,这说明电脉冲对连铸坯凝固组织的细化作用很显著。另外,最初凝固组织的细化效果会影响到之后的轧制组织。对于 Q235 这样的铸坯,尽管其在后续的热轧制中变形比达到约 150,而且适当的热处理工艺也会一定程度上细化组织,但其细

(a) 未处理

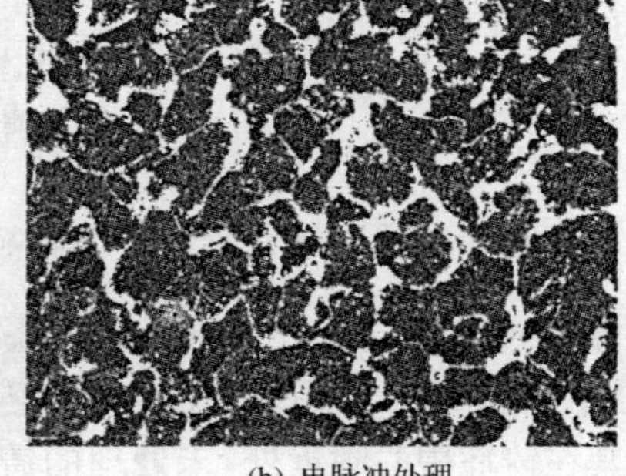

(b) 电脉冲处理

图 3.28 Q235 钢铸坯的锻后组织

化效果有限。为了提高轧制产品的质量，进一步提高其力学性能，必须首先获得无缺陷、凝固组织均匀、细化的连铸坯。从初步实验结果看，在结晶器钢液中施加电脉冲是一种比较好的工艺方法。

3.3.5　力学性能

不同处理条件下铸坯拉伸试样的力学性能如表 3.3 所示。可以看到，经电脉冲处理后材料的 σ_U、ψ、δ、α_K 等值均有提高。其中，σ_U 值电脉冲处理后比未处理提高 6.9%，α_K 提高接近 10%，ψ 和 δ 略有升高。上述性能改善可以用 Hall-Petch 公式来解释。

表 3.3　Q235 连铸小方坯力学性能

处理方法	上屈服点 σ_U/MPa	下屈服点 σ_L/MPa	抗拉强度 σ_b/MPa	断面收缩率 ψ/%	伸长率 δ/MPa	冲击韧性 α_K/(J/cm^2)
未电脉冲处理、锻后、正火	338.7	285.0	448.0	35.7	70.0	198.3
电脉冲处理、锻后、正火	362.0	271.3	421.3	38.3	71.6	217.0

力学测试结果显示，电脉冲处理过的 Q235 钢的 σ_L 和 σ_b 比未处理时分别降低了 4.8%和 5.96%。从金属力学性质的微观机理角度来看，Lüders 滑移带产生时所需应力对应着 σ_U，Lüders 滑移带传播时所需的应力为 σ_L，这里近似认为 σ_L 值相当于晶体变形的临界分切应力的大小。由于双交滑移位错增殖作用，σ_L 大于临界分切应力。如果晶粒大小均匀，则 Lüders 带传播时会在未开动晶粒前沿受阻，应力增大。不过，对于晶粒均匀的组织，应力的略微增加将会诱使新的滑移带开动。因此，应力-应变曲线中的屈服平台呈现出幅度较小的波动。对于晶粒尺寸不均匀的组织，Lüders 带开动后尚未达到使其稳定传播的应力 σ_L，于是传播前沿的晶粒受阻，其阻碍作用使得晶体进一步变形所需应力增加。这就是非均匀晶粒组织的金属的下屈服应力 σ_L 大于具有均匀晶粒组织的缘故。另外，这种不均匀晶粒的阻碍作用造成了应力-应变曲线中屈服平台较大的波动。

3.4　电脉冲处理条件下金属结晶的原位观察

合金的液固相变历程通常在较高温度下进行，且具有一定的相变速率。因此，长久以来，试图直接观察此类相变过程，进而探讨其反应机理的研究面临巨大的挑战。多数研究工作集中于所谓的“事后验证”，钢铁材料的包晶转变即是如此。前已阐述，按照王建中等的观点(参见第一章和第五章)，电脉冲的熔体处理效果与液态金属的结构变异相关联。而且，对于该条件下的凝固问题，已把铸态宏观组织中等轴晶区的扩张、柱状晶区的缩小甚至消失现象归结为电脉冲的孕育形核机制。

可以设想，如果能够原位观察到电脉冲处理条件下合金结晶的形核与长大过程，将为电脉冲熔体处理机制提供重要的实验依据，进而极大推动该技术的工业化应用。20 世纪 80 年代发展起来的激光共聚焦显微镜（confocal laser scanning microscopy, CLSM）技术为此类液固相变的原位观察提供了可能，本节将重点阐述低碳结构钢的原位观察特征。

3.4.1 高温共聚焦设备概述

激光共聚焦显微镜（CLSM）的出现为原位研究材料高温相变与组织演化开辟了新途径。与传统光学显微镜相比，CLSM 具有更高的分辨率，实现多重荧光同时观察并可形成清晰的三维图像等优点。日本 Lasertec 公司更将共聚焦激光扫描、红外加热、拉伸等先进技术结合，制造出可以原位观察材料高温组织演化的 CLSM，该装置出现后迅速成为研究材料熔化、凝固、高温拉伸等过程的重要工具。近些年比较重要的研究成果包括：Yin 等[10]利用 CLSM 观察低碳钢中 γ/δ 相界稳定性，发现 δ→γ 相变过程中非连续 γ/δ 相界面容易失稳；Dippenaar 等[11]和 Phelan 等[12,13]利用 CLSM 原位观察了低碳钢中 δ→γ 相变过程，揭示了 δ 相的自修复亚结构；国内梁高飞等[14]利用宝钢研究院的 CLSM 原位观察了 AISI304 不锈钢加热过程中高温 δ 相的形核与长大，并从结晶动力学方面对 δ 相生长方式转变的原因进行了分析。到目前为止，此类研究工作以低碳钢、不锈钢等钢铁材料为主。

Lasertec 公司生产的 CLSM 主要由金相加热炉、显微观察成像系统、气流系统、冷却系统、工作台、温控系统、微机系统等部分组成。其中，金相加热炉采用卤素灯聚焦加热，炉身为内镀纯金的椭圆形镜面密封结构。其结构示意图如图 3.29 所示。

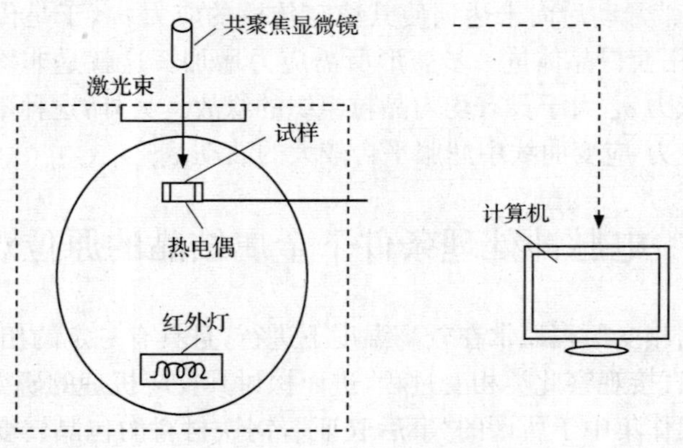

图 3.29 CLSM 系统示意图

该设备通常加热范围为 50～1600℃，最大加热速率为 300℃/s；温度误差为

±1℃，并由温控系统控制并实时监视，显微成像系统的共聚焦显微镜采用 He-Ne 激光源，提供高分辨率的实时图像，可以原位观察试样自由面组织，采用声光偏转系统，将样品的热破坏降至最低，同时高速率扫描获得高质量图像，并通过微机系统记录在视频文件中。保护气系统供应给金相加热炉与拉伸加热炉持续气流，保护气为高纯氩气、氩气和氦气等，具体种类由 CLSM 实验要求和目的决定。由于 CLSM 实验大都在高温下进行较长时间，因此需要冷却金相加热炉与拉伸加热炉，该工作通过循环冷却水系统完成。拉伸器控制系统设定材料的拉伸速率，结合温控系统，可以测定不同温度、不同拉伸速率下材料的应力-应变曲线，并利用图像检测以及微机系统，原位观察拉伸过程中材料组织的演化及其断裂方式。图 3.30 为日本 Lasertec 公司制造的 CLSM 设备。

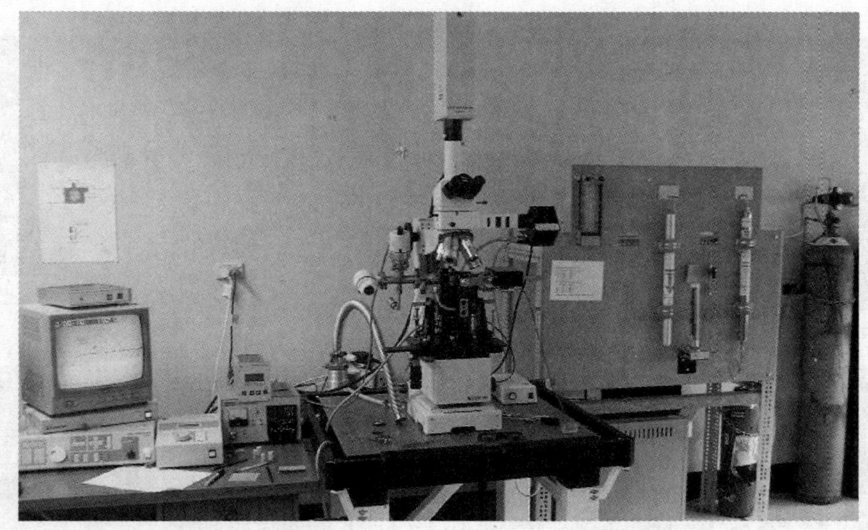

图 3.30　CLSM 成套设备

3.4.2　电脉冲处理条件下 Al-5%Cu 合金液固相变原位观察的尝试

铝合金熔点较低，其电脉冲熔体处理工作开展较早且充分，而且利用 CLSM 观察其液固相变历程几乎查不到任何现有文献，因此，我们首先利用 CLSM 对 Al-5%Cu 合金进行了尝试。利用电脉冲熔体处理技术制备 Al-5%Cu 铸件(参见 4.1 节)，在其中心区域切割 ϕ9mm×3mm 的圆片试样，置于丙酮中超声波清洗 1min，烘干后放入 CLSM 金相加热炉内观察，其热循环曲线如图 3.31 所示。试样在加热过程中采用高纯氩气保护。

经过对实验实时监测数据进行处理，得到电脉冲熔体处理与未处理的 Al-5%Cu 合金试样在加热期间的相变过程分别如图 3.32 和图 3.33 所示。

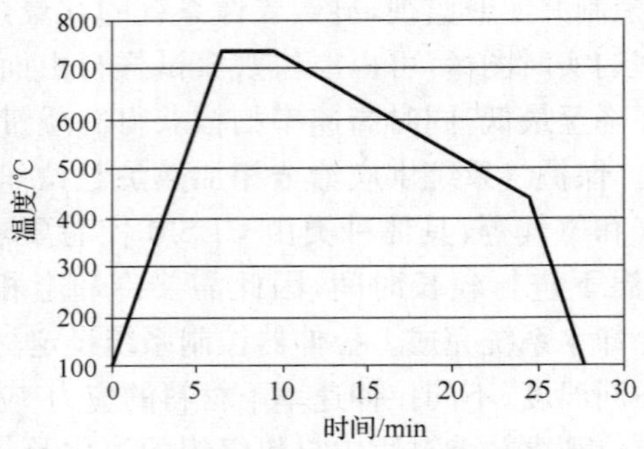

图 3.31　Al-Cu 试样原位观察的热循环曲线

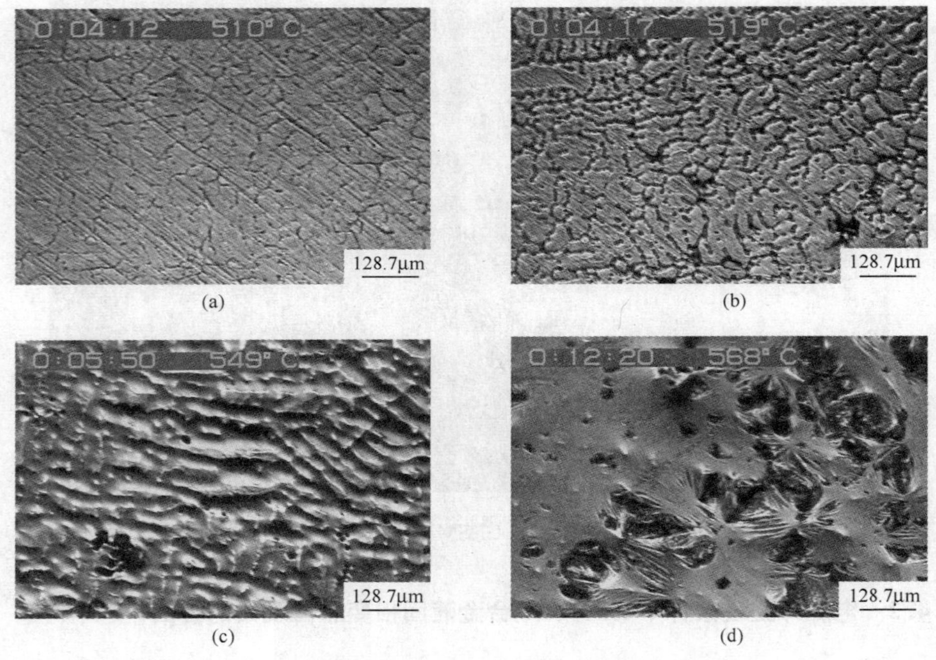

(a) (b) (c) (d)

图 3.32　Al-5%Cu 合金加热期相变过程(电脉冲处理)

由图 3.32 和图 3.33 可见,无论是否经过电脉冲处理,加热过程中的 Al-Cu 合金均存在 $CuAl_2$ 相向 α-Al 的溶解过程,且随温度提高,这种趋势越加明显,直至以树枝状伸展成液相。比较而言,经电脉冲处理的试样,其相变转变温度一般低于未处理试样,从图 3.32(b)可见,低熔点相已呈现大面积网状溶解,此时检测温度为 519℃,而未处理试样,这一阶段已被推迟到约 565℃[参见图 3.33(c)],二者相差 46℃;另外,当温度为 568℃时,对于电脉冲处理试样,其表层已经完全被一层糊状

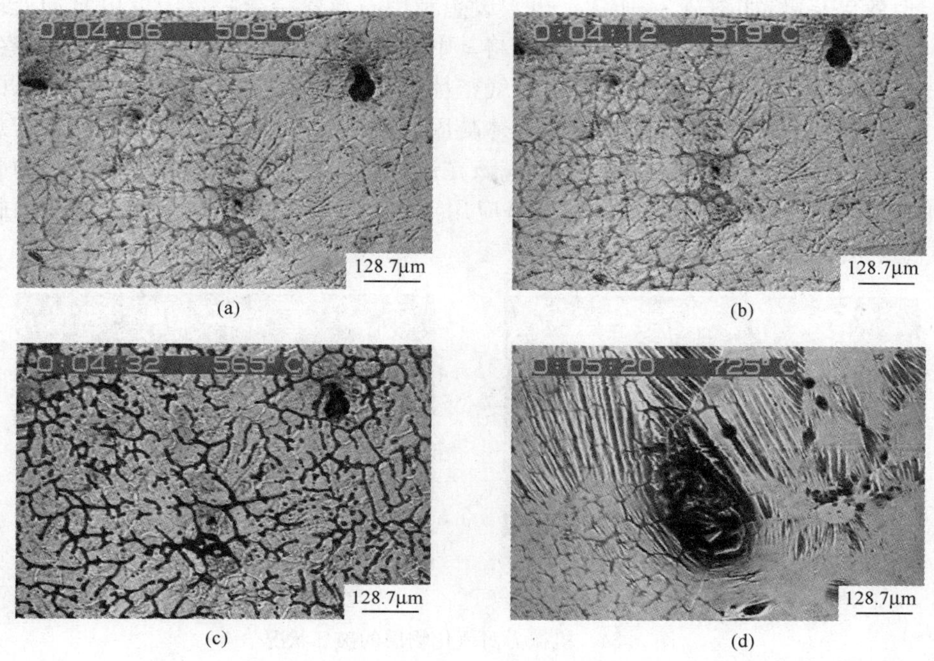

(a)　(b)　(c)　(d)

图 3.33　Al-5%Cu 合金加热期相变过程(未处理)

物覆盖,在共聚焦显微镜下呈现“帐篷”状态,如图 3.32(d)所示,分析认为该物质为 Al_2O_3,而未处理试样,形成这种大面积的氧化物薄膜大致在 700℃以上,二者相差超过 100℃。显然,将这种差异仅仅归结为试样原始状态对相变过程的影响是没有说服力的,电脉冲熔体处理应对试样加热过程中相变转变具有重要影响。按照文献[15]的观点,Cu 等异类原子将对熔体中已存在的 Al 原子团簇具有一定破坏作用,同时电脉冲将使液态金属中原子团簇出现非稳态畸变,其结果导致该条件下熔体中出现较小尺度占优的有序化结构,在较大的过冷条件下,使凝固形核核心激增,进而形成等轴晶区显著扩展的凝固组织(参见 4.5 节)。另外,金属固态加热熔化,实际上是一种结构无序化过程,或者是金属键因热激活而切断的过程。如果从金属遗传学的角度考虑,电脉冲所引起的熔体中小尺度原子团簇占优的这一特性,必然导致其相应金属熔化过程更趋容易,客观上体现为相变点的降低或者相变各阶段的提前。

应该看到,尽管采用初始态抽真空(2×10^{-5} Pa),且加热期利用高纯氩气保护,但无论是电脉冲处理还是未处理的 Al-Cu 合金试样,熔化后表面均存在致密而又坚硬的氧化物薄膜,使得我们十分关注的合金后续结晶过程难以观察,如图 3.32(d)和图 3.33(d)所示。曾试图通过减震台传递机械力方法破坏该层氧化膜，但效果甚微，如图 3.34 所示。也曾设想利用石英管结合吸球汲取电脉冲处理后的 Al-Cu 合金熔体，并待其凝固后，将其中间段磨平并置于金相加热炉中观察。这样可以保证中间部位金属熔化后的气密性，进而防止氧化，但在实际操作中，因凝固后的体积收缩导致石英管中的熔体凝固后两端已不能封堵。目前看来，若想原位观察到铝合金熔体的凝固过程，应该在试样架上方设置能够破坏 Al_2O_3 薄膜的机械装置。这将是高温 CLSM 设备应用于铝合金液固相变原位研究需要面临的重要挑战。

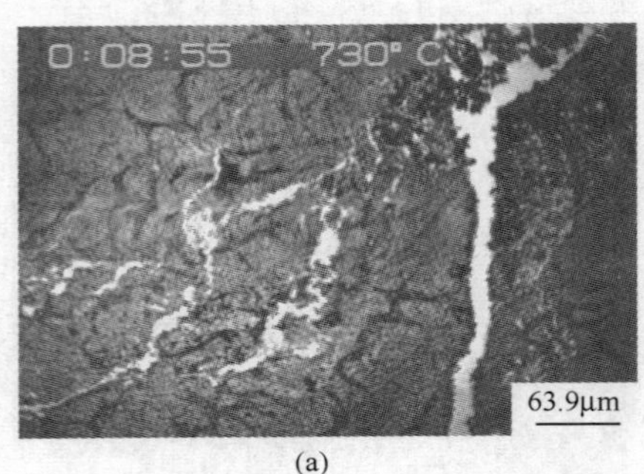

(a)

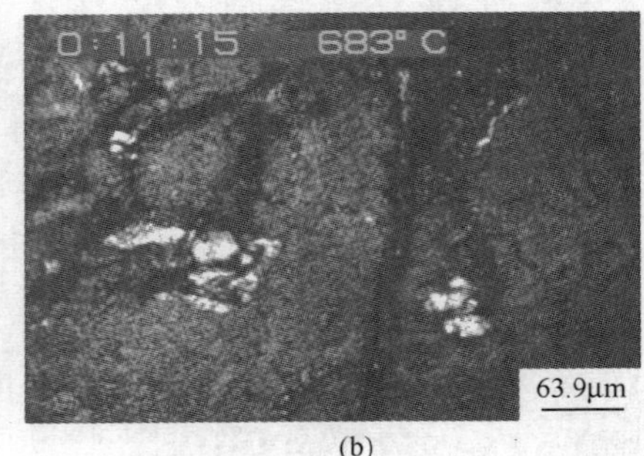

(b)

图 3.34 机械力对氧化物层的破坏状况

3.4.3 电脉冲处理条件下 Q235 液固相变的原位观察

如 3.3 节所述，低碳结构钢的电脉冲熔体处理已经从实验室研究发展到了部分钢铁厂的连铸中试阶段，但到目前为止，依然不能从理论上较完善地对这种外场作用机制解释与说明，使得人们对该技术的工艺控制与诸多奇异实验现象存在疑问。如上所述，我们没有在铝合金体系完成对液固相变的原位观察，但通过对低碳结构钢电脉冲处理技术工艺与理论的长期考察，同时结合现有 CLSM 设备特性，对电脉冲处理条件下 Q235 钢的液固相变过程进行了重点分析与研究。

在 3.3 节制备的电脉冲处理 Q235 铸坯中心区域取一 ϕ9mm×3mm 的圆片试样，未处理试样亦在铸坯相同位置制取。随后置于丙酮中超声波清洗 1min 留待 CLSM 观察，分别采用常规熔化凝固方式及文献[16]报道的同心加热凝固两种方式，其热循环曲线如图 3.35 所示。试样在加热过程中采用高纯氩气保护。

1. 常规熔化凝固方式的原位观察

未处理与电脉冲处理的 Q235 试样凝固初期的结构变化如图 3.36 和图 3.37 所示。

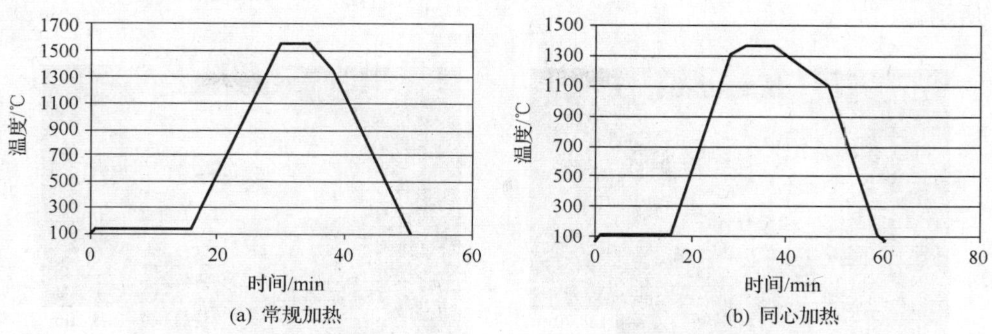

(a) 常规加热　　(b) 同心加热

图 3.35　不同凝固方式的热循环曲线

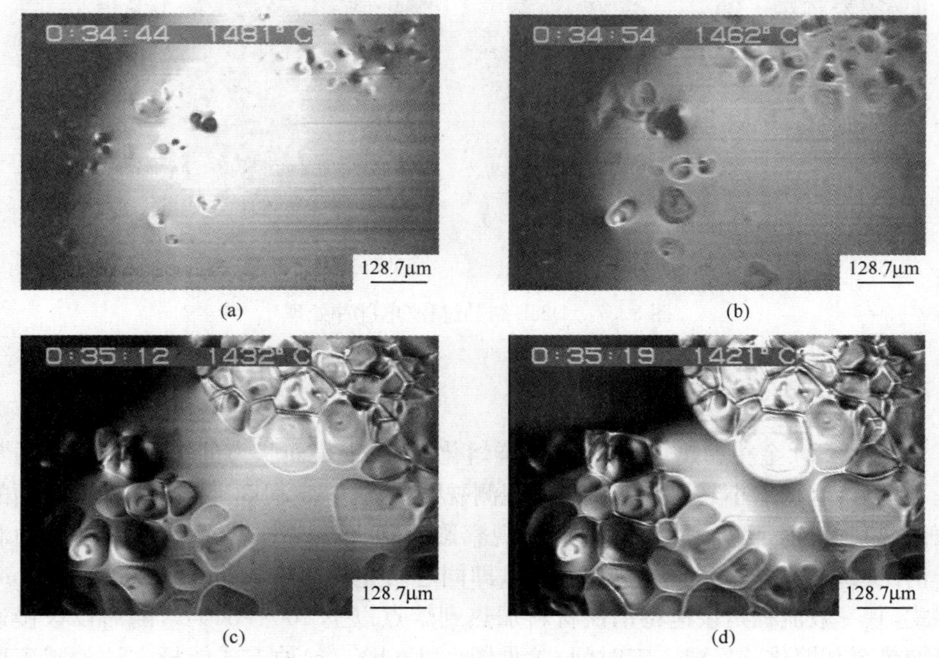

(a)　(b)　(c)　(d)

图 3.36　Q235 结晶过程(未处理)

由图 3.36 可见,对于未处理的试样,其初始形核区域基本为离散分布,且密度不均,δ 液相中伸展速率约为 5.8μm/s,部分晶核速率高达 15μm/s。初始析出以非小晶面为主,可见少量的小晶面 δ 相晶体;当包晶反应逐渐进行时,δ 相边缘开始钝化。而对于电脉冲处理的 Q235 试样,初始的 δ 相形核呈点状分布,且密度均匀,随温度降低,逐步演变为网状结构。其 δ 相向液相中伸展速率约为 4.3μm/s,同时受周围已形成固相限制,在 1371℃,内部已几乎完成包晶转变,如图 3.37(d)

所示。

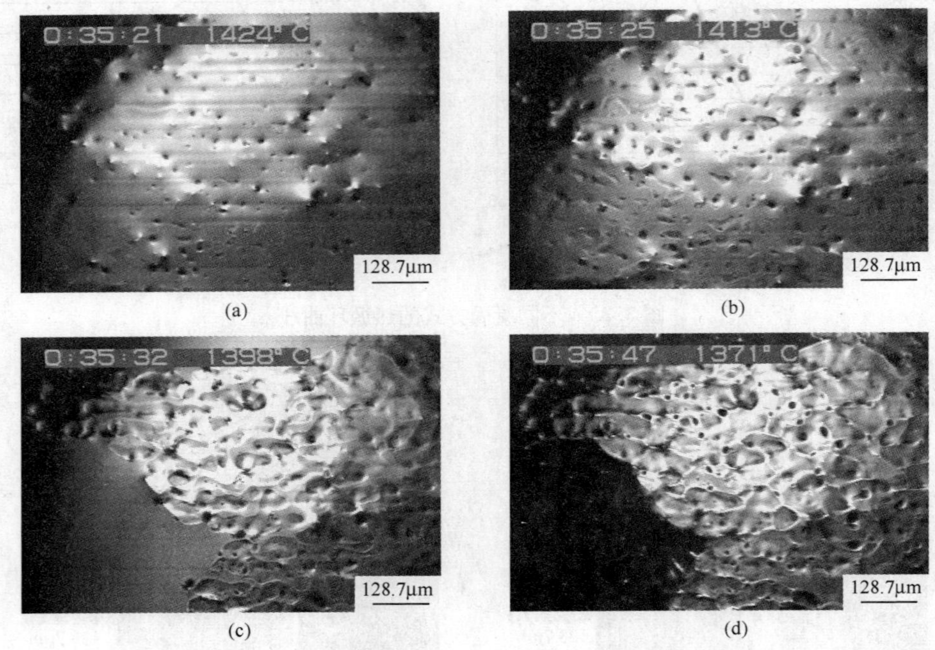

(a)　(b)　(c)　(d)

图 3.37　Q235 结晶过程(电脉冲处理)

2. 同心熔化凝固方式的原位观察

在 CLSM 金相加热炉中,合金试样熔化后,由于表面张力的作用,其表层通常呈半月形,这将缩小共聚焦显微镜的观测视野,并在一定程度上影响对液固界面的原位观察,特别是对金属凝固初期的观察影响很大。Dippenaar 等开发了一种利于钢铁材料包晶转变的原位观察技术,即同心熔化凝固(concentric solidification)方式,其一般流程是快速将钢铁材料加热到熔点以下 100～300℃,随后以极慢速率加热至其熔化并保温一定时间,参见图 3.35(b)。这种方式能极大地消减表面张力引起的液体层半月现象,扩大进入共聚焦显微镜的熔池范围,详细原理参见文献[16]。

采用同心凝固方式,观察到电脉冲处理与未处理 Q235 试样的结晶过程如图 3.38和图 3.39 所示。

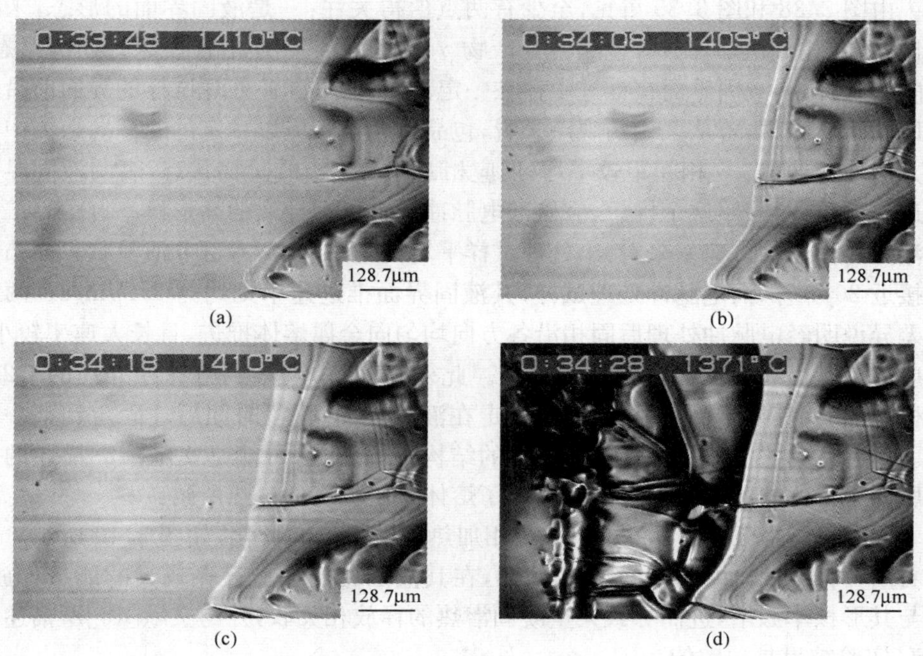

图 3.38 同心凝固方式下 Q235 结晶过程(未处理)

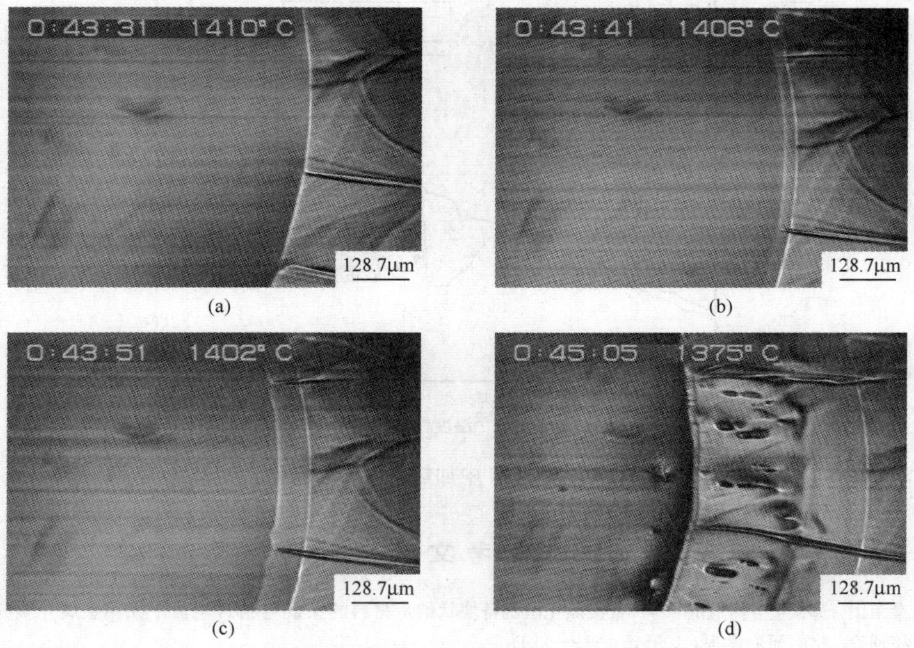

图 3.39 同心凝固方式下 Q235 结晶过程(电脉冲处理)

由图 3.38 和图 3.39 可见，至少有两点值得关注：一是液固界面的形态，未处理试样界面前沿呈河流状，包晶转变产物 γ 相间距较大，δ 相有很深的韧窝形态，呈阶梯状，说明液固界面在推进中存在一定方向性；电脉冲处理试样的界面前沿基本以圆弧形为主，若从三维的观点来看，包晶转变过程应以一定的速率向熔体中各个方向均匀伸展。γ 相间距较平均，反应相 δ 存在交错的阶梯状态，表明液固界面推进并非单一，按照这个构想，应该与电脉冲孕育处理导致的高形核率有关。二是从液固界面的推进速率来看，未处理试样平均约为 6.5μm/s，部分河流状界面凸出处接近 20μm/s，而电脉冲处理试样，其液固界面推进速率则约为 2.8μm/s。两者的差异说明经电脉冲处理后固相沿各方向均匀向金属熔体推进，且长大速率较小，这应该是其最终晶粒细化的根本原因。此外，实验中观察到电脉冲处理的 Q235 试样结晶时，其初始晶核呈浮动态，游走在液相表面，一段时间后才固定到某一位置。作者认为这与电脉冲处理后熔体的结构变异相关，可能是文献[15]描述的小尺度团簇占优的所谓“受激”结构引起了熔体一定程度的过热所致。

同时，通过 CLSM 设备可获取金相加热炉中能量的变化，如图 3.40 所示。可以看出，对于电脉冲处理的 Q235 试样，在其液固相变区域存在较大的能量释放，这与其形核率激增，进而导致大量凝固潜热的释放相关联，并与文献[15]所描述的 DSC 实验结果是一致的。

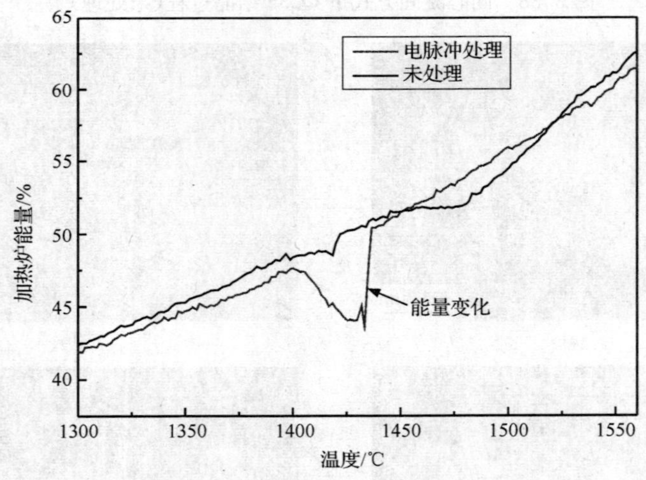

图 3.40 CLSM 中加热炉能量的变化

参考文献

[1] 秦荣山，鄢红春，何冠虎，等. 直接晶化法制备块状纳米材料的探索 Ⅰ脉冲电流下无序金属介质的成核理论. 材料研究学报，1995，9：219～221.

[2] Qin R S, Su S X, Guo J D, et al. Suspension effect of nanocrystalline grain growth under electropulse.

Nanostruct Mater，1998，10：71～76.

[3] 王建中. 电脉冲孕育处理技术与液态金属团簇结构假说的研究[博士学位论文]. 北京：北京科技大学，1998.

[4] 任怀亮. 金相实验技术. 北京：冶金工业出版社，1992：166.

[5] 黄积荣. 铸造合金金相图谱. 北京：机械工业出版社，1985：22.

[6] 宋维锡. 金属学. 北京：冶金工业出版社，1980：258.

[7] Nakada M，Shiohara Y，Flemings M C. Modification of solidification structures by pulse electric discharging. ISIJ International，1990，30：27～33.

[8] Barnak J P，Sprecher A F，Conrad H. Colony (grain) size reduction in eutectic Pb-Sn castings by electroplusing. Scripta Materialia，1995，32：879～884.

[9] Li J M，Li S L，Li J，et al. Modification of solidification structure by pulse electric discharging. Scripta Materialia，1994，31：1691～1694.

[10] Yin H，Emi T，Shibata H. Morphological instability of δ-ferrite/γ-austenite interphase boundary in low carbon steels. Acta Materialia，1999，47：1523～1535.

[11] Dippenaar R，Phelan D. Delta-ferrite recovery structures in low-carbon steels. Metallurgical and Materials Transactions B，2003，34：495～501.

[12] Phelan D，Dippenaar R. Instability of the delta-ferrite/austenite interface in low carbon steels：The influence of delta-ferrite recovery sub-structures. ISIJ International，2004，44：414～421.

[13] Phelan D，Dippenaar R. Widmanstätten ferrite plate formation in low-carbon steels. Metallurgical and Materials Transactions A，2004，35：3701～3706.

[14] 梁高飞，王成全，方圆. AISI304 不锈钢加热过程中高温 δ 相形核与生长的原位观察. 金属学报，2006，42：805～809.

[15] 王冰. 电脉冲作用下 Al-5%Cu 基合金组织与性能研究[博士学位论文]. 北京：北京科技大学，2007.

[16] Mark R，Phelan D，Dippenaar R. Concentric solidification for high temperature laser scanning confocal microscopy. ISIJ International，2004，44 (3)：565～572.

第四章　电脉冲熔体处理对有色金属凝固组织与性能的影响

钢铁材料是一个复杂多元体系，凝固过程亦情况多变、影响因素颇多，在这种情况下分析钢液在电脉冲处理后的结构变化以及进一步探讨该工艺技术的作用机理存在方法与实验方面的挑战。2000 年前后，王建中、齐锦刚等开始尝试将电脉冲熔体处理工艺应用到部分有色合金，包括铝合金、铜合金以及部分低熔点合金(Pb-Sn)，而且一般从纯金属开始，深入探讨了不同金属液对电脉冲响应的组织变化及其内在驱动机制。

4.1　电脉冲熔体处理对纯铝凝固组织的影响

4.1.1　实验材料与方法

采用高纯铝(99.99%)作为实验材料，脉冲设备采用 EPM-C 型脉冲发生器。实验用加热炉为井式电阻炉，Pt-Rh 热电偶自动控温。为保持电脉冲处理期间炉温恒定，炉门处钻孔以便插入电极，缝隙处用耐火棉密封；铝液熔池采用高纯石墨坩埚；电脉冲处理电极采用高纯石墨电极，尺寸 ϕ4mm×20mm，其导电导热性能良好，可在铝液中稳定存在，且不造成污染。采用 Q235 材质的金属铸型浇铸。

取适量高纯铝置于石墨坩埚内，在电阻炉中加热到 730℃熔化并保温 5min。经氮气除气及除渣后，将连接到脉冲发生器的石墨电极垂直插入恒温铝液中进行电脉冲孕育处理。为消除电极带来的冷却效应，在其插入铝液前先预热，并在熔体中保持 1min 后施加电脉冲。根据文献[1]的工艺因素讨论，本实验保持脉冲峰值电压 300V 不变，按脉冲频率和处理时间双因素变化，其实验参数组合如表 4.1 所示。表 4.1 中加星号数字为实验中变化的工艺参数，最后于室温条件下浇入金属铸型中。

待所有铝锭冷却后，沿试样中轴面切割为两部分，打磨抛光后，采用 5%HF 溶液腐蚀，并观察剖面的宏观组织。采用单位面积上的晶粒个数表征晶粒尺寸，即从剖面试样中心点处取面积为 100mm^2 的正方形区域，计算该区域内晶粒数目与 100 的比值。每组 6 个剖面试样，并取平均值。

表 4.1　实验所用电脉冲工艺参数

电压 U/V	处理时间 t/s	频率 f/Hz
0	0	0
300	20	0.5*
300	20	6.0*
300	20*	10*
300	10*	10
300	50*	10

按 3.2 节的研究结果，金属熔体的电脉冲处理也存在着与孕育剂类似的孕育衰退现象。孕育衰退性实验采用优化电脉冲参数处理，熔体温度为 730℃。铝液分置于 4 个小坩埚，并在处理后放置不同时间（0min、15min、30min 和 60min），最后于室温条件下浇注到金属铸型中。

此外，研究了不同过热条件下纯铝熔体的电脉冲处理效果，以确定其最佳响应温度。每次取适量纯铝原料置于石墨坩埚内，在电阻炉中分别加热到 680℃、730℃、780℃和 830℃熔化并保温 5min。经氮气除气及除渣后，于对应过热温度，进行电脉冲处理，脉冲参数为：电压 300V；频率 10Hz；时间 20s。

4.1.2　电脉冲参数对纯铝凝固组织的影响

1. 实验结果

采用不同电脉冲频率、时间处理的铝锭试样宏观组织分别如图 4.1 和图 4.2 所示。

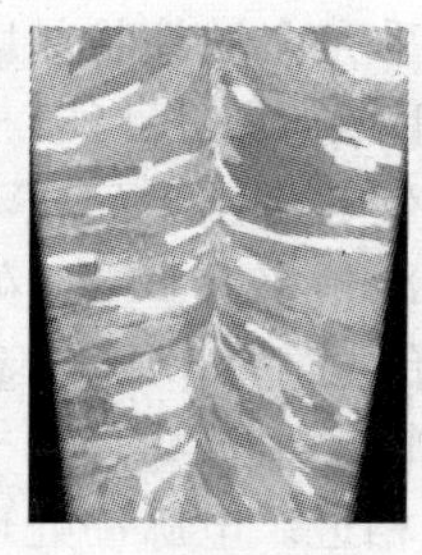

(a) 原始试样

(b) 300V, 20s, 0.5Hz

(c) 300V, 20s, 6Hz

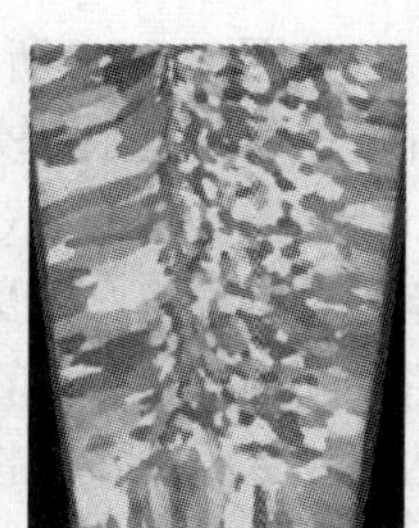

(d) 300V, 20s, 10Hz

图 4.1　不同电脉冲频率处理的纯铝铸态组织

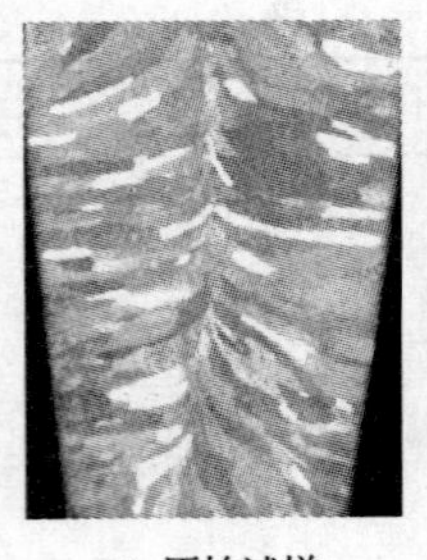
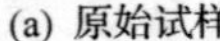
(a) 原始试样

(b) 300V, 10s,10Hz

(c) 300V, 20s, 10Hz

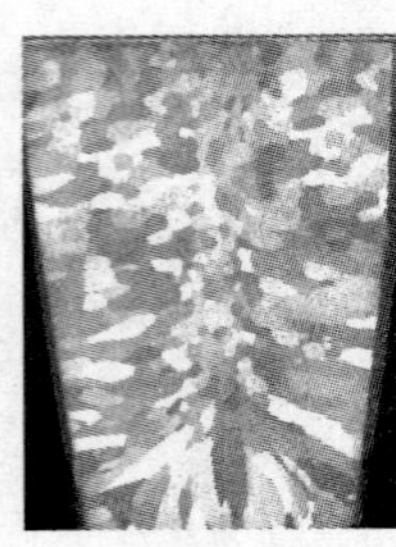
(d) 300V, 50s, 10Hz

图 4.2　不同电脉冲处理时间的纯铝铸态组织

采用 4.1.1 节方法计算的晶粒尺寸值，如图 4.3 所示。

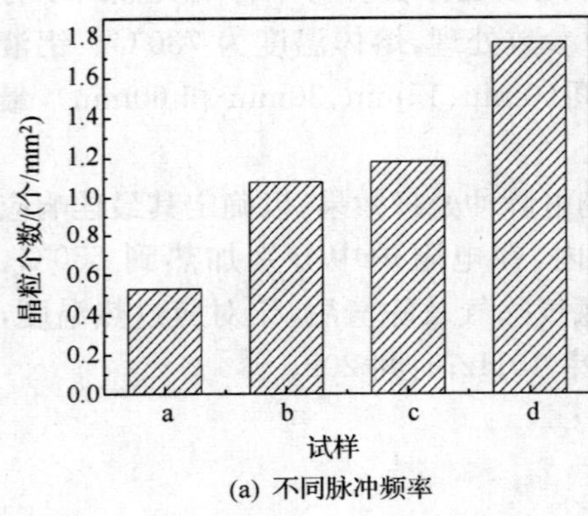

(a) 不同脉冲频率

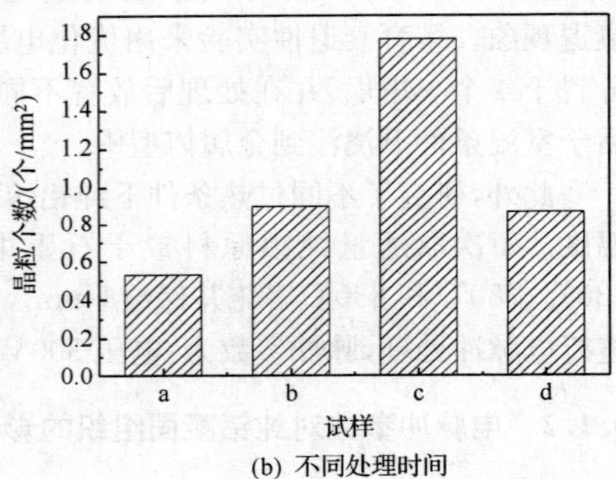

(b) 不同处理时间

图 4.3　铝锭晶粒尺寸

2. 分析与讨论

如图 4.1(a)所示，未经电脉冲处理的试样，其宏观组织几乎完全被柱状晶区所覆盖，且柱状晶较粗大。而铝熔体经电脉冲处理后，其凝固组织如图 4.1(b)～(d)和图 4.2(b)～(d)所示，可见，柱状晶生长受到抑制，并在铸锭心部出现面积不等的等轴晶区，且以图 4.1(d)试样细化效果最为显著，此时脉冲频率为 10Hz，处理时间为 20s。计算表明，该试样单位面积上的晶粒个数为原始试样的 3.4 倍(参见图 4.2)。另外，按照电脉冲频率的增长方向，组织细化特征增强，如图 4.1(b)～(d)所示，这与 3.2 节在 T8 钢上应用电脉冲处理所取得的结果相近。电脉冲处理时间对纯铝铸态组织的影响存在最优值，就本实验而言，其值为 20～30s。

电脉冲频率反映了单位时间内进入熔体的脉冲个数。从能量角度讲，这对于铝液中畸变团簇的吸附效应是有利的，自由原子更易于跨过其能垒参与大尺度团簇的重构过程，以便推进“晶胚”向临界晶核转化的历程。这种借助能量跃迁的原子结合机制较之基于液态金属起伏特性的形核过程要更容易完成(参见 5.2.4 节)。尽管关于该条件下定量描述尚缺乏理论计算手段支撑,但其对形核功的贡献意义重大,这也是目前各种外场作用下熔体控制技术的核心问题。电磁搅拌技术侧重于金属熔体的传质、传热效果,而电脉冲处理则关注区域熔体的结构变异以及对结晶动力学的影响,两者间的效能是显而易见的。另外,若以这种熔体响应模型为基础,过高频率的电脉冲也存在不利影响,其原因在于高频脉冲直接影响原子团簇的畸变与吸附过程。目前尚不能准确确定液态金属中原子团簇结构改变的特征时间,从而不能确定在脉冲空闲期团簇能否完成吸附及重构化过程。

4.1.3 电脉冲处理频率与时间参数对纯铝形核率的影响

按照 3.1.3 节的推导,同时结合指数脉冲波形的电路平均电压 $\overline{U}$ 和平均电流 $\overline{i}$ 公式[2],可以计算出电脉冲处理频率与时间工艺参数和形核率间的关系,如下式所示:

$$I = C_1 \exp(C_2 j^2) = C_1 \exp(C_2 \alpha^2 f^2 t^2) = C_1 \exp(\beta f^2 t^2) \qquad (4.1)$$

式中,C_1、C_2、α、β 均为常数;j 为电流密度;f 为电脉冲处理频率;t 为电脉冲处理时间;I 为形核率。由式(4.1)可知,形核率与 f 和 t 乘积的平方呈 e 指数关系,如图 4.4 所示。当保持处理时间为定值时,则 I 随 f 值增加单调增加,这与图 4.3(a)所示的结果一致;若电脉冲频率不变,则 I 随 t 值增加亦呈同样变化,在稳态畸变范围内,这与图 4.3(b)所取得的实验结果相近。另外,在脉冲峰值电压恒定情况下,按电脉冲频率和处理时间双因素变化时,则形核率 I 与 $f \cdot t$ 乘积则保持式(4.1)所示的函数关系,即在脉冲设备允许的前提下,获得较高 $f \cdot t$ 值更有利于电脉冲孕育形核及凝固组织的改善,此时可将 $f \cdot t$ 值作为该条件下的工艺特性参数。

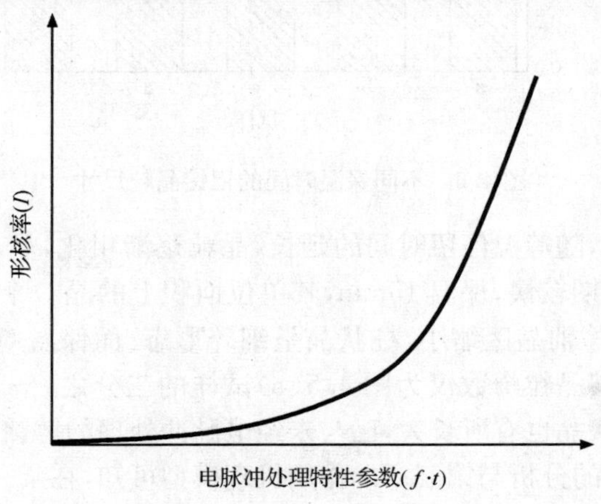

图 4.4 形核率与 $f \cdot t$ 关系示意图

4.1.4　铝熔体电脉冲处理的孕育衰退现象

在孕育法细化金属晶粒过程中，较常见的问题是随时间的延长，细化效果减退、晶粒开始长大，这种现象称为孕育衰退。经电脉冲孕育处理且采用不同保温工艺的铝锭宏观组织如图 4.5 所示，晶粒尺寸值如图 4.6 所示。

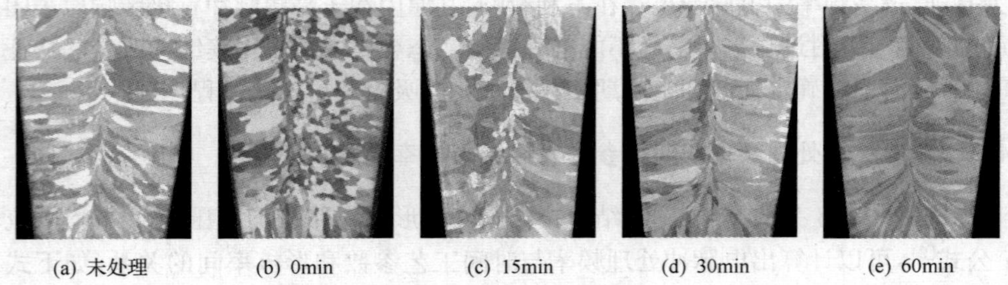

图 4.5　不同保温时间的纯铝铸态组织

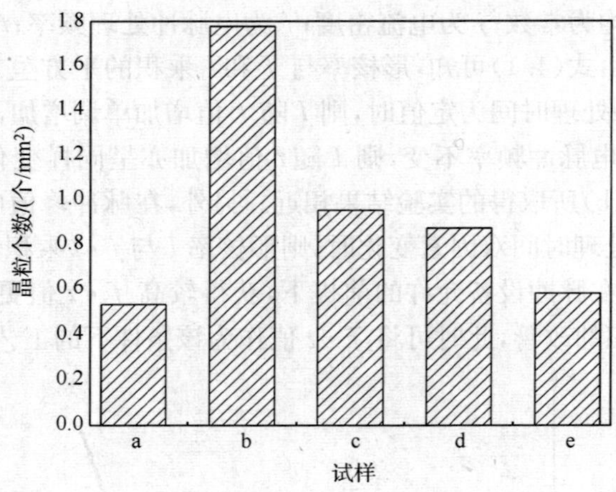

图 4.6　不同保温时间的铝锭晶粒尺寸

由图 4.5 可见，随等温停留时间的延长，晶粒逐渐粗化，呈现典型的衰退变化特征。衰退速率初期较快，保温 15min，其单位面积上的晶粒个数下降了 47%；保温 30min 后，中间等轴晶区缩小，柱状晶呈细碎形态；而保温 60min 后，晶粒出现了严重粗化现象，其晶粒个数仅为图 4.5(b)试样的三分之一，表现为中心等轴晶区已完全消失，柱状晶也有所长大，已与未经电脉冲处理的铸锭组织形貌相近。

结合 3.2.5 节的分析与第五章的作用机理模型可知，在某一温度下，金属熔体中稳定存在且概率占优的团簇尺寸是一定值，可令团簇初始半径为 r，施加脉冲电场后，经畸变吸附，长大为稳定存在的较大尺寸团簇，此时半径为 r^*，且 $r^* > r$。

撤销脉冲电场后，半径为 r^* 的团簇可在一定时间内稳定存在。但随等温停留时间的延长，团簇的内聚力使吸附原子有明显的解离倾向，且逐渐恢复到与该温度对应的小尺度团簇。这是金属熔体电脉冲孕育衰退现象产生的根本原因。

按铝锭铸态组织的晶粒尺寸衡量，如图 4.6 所示，其电脉冲处理衰退动力学近似符合指数衰减特征，采用 Origin 6.0 获得了如图 4.7 所示的结果。

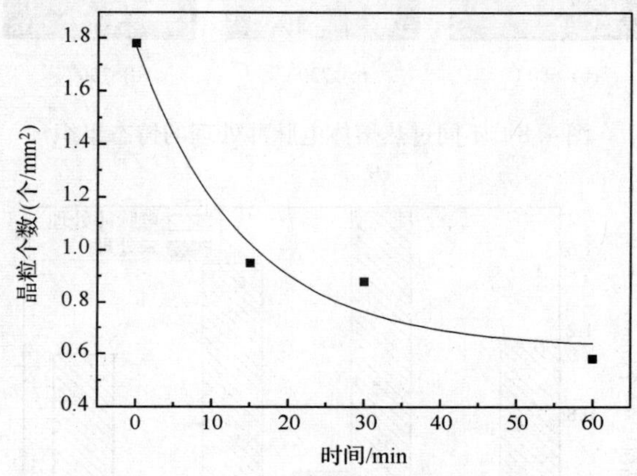

图 4.7　不同保温时间的衰退特征曲线

可以看出，等温停留初期的衰退速率较快，但后期则趋向平缓。但由于脉冲设备可连续或间歇操作，故只需在衰退初期进行二次脉冲，即可阻止金属熔体结构变异的恢复过程，从而从工艺上根本解决衰退问题。

4.1.5　不同过热度下铝熔体电脉冲处理的铸态组织特征

研究认为，低温浇注和降低最高加热温度均有利于凝固组织的改善[3]。前者可有效扩大等轴晶区，限制柱状晶生长，但要受到金属液流动性、控温和保温条件等限制；而后者则可保存熔体中的形核有效物质，创造有利于异质形核的环境条件，然而由于温度的降低，将严重阻碍金属液中多数反应热力学和动力学的进行。显然，熔体电脉冲处理技术的一个重要工艺参数是操作温度，它将直接影响液态金属结构及结晶动力学过程。另外，目前关于金属熔体的研究工作多数集中在与温度场相关的特性上[4]，不同过热熔体的微观态已有比较成熟的分析与表征手段[5]。今后一段时间里，合金熔体的处理与控制技术将成为本领域的研究趋势与热点。特别是各种外场及其耦合作用的金属熔体演化行为研究有望成为理论和生产的重要突破点。因此，本节实验实际上反映了液态金属在不同温度场和给定脉冲电场下耦合作用的结果。

电脉冲熔体处理纯铝试样的宏观组织和晶粒尺寸分别如图 4.8 和图 4.9 所示。其中，仅图 4.8(a)为未加电脉冲，且浇注温度为 730℃。

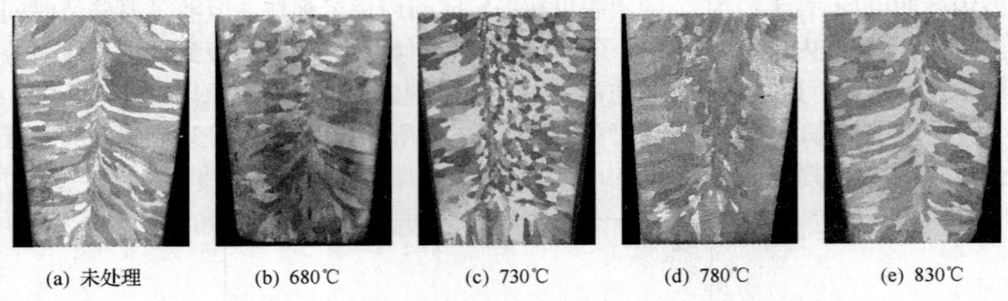

图 4.8　不同过热熔体电脉冲处理的铸态组织

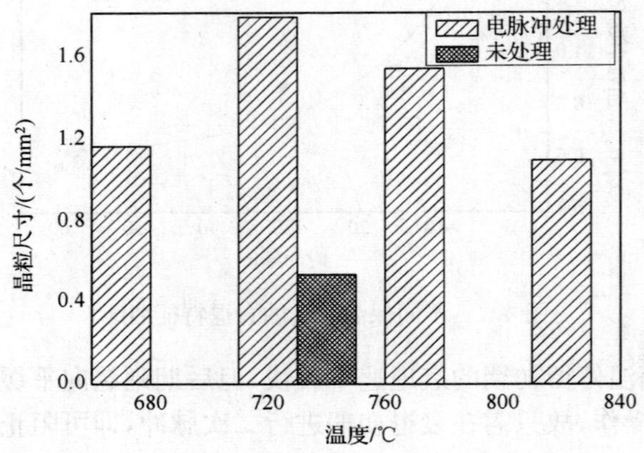

图 4.9　不同过热熔体电脉冲处理试样的晶粒尺寸

由图 4.8 和图 4.9 可见，对不同过热铝熔体施加电脉冲，其铸态组织均有较明显变化。一般表现为等轴晶范围扩张，柱状晶长大受到抑制，且其分形结构趋于多样化。按照 Prigogine[6] 的观点，凝固体系的耗散物理本质使其结构具有分形特征，图 4.8 中柱状晶的分维差异来源于温度场与脉冲电场的协同作用。另外，宏观组织观察表明，在 680℃（过热仅为 20℃）进行电脉冲处理，其晶粒尺寸为 1.10 个/mm^2，是 730℃未处理试样的两倍；当处理温度为 730℃和 750℃时，铸锭中心等轴晶明显增多且细化，其晶粒尺寸分别为 1.78 个/mm^2 和 1.53 个/mm^2，已超过未处理时的三倍，此时脉冲孕育效应较显著。当铝熔体过热到 830℃时，其晶粒尺寸为 1.09 个/mm^2，与 680℃的细化效果相当。显然，基于给定的电脉冲参数，存在一熔体过热范围，在此温区进行孕育处理，其铸态组织最佳，而较高或较低的铝液温度都不利于脉冲孕育效应的发挥，此时“场”耦合作用对组织改善的贡献较小。

王建中等的研究指出（参见第五章），液态金属可视为具有非连续幻数的团簇（晶胚）与自由金属原子的集合体，团簇的壳层结构以及脉冲电场下的畸变长大是导致熔体结构变异的本质特征。此外，团簇的热相关性表明，在液态金属中，不同温度下有与其相对应的最概然的某一幻数的团簇，温度升高，团簇向小尺度概率占优的方向变化；温度降低，团簇向大尺度概率占优的方向发展，其模型描述如图4.10中A曲线所示。另据已有实验数据分析[7]，在熔点附近，铝熔体仍然保持着结晶态所固有的以f.c.c.为基础的短程序；在800℃附近铝熔体有短程序参数的改变，形成了b.c.c.结构，随之原子间最近邻距离缩小，这与上述熔体团簇模型所绘制的图景相近。

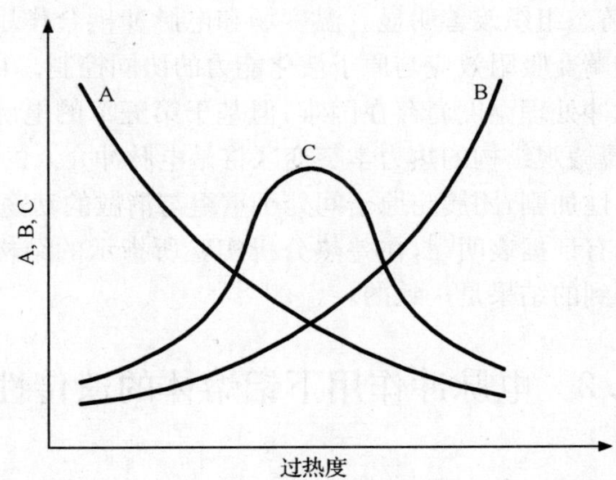

图4.10　过热熔体对电脉冲的响应规律示意图

另外，熔体中原子的热运动，是由原子围绕平衡中心的振动和单个原子的位移（自扩散）所组成。根据Frenker的观点，液态金属中原子的自扩散系数D可用下式来表述[8]：

$$D=\frac{\bar{u}^2}{\tau_0\exp\left(\frac{w}{kT}\right)} \tag{4.2}$$

式中，$\bar{u}^2$为扩散质点的均方位移；τ_0为原子振动周期；w为原子跃迁活化能；k为玻尔兹曼常量；T为绝对温度。对于一定的均方位移，原子活化跃迁能力与温度的变化规律如图4.10中B曲线所示。

基于以上分析，可以认为不同过热铝熔体对脉冲电场的响应特性受两方面因素控制：一方面，随过热度的降低，液态金属中最概然的团簇尺度较大，在脉冲电场下的畸变吸附效应显著，有利于与周围原子的结合，进而成长为临界晶核；但此时熔体中原子的活化跃迁能力较低，与致畸团簇结合的敏感性不高，从而导致形核困难，其铸态组织细化效果一般。然而若增加熔体温度，尽管团簇的畸变结合能力减弱，但周围原子的运动能力明显增强。此时处于弹性碰撞中的“准晶胚”即使形成，在温度场下其解离趋势也较大。因此，如图4.10中C曲线所示，过热熔体对给定电脉冲存在一最佳响应温度，在该温度附近进行电脉冲熔体处理效果较好，较低或

较高过热温度都不利于铸态组织的改善。同时,可用下式描述这种响应机制:

$$C = AB \tag{4.3}$$

式中,A 为受电脉冲畸变吸附控制的响应因子;B 为受原子活化能力控制的响应因子;而 C 为温度场和脉冲电场耦合作用的结果。

综上所述,同电脉冲频率、电压及处理时间等参数一样,熔体温度亦是电脉冲孕育处理技术的敏感参数。上述研究结果表明,对于铝熔体,在 730～750℃温区处理效果最佳,其铸态组织改善明显。温度场和电脉冲耦合作用的微观机制来源于铝熔体中团簇的畸变吸附效应与原子活化能力的协同控制。目前理论上预测金属熔体的最佳电脉冲处理温度尚存在困难,但基于第五章的电脉冲熔体处理模型体系认为,液态金属微观结构的热力学突变区将是电脉冲介入的良好时机,此时熔体内部微观不均匀性加剧,团簇与原子间处于重组与消散的动荡区,极易对外部能量产生高度响应。有证据表明[9],在差热分析实验所指示的结构改变温区施加电脉冲与上述实验得到的结果是一致的。

4.2 电脉冲作用下铝熔体的遗传性

4.2.1 概述

广义上可把金属的遗传性理解为在结构上或者物性上,由原始炉料(始态)通过熔体阶段(过渡态)向铸造合金(终态)的信息传递。在研究"固-液-固"系统中的结构遗传时,涉及如何认识熔化机制的问题,目前主要存在两种不同的观点[10]。

第一种观点认为,固态金属向熔体转变是通过原子分离的途径来实现的。用数学关系式可表达为

$$a_n \Leftrightarrow a_{n-1} + a_1 \tag{4.4}$$

式中,a_1 表示单独一个原子;a_n 表示 n 个原子的集合。如果这种假设成立,那么在熔化过程中,晶体首先分裂成单独的原子,凝固过程中这些原子再重新组合成组织结构类似于原始组织的类晶体。由此可以进一步推论出,这种类晶体与原始组织无遗传联系。

第二种观点认为,晶体的熔化机制是以原子集团为单位,采取解离分裂的方式进行,可表示为

$$a_{in} \Leftrightarrow a_{i(n-1)} + a_i \tag{4.5}$$

式中,a_n 表示含有 n 个原子的集团;a_{in} 表示聚集了 i 个原子集团的集合体。

在实际的熔化过程中,不排除两种方式并存的可能性,但是从能量最小值原则可以判断,采取第二种方式为多数。根据第二种观点可以解释结构遗传的机理:在熔化过程中,原子集团由大到小逐渐分裂,当外部条件使分离终止并保留一部分较

小的原子集团时，原始炉料中的一些结构信息就有可能被保留下来，并传递给后来的晶体。对熔体而言则存在着微观不均匀性，熔体是由成分和结构不同的游动的有序原子集团与它们之间的各种组元原子呈紊乱分别的无序带所组成；在集团的内部，原子的排列和结合与原有固体相似；原子集团和无序带均是熔体的独立组成物，它们由于热能的起伏不断局部地相互退化和重生；熔体温度越高，原子集团的尺寸越小，无序区便扩大。

金属的遗传性是铸造过程中普遍存在的规律。在从金属炉料到铸件或铸锭产品的整个铸造加工过程中，根据人们对金属组织遗传性问题的综合研究结果，可把铸造过程中的遗传性通过这样一条相互联系的链来表示，如图 4.11 所示。金属的遗传性是一个有机的整体，通常可划分为三个阶段：遗传信息的存储、遗传信息的传递和遗传信息的表现[11]。

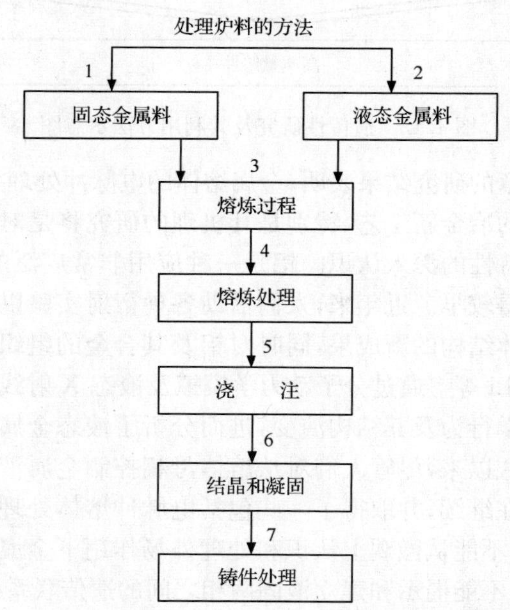

图 4.11　铸造过程中遗传信息的存储、传递和表现示意图

1、2. 遗传信息的存储；3～5. 遗传信息的传递；6、7. 遗传信息的表现

国内外金属遗传性的研究及其利用主要集中在图 4.12 所示的几个方面[11]。其实验规程大都是采取同一成分的炉料，并经某种液相处理后以规定的冷却速率凝固，然后通过固相变形处理来改变固态金属炉料的组织，或对熔体进行不同处理获得不同组织的铸锭。随后将具有相同化学成分但组织不同的金属炉料在同等条件下进行重熔，或将图 4.12 所示方法处理的炉料作为添加剂，可获得高质量的铸件。

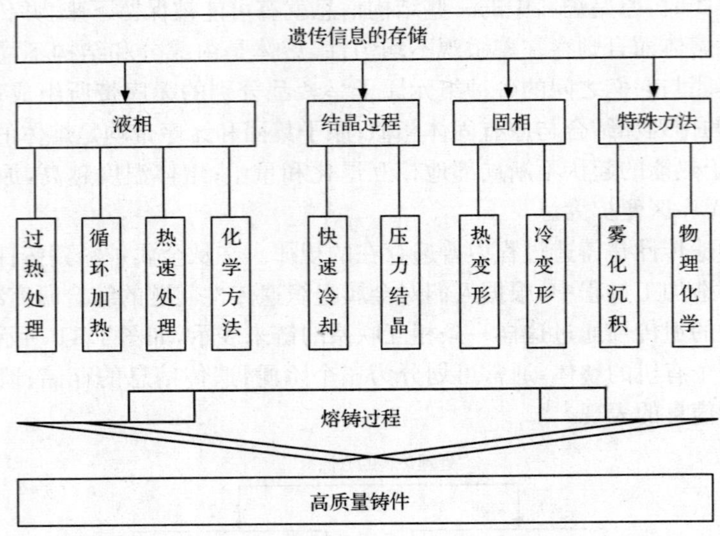

图 4.12 遗传性研究及其利用方法示意图

第三章和第四章的研究结果表明,金属熔体的电脉冲处理技术是一种低成本、高效率且环境友好的冶金新工艺,特别是其机理的研究将是对脉冲电场作用下铝熔体结构及其演变特性的深入认识。铝是一种应用非常广泛的工业金属,对铝熔体结构的工作开展得较早。近年来,人们借助各种衍射实验以及计算机模拟技术取得了一些对铝熔体结构的新成果,同时对铝及其合金的组织遗传性也进行了较广泛的研究[11,12]。Li 等[8]通过分子动力学模拟及液态 X 射线衍射实验探讨了纯铝熔体的微观动力学行为及其结构演变,进而分析了液态金属与固态金属间的遗传性与变异性。长久以来,尽管人们对从熔体母相控制金属液固相变过程及其凝固组织的尝试一直在继续,并取得了一些包括电脉冲熔体处理技术在内的重要发现及成果,但由于尚不能从微观上认识和处理外场作用下金属熔体结构的改变及其动力学特性,从而不能揭示和建立液固两相之间的遗传联系,故在一定程度上阻碍了诸如电脉冲孕育处理技术等在生产上的应用[13]。

4.2.2 实验材料与方法

采用 4.1.1 节方法浇铸 4 组铝锭试样(不同脉冲电压及未加电脉冲),每组数量若干。各组预留对比试样后,将其余铝锭置于坩埚中并升温到 730℃重熔,保温 5min 后浇铸成一代遗传试样;取该试样并在同样重熔条件下进行操作获得二代遗传试样,依次类推,完成 4 次重熔操作。待所有铝锭冷却后,沿试样中轴面线切割为两部分,观察剖面的宏观组织且按 4.1.1 节所述的方法计算晶粒尺寸。

基于金属遗传思想和上述铝熔体的电脉冲孕育处理微观机制,在试样一次重熔期施加二次脉冲，电脉冲参数选择优化值，即脉冲电压 300V，脉冲频率 10Hz，处理时间 20s，铝液温度为 730℃。其余操作流程参见 4.1.1 节。另外，在一次重熔期将试样分别加热到 780℃、830℃，并于该温度下浇注到金属铸型中，研究熔体过热度对其遗传性的影响。采用 Labsys-16 型热分析综合仪对不同铝试样进行 DSC 分析，实验取 50mg 左右的样品放置于 Al_2O_3 中，样品通氩气保护，终点温度为 1100℃，加热与降温过程速率为 20℃/min。

4.2.3　试样的宏观组织与遗传因子

在金属材料凝固领域，类似于生命体系的遗传与变异规律是客观存在的[14]。对其遗传性的深入研究必将对材料的缺陷防治、材质改性、新材料开发及深入揭示液固转变机制等起到积极的作用。就电脉冲孕育处理而言，其铸态组织细化来源于金属熔体结构的改变。这种改变能在同样热历史条件下较稳定地遗传给子代，重熔实验后的试样宏观组织较好地说明了这一点。

如图 4.13 所示，经电脉冲熔体处理后的原始试样[图 4.13(a)]及其重熔子代试样[图 4.13(b)与(c)]的铸态组织均比未加电脉冲试样[图 4.13(d)]有较显著的晶粒细化现象。其中，一代试样[图 4.13(b)]尽管晶粒稍有长大，但与原始试样[图 4.13(a)]相比，保留的细化效果仍十分明显，且等轴晶范围有所扩张，柱状晶生长受限；二代重熔试样[图 4.4(c)]的宏观组织失去部分细化特征，柱状晶伸展显著，表明源于初始熔体的遗传信息具有衰减特征。事实上，子代中的变异与重熔次数、控温情形、凝固条件的波动性等诸多因素相关，但其核心因素是铝熔体结构信息中遗传载体的稳定性。

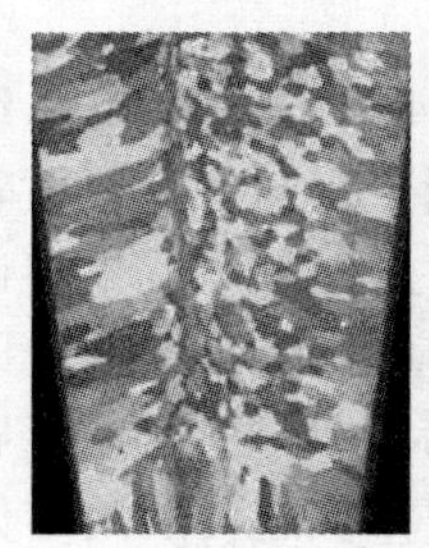
(a) 原始试样(经电脉冲处理)

(b) 一次重熔

(c) 二次重熔

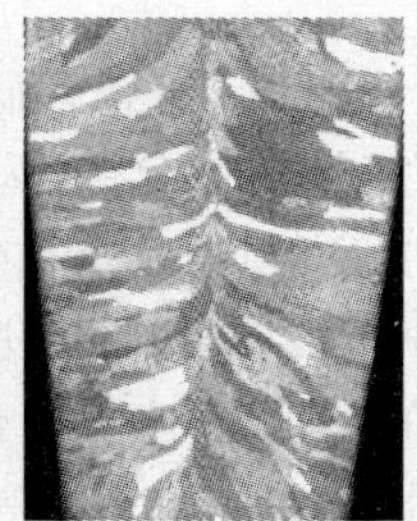
(d) 未加电脉冲

图 4.13　电脉冲孕育处理试样与重熔试样的宏观组织

基于凝固条件的一致性，可推断纯铝铸态组织的改变应来源于熔体母相的变异，故可使用晶粒尺寸大小在一定程度上衡量熔体结构的变化。如式(4.6)所示，定义遗传因子 I 表征电脉冲条件下液-固相间的遗传联系，这与尼基金提出的遗传系数概念相近[11]。

$$I = g_n / g_0 \tag{4.6}$$

式中，g_n 为经 n 次重熔后试样的晶粒尺寸；g_0 为未经重熔处理的原始试样的晶粒尺寸。计算结果如表 4.2 所示。

表 4.2 遗传因子

处理方法	重熔次数 n	晶粒尺寸 g/(个/mm^2)	遗传因子 I
电脉冲处理	0	1.78	3.36
	1	1.53	2.89
	2	1.22	2.31
未处理	—	0.53	1.00

根据 4.1.2 节的分析结果及第五章所述的模型，液态金属可视为具有非连续幻数的团簇与金属自由原子的集合体，团簇的壳层结构以及脉冲电场下的畸变长大是导致熔体结构变异的本质特征。电脉冲孕育处理获得的较大团簇是凝固过程中的“晶胚”，其形核功较小，从而形核率较大。另外，这种脉冲电场下铝熔体的结构信息在重熔子代中有非常明显的反映，其遗传载体应来源于一定温度下稳定存在的原子团簇。该结构在没有外加能量输入的情况下，并不因重熔实验而消散。熔体中的这种遗传“基因”进一步说明了液态金属结构中短程有序、长程无序的本质特征。表 4.2 计算的遗传因子表明，子一代和子二代分别获得了 86%和 69%的原始组织信息，并在晶区范围、晶粒形态等方面表现出一定程度的变异，其遗传衰减反映了铝熔体中原子团簇稳定存在的相对性。

4.2.4 试样的 DSC 分析

DSC 分析在研究材料相变过程中具有很好的表现。按照 4.2.3 节的结果，组织遗传的“基因”为铝熔体中的原子团簇，该结构在电脉冲作用下将向较大尺度转变，可视为一个相变过程[15]。通过对未经电脉冲处理、电脉冲处理和一代重熔试样的 DSC 测试，发现孕育团簇的遗传效应是很明显的，如图 4.14 所示。需要说明的是，由于实验条件所限，无法在分析过程中对铝熔体进行电脉冲处理，因此，经电脉冲处理和一代重熔试样的测试结果实际反映的分别是一次、二次遗传后的熔体在升温和降温过程中的热流量变化。

由图 4.14 可见，各试样在熔点附近均存在吸热峰和放热峰，表征相应的熔化和凝固过程。脉冲处理后试样的实际相变温度与未处理试样存在差异，可利用团簇生长和均匀形核的理论来解释(参见第五章)。另外，以熔化为例，各试样采用依面积计算的熔化潜热并不相同，如表 4.3 所示。

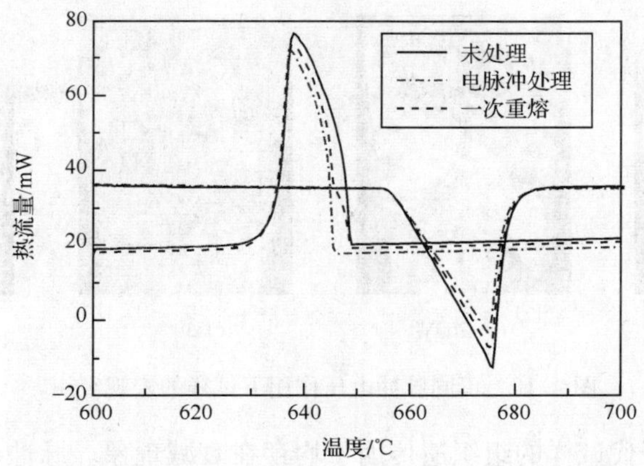

图 4.14　DSC 分析曲线

表 4.3　熔化潜热　(单位：J/g)

未经处理	电脉冲处理	一次重熔
256.92	247.75	251.30

未处理的铸态纯铝熔化后，其晶态的长程有序被破坏。由于遗传载体(原子团簇)尺度较小，故有较多金属原子在热激活条件下脱离晶体点阵，表现为从外界吸收较多能量，其熔化潜热为 256.92J/g。相比之下，由于脉冲处理后团簇的畸变长大，故重熔期熔体无序化过程的脱离效应减小，熔化潜热下降了 9.17J/g。另外，源于电脉冲孕育的较大尺度团簇在稳定性是相对的，一次重熔试样的潜热值介于其他两试样之间，表明铝熔体中原子团簇尺度在反复冷热循环条件下已降低，进而导致了遗传信息的缺失。

4.2.5　不同脉冲电压作用下的组织遗传特征

就已有的文献而言[15,16]，在电脉冲熔体处理技术中，电压参数对金属凝固组织具有较大的影响。从能量角度考虑，较低或较高的脉冲电压都不利于熔体中团簇的稳态畸变长大，进而成为凝固过程中的“晶胚”，故脉冲电压应存在最佳值。它体现了液态金属中团簇与其他原子之间交互作用的能量特征。本实验取脉冲电压单因素变化，分别为 100V、200V、300V，脉冲频率与处理时间分别为 10Hz 和 20s。其宏观组织如图 4.15 所示。表明在一定范围内，较高脉冲电压有利于铝锭铸态组织的细化。

按照 4.2.3 节评价电脉冲作用下铝熔体遗传性的方法，计算不同脉冲电压下重熔子代试样的遗传因子，如表 4.4 所示，其中，0 为未重熔，1～4 为重熔次数。可以看出，对纯铝熔体施加电脉冲后，其铸态组织的细化效果为 1.5～3 倍。但经历

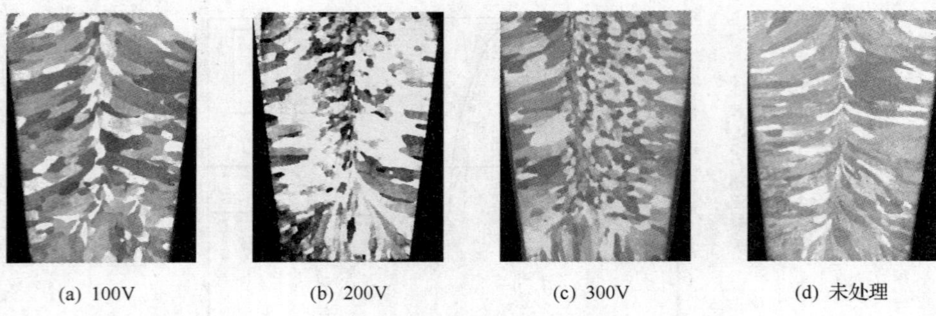

(a) 100V　(b) 200V　(c) 300V　(d) 未处理

图 4.15　不同脉冲电压作用下试样的宏观组织

重熔实验后，各子代试样的组织遗传因子均存在衰减现象。脉冲电压为 100V 时，一代试样的遗传因子为 1.25，其遗传信息保持率为 80％；而四代试样的遗传因子为 1.10，已接近未施加电脉冲试样的晶粒尺寸，表明此时遗传载体的电脉冲孕育效应已经散失；另外，脉冲电压为 300V 时，其四代试样的遗传因子仍为 1.69，大于脉冲电压为 100V 时的初始试样，即经重熔实验后遗传载体的电脉冲孕育效应依然明显，其衰退热历史较长。对于未施加电脉冲高纯铝锭的重熔实验，表 4.4 给出了其遗传因子的波动性特征。此外，按照达尼洛夫等的思想，在一些纯金属中，当熔体过热不大时便已丧失了遗传性，但本实验表明在电脉冲孕育处理条件下，团簇的遗传稳定性对较高过热的响应并不敏感，在接近临界过热温度(730℃)时，其子代遗传效应依然明显。

表 4.4　不同脉冲电压作用下重熔试样的遗传因子

电压 U/V	未重熔	重熔次数			
		1	2	3	4
100	1.58	1.25	1.13	1.05	1.10
200	2.28	1.91	1.68	1.46	1.33
300	3.36	2.89	2.31	2.03	1.87
0	1.00	1.21	1.19	0.90	1.06

由表 4.4 可见，不同脉冲电压作用下重熔实验的遗传衰减变化规律类似，且其遗传因子均在多次重熔后趋近于 1，即晶粒尺度接近于未加电脉冲试样。考虑到引入参数的物理意义，可采用下式近似描述电脉冲孕育处理试样重熔后的遗传衰减动力学过程：

$$I_n = 1 + e^{-\alpha n + \beta} \tag{4.7}$$

式中，I_n 为重熔 n 次后的遗传因子；α 为遗传衰减系数；β 为脉冲细化系数。表 4.5 列出了按式(4.7)获得的不同脉冲电压作用下的 α、β 值。

表 4.5　α、β 值

电压 U/V	α	β
100	0.85	−0.54
200	0.35	0.25
300	0.24	0.82

表 4.6 列出了实验值与按式(4.7)得出的计算值的比较。

表 4.6　遗传衰减函数误差分析

电压 U/V	重熔次数(实验值/计算值)					最大误差/%
	0	1	2	3	4	
100	1.58/1.57	1.25/1.25	1.13/1.11	1.05/1.04	1.10/1.02	+7%
200	2.28/2.28	1.91/1.90	1.68/1.64	1.46/1.45	1.33/1.32	+2.3%
300	3.36/3.27	2.89/2.79	2.31/2.40	2.03/2.09	1.87/1.86	−3.9%
0	1	1.21	1.19	0.90	1.06	—

由以上叙述可知，当 $n=0$ 时，I_0 表征了电脉冲熔体处理后的凝固组织细化效果，其值为 $1+e^{\beta}$。然而由于 $I_0=1$ 可视为未加电脉冲的原始组织情形，故 e^{β} 可作为衡量该技术细化效果之用，这也是称 β 为脉冲细化系数的缘由。另外，当 $n=\infty$ 时，$I_n=1$，反复冷热循环对遗传载体的“破坏”效应是显而易见的，遗传衰减系数 α 正反映了不同脉冲电场下这种“破坏”作用的强弱。由表 4.5 可知，β 值从 −0.54 变化到 0.82，这与较高脉冲电压有利于晶粒细化是相符的；而 α 值的变化规律则说明较低脉冲电压具有较高的遗传衰减。

另一方面，多数研究成果验证了熔体中遗传载体的过热破坏现象，即当合金熔体过热到某一临界温度之上时，准固态的超结构胶团将从亚稳定状态不可逆地过渡到真正的溶解状态，此时组织遗传“基因”将遭到破坏。由于本节纯铝重熔实验的过热温度相同，即电脉冲孕育处理后熔体的热起伏态可视为相近，因此，重熔试样的遗传衰减并非直接来源于高温热历史，遗传载体的散失甚至破坏应与反复冷热循环相关。

在电脉冲处理的纯铝熔体中，团簇的“基因”行为应与其本身构型及尺寸密切相关。不同脉冲电场下满足幻数要求的致畸团簇并不相同[16]，进而导致遗传载体的稳定性也不同。对于较稳定存在的团簇，重熔过程中的“破坏”并没有显著改变来自脉冲孕育效应的遗传规律，故二者的竞争结果可在一定程度上衡量熔体中团簇的稳定性。

4.2.6　铝熔体电脉冲处理的遗传改造思想及二次脉冲

上述实验与讨论验证了脉冲电场作用下铝熔体遗传的特异性，按照电脉冲熔体孕育形核的思想，推断这种体现于凝固组织中的遗传现象来自于铝熔体中的“受激”原子团簇，遗传衰减规律在一定程度上反映了液态金属中遗传载体的稳定性以及在冷热循环过程中的重组与分化现象。电脉冲孕育处理的废弃铸锭，其再利用过程中必然要经历合金熔炼，若考虑到组织遗传的存在，则铸锭的重熔工艺参数控制将具有极其重要的意义。另外，可以认为铸件和铸锭是金属炉料和合金经历了一个物理化学过程后的产品。在熔炼工艺过程中，金属炉料、坩埚与炉内气氛、起精炼和变质处理作用的各种添加剂、铸造和结晶条件等，都会对金属遗传性产生较大的影响。因此，应将炉料-熔体-铸锭系统，作为一个既有相互联系，又起相互制约作用的统一的整体加以考虑。组织信息的存储是在液态和固态炉料金属的获得或处理过程中进行的。

在此基础上，至少重熔过程中的熔体加热速率、熔体保温温度及时间、浇注和结晶条件将对电脉冲作用下铝熔体的遗传性产生巨大影响[11]。但我们所关注的问题并不在于此，而是在上述遗传性分析的前提下，提出了遗传“改造”及二次脉冲的思想，实践上发展了一种金属材料再利用的工艺流程。即按照 4.2.2 节的方法，在试样的一次重熔期对铝液施加二次电脉冲处理，所得铝锭的宏观组织及晶粒尺寸值如图 4.16 和图 4.17 所示。

(a) 原始试样(一次电脉冲处理)

(b) 一次重熔

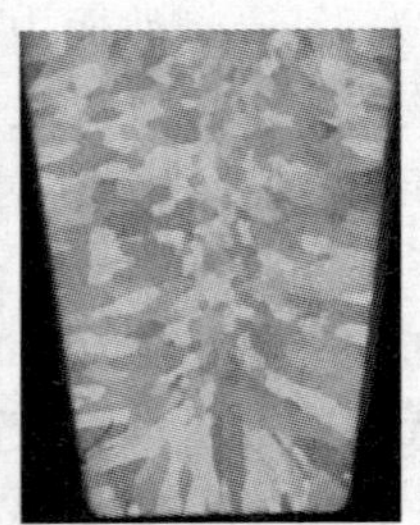
(c) 二次电脉冲

图 4.16　铝锭宏观组织

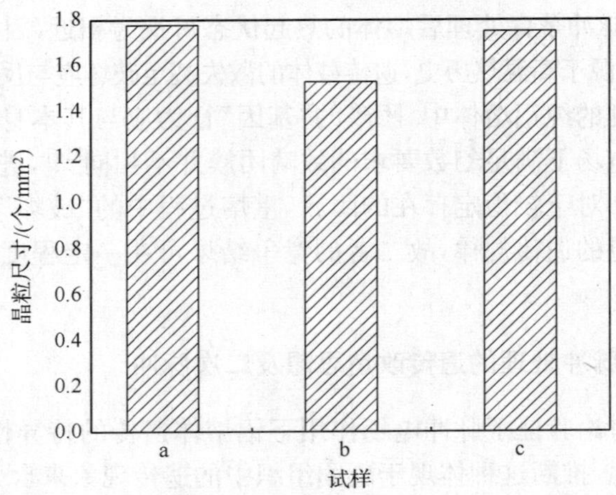

图 4.17　试样的晶粒尺寸

从图 4.16 可见，经重熔期的二次脉冲处理后，本已表现为衰减特征的铸锭宏观组织已与未重熔试样的细化效果相当，晶粒尺寸计算也说明了这种关系（参见图 4.17）。经过多炉独立实验（10 炉），统计上这种结果并不能得到非常良好的重现。其中有 6 炉获得的结果与上述叙述一致，其余 4 炉试样的宏观组织及晶粒尺寸介于图 4.16 的试样 b 和 c 之间，甚至与试样 b 相近。尽管不能排除结晶条件与环境的随机影响，但这种统计分布在前述电脉冲处理实验中并没有出现过。

基于上述遗传性及规律的讨论，同时结合实验结果，我们提出了金属熔体中孕育团簇的遗传改造思想，即恢复到重熔前液态金属的结构与状态。其要点主要有如下两个方面：

(1) 重熔过程对金属熔体中遗传载体的破坏作用可通过各种熔体处理与控制技术得到一定程度的恢复，特别是由于脉冲设备的简便与间歇操作特点，采用二次脉冲对于阻止遗传衰减在一定程度上是积极有效的。

(2) 重熔期熔体中“受激”团簇的个体衰减行为存在差异，并不能保证对给定二次电脉冲均显现良好响应，即不出现或部分出现组织遗传“基因”的恢复现象。这实际上与电脉冲参数的最优化讨论是一致的。

因此，在不考虑结晶条件与环境随机影响的前提下，可采用二次脉冲对重熔过程中的遗传衰减进行一定控制。需要说明，这里所指的二次脉冲与在孕育衰退初期（参见 4.1.4 节）所施加的电脉冲具有不同的意义，后者所处理的熔体并没有经历重熔过程。另外，二次脉冲处理等于延长了重熔期熔体保温时间，它对实验结果的影响实际上在上述的讨论中并没有考虑。

4.2.7　铝熔体电脉冲处理的遗传消减

在描述熔体结构及其遗传性时，研究者（物理学家、化学家、冶金学家）采用了各种各样的术语，如起伏现象、活化杂质、准晶体、微观聚集物、原子集团、近程有序结构等。在上述液体结构的描述中，准化学模型和胶体模型较普遍被人们所接受。这些理论定义了“熔体结构因子”的概念，阐述了熔体结构因子与原始化学成分、被重熔金属的晶体结构之间的遗传联系，以及熔体结构因子在熔体中长期存在的可能性[11]。很明显，结合上述的讨论结果，如何打破液态金属中的组织遗传“基因”（原子团簇），进而切断液-固之间的遗传信息传递将是冶金学者需要探讨的一个问题。事实上，遗传联系并非在任何条件下对组织和性能均是有利的，铸造缺陷的遗传就是令许多研究学者头痛的问题[17]。在 2005 年全国材料科学与工程学术会议上，作者的研究论文“脉冲电场作用下铝熔体的遗传性”在分组讨论期引起了与会学者的关注与兴趣，并指出在深入认识熔体组织遗传载体的基础上，研究遗传改造与遗传消减规律将对合理利用与控制铸造金属的遗传性产生重要影响。

这里提到的遗传消减就是利用各种对熔体结构产生影响的技术手段破坏液态

金属中的组织遗传“基因”，从源头上切断其对遗传信息链的传递作用。显然，过热处理是对熔体中微观不均匀区产生重大影响的常用手段。按照胶体模型，当合金熔体过热到某一临界温度之上时，准固态的超结构胶团将从亚稳定状态不可逆地过渡到真正的溶解状态，此时组织遗传“基因”将遭到破坏。本节实验采用 4.2.2 节的方法，在一次重熔期将铝液分别过热到 780℃和 830℃，所得到的结果如图 4.18 和图 4.19 所示。

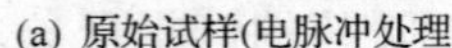
(a) 原始试样(电脉冲处理)

(b) 730℃重熔

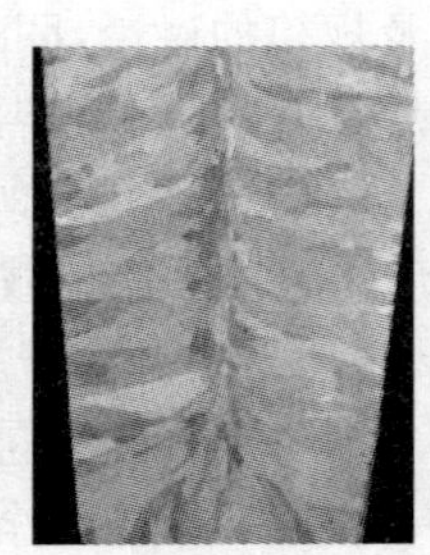
(c) 780℃重熔

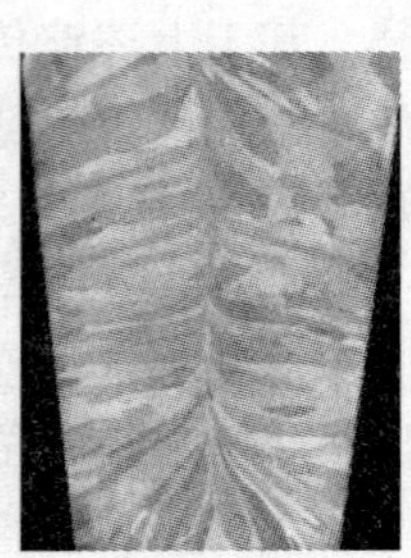
(d) 830℃重熔

图 4.18　不同过热温度的重熔试样宏观组织

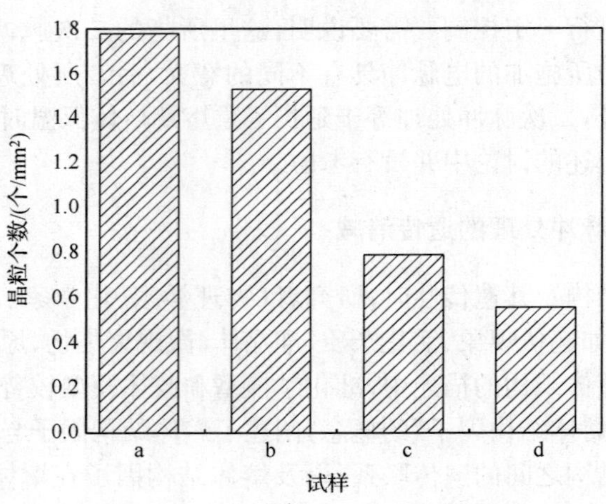

图 4.19　试样的晶粒尺寸

由图 4.18 和图 4.19 可见，在重熔期提高熔体的过热温度，将使铝锭凝固组织中的晶粒呈现明显粗化特征，心部等轴晶区缩小，柱状晶区扩展，其变化类似于电脉冲孕育处理过程中的孕育衰退现象，过热温度的提升将加剧这种变化，如图 4.18(c)与(d)所示。计算表明，当重熔温度为 830℃时，其晶粒尺寸为 0.56 个/mm^2，已接近未加电脉冲的原始铝锭试样，此时组织细化的遗传特征已在重熔试样中基本消减。在 4.2.3 节与 4.2.5 节的研究中，多次冷热循环并没有有效地破坏熔体中"受激"原子团簇的遗传行为,而仅仅是体现为不同程度的衰减。在这一点上,可以认为熔体过热对其微观不均匀区的重组与分化是异常剧烈的,熔化与结晶过程尽管也能产生这种作用,但在该条件下则相对较弱。

4.3　脉冲电场作用下铝熔体的黏度测试与DSC分析

4.3.1　引言

本书1.2.1节的综述内容为从微观上探索熔体结构改变提供了实验依据。金属及合金熔体结构敏感物性的变化是其内部结构改变的宏观体现,因此,通过研究熔体的物性可以揭示其微观结构特征与凝固组织及性能之间的关系,进而间接地研究金属液态结构及动力学行为。苏联的研究工作者在采用间接法研究熔体结构方面做了大量工作。在研究中我们发现金属熔体的物理性能与温度关系曲线上有时出现反常现象,而这种反常现象是研究金属熔体结构转变的重要依据,是出现微观不均匀结构的预兆[11]。熔体物性的测量是利用某些对液态金属结构敏感的物理性能来间接反映液态金属的结构变化,如黏度、表面张力、密度、电阻率、磁化率及光谱等。其中,黏度是金属熔体的重要物性之一,是研究液态金属特性的重要途径。它是表征液态金属中原子间力和动量传递即原子输运性质的重要物理量,反映了熔体中原子集团间结合力或相互作用力。此外,物质的结构变化往往伴随着物质与环境热量的交换,反映在示差扫描量热(DSC)曲线上则是吸热峰和放热峰的存在。因此,DSC也是研究物质结构变化的好方法。

另外,由于实验设备与条件所限,在目前的情况下,尚不能在金属熔体的电脉冲孕育处理期间展开物理性能测试与DSC分析,即不能在液态条件下直接获得熔体黏度值与热焓变化数据。然而,4.2节的结论指出电脉冲作用下铝熔体的遗传效应显著,其重熔子一代的遗传因子为2.89,遗传信息保持率在80%以上。基于此,若不考虑结晶条件与环境的随机影响,可以认为一代重熔试样的熔体结构能够在很大程度上代替电脉冲孕育处理的液态金属变异情形;同理,间接反映金属熔体微观不均匀区变化的黏度等物性值也能在重熔之后的液态中得到良好的再现。在没有对现有实验设备改装与设计的前提下,理论上探讨试样重熔期的液态结构及其特性将具有特殊重要的意义,至少能够为解析脉冲电场作用下熔体的结构变异及其演变动力学提供比较直接的实验证据。当然,需要指出,这种基于液态金属遗传特性的近似性研究并不处于体系上的完备状态,现代科学技术的研究进展受制于相关仪器与设备,同时也极大地推动其革新与发展。

4.3.2　实验材料与方法

黏度测试包括电脉冲熔体处理与未处理的纯铝样品,每组试样3个,尺寸

ϕ27mm×50mm。前者的电脉冲处理参数选择优化值，即脉冲电压 300V，脉冲频率 10Hz，处理时间 20s，处理温度为 730℃。未处理试样除没有施加电脉冲外，其余操作与前者相同。全部样品的黏度测试温度分别为 670℃、710℃、750℃、800℃、850℃，且为升温测试，实验时间 12h。采用回转振动式高温熔体黏度测试仪测量铝熔体的黏度。该设备的最高工作温度为 1500℃，黏度测量范围 0.1～10mPa·s。试样坩埚采用 Al_2O_3 制成，测量时将试样置于 Al_2O_3 容器中，抽真空至 2×10^{-6} Pa，然后将试样以 3℃/min 的速率加热至所设定的实验温度，保温 1h 后，进行黏度值的测试。在每一温度点，数据重复测量 4～7 次，各次测量的数据重复性良好，最大误差不超过 1%，取各次测量值的平均值作为该温度的黏度值。

DSC 分析亦包括电脉冲孕育处理与未处理试样的纯铝样品。前者的处理工艺与用于黏度测试的试样相同，其余操作参见 4.2.4 节内容。

4.3.3 脉冲电场作用下铝熔体的黏滞性研究

1. 铝熔体黏度的热相关性

电脉冲处理与未处理铝熔体的黏度与温度关系分别如图 4.20 和图 4.21 所示。

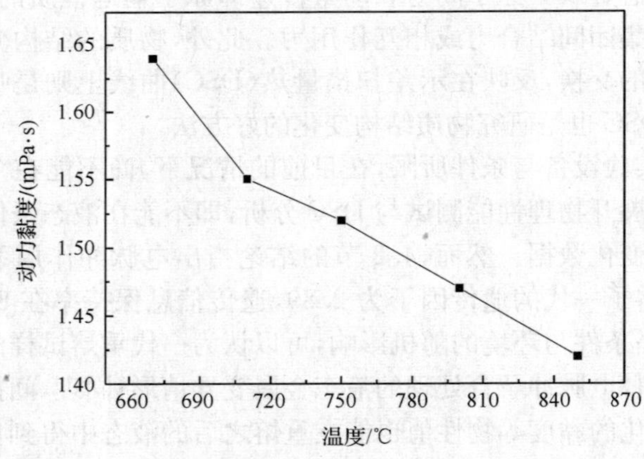

图 4.20　未经电脉冲处理铝熔体的黏度与温度关系

由图 4.20 和图 4.21 可以看出，随温度的升高，熔体黏度均呈减小趋势。从微观上看，液态金属的一个最重要的特征就是其原子间的高度流动性，而熔体中原子的运动是由最近邻原子间的摩擦力驱动的，故金属熔体的黏度在很大程度上取决于液态中原子的运动以及它们之间的结合与成键情况。Born 和 Green[18] 曾应用动力学理论，推导出根据双体分布函数 $g(r)$ 和原子间作用势 $\phi(r)$ 计算液体黏度的公式，如下所示：

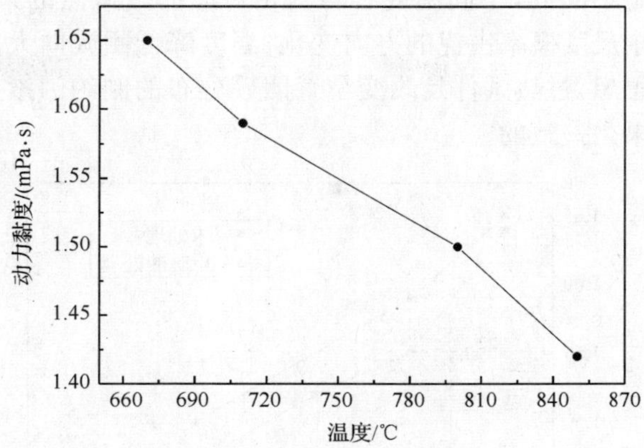

图 4.21　电脉冲处理铝熔体的黏度与温度关系

$$\eta=\frac{2\pi}{15}\left(\frac{m}{kT}\right)^{\frac{1}{2}}n_0^2\int_0^{\pi}g(r)\frac{\partial\phi(r)}{\partial r}r^4\mathrm{d}r \tag{4.8}$$

式中，k 为玻尔兹曼常量；n_0 为平均原子数密度；m 为原子质量；$g(r)$可以通过衍射实验来确定；$\phi(r)$可以通过第一性原理来计算。他们首次揭示了液态结构与其黏度之间的关系。当体系是多元的时候，可通过对这个公式进行拓展，得出适合于多元合金的黏度计算公式[19]。对于简单合金，这个公式被认为可以得出比较好的结果。

因此，对于纯铝熔体，从微观角度看，随温度升高，原子活动能力增强，原子团簇数量减少，原子分布趋于无序，故其黏度降低，对于电脉冲处理的纯铝熔体，这种变化规律也得到了良好的体现，如图 4.21 所示。另外，铝熔体黏度随温度的变化规律，根据铝熔体是否发生黏度突变，国内外的资料基本上可分为两类：第一类认为黏度-温度曲线上出现了不连续变化，即存在着一些反常现象[20]；第二类认为黏度-温度曲线是平坦光滑的，金属熔体黏度随温度的变化符合指数关系[21]。图 4.20与图 4.21 所示的结果基本属于第二类。

2. 电脉冲对铝熔体黏度的影响

本书第五章关于熔体电脉冲处理机制的微观模型指出，液态金属中团簇的“受激”行为、原子团簇的壳层结构与畸变吸附是该条件下的特异性表现。另外，4.2.3 节与 4.2.5 节也指出，尽管重熔子一代试样具有显著的遗传特征，但遗传载体的衰减特性也是不容置疑的。基于此，图 4.22 所示的电脉冲对铝熔体黏度的影响规律至少有三点是值得关注的。对于同一黏度值，电脉冲处理试样与未处理试样所对应的温度分别为 T_2、T_1，显然 $T_2>T_1$，即于较高温度，电脉冲对熔体中原子团簇的内聚作用才能得到有效缓解，进而出现明显的解离趋势。我们所建立的电脉冲熔体处理微观模型实际上隐含了一个假定，即不同温度下，满足幻数条件、稳定存在的原子团簇分布是不同的，不同温度有与其相对应的最概然的某一幻数的团簇。温度升高团簇向小尺度概率占优的方向变化；温度降低团簇向大尺度概率占优的方向发展。按此思想，过热条件是改变孕育团簇分布的制约因素，这与图 4.22 显现的黏度测试结果是一致的。

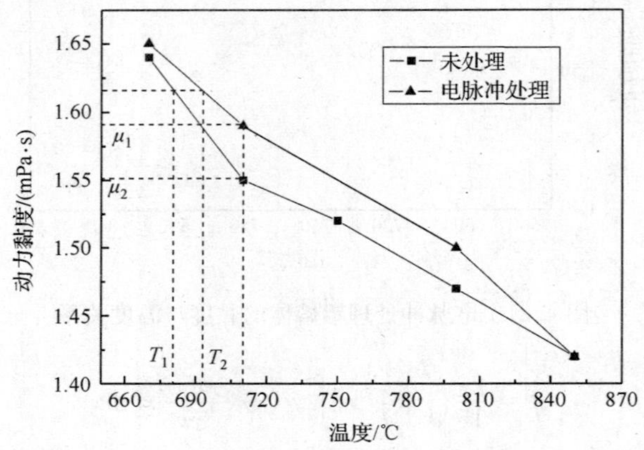

图 4.22　电脉冲对铝熔体黏度的影响

另外，由图 4.22 可见，在同一温度下，电脉冲处理与未处理试样所对应的黏度值分别为 μ_1 和 μ_2，且 $\mu_1 > \mu_2$，即经脉冲电场处理后铝熔体黏度提升。基于 Yokoyama 模型[22]，熵值 S、扩散系数 D 和黏度之间应存在下述关系：

$$D = 0.049\sigma^2 \exp S \tag{4.9}$$

$$\eta = k_B T/(2\pi\sigma D) \tag{4.10}$$

由于熵值的物理含义表征了系统的混乱程度，体系无序化程度越高，其熵值越大。故从熵值变化衡量，电脉冲处理后铝熔体的原子团簇分布状态将会使该体系有序度提升，熵值减小，出现类固体特征，进而导致黏度增大。这就从熔体敏感物性的变化上验证了第五章提出的金属液电脉冲孕育处理的微观设想。

此外，图 4.22 还给出了高温条件下铝熔体黏度值的趋同特征。在 850℃，电脉冲处理试样与未处理样的黏度值均为 1.42mPa·s，这实际上与 4.1.5 节讨论的结果相近，即在电脉冲孕育处理与过热破坏间存在一种平衡，孕育团簇的尺度跃迁是这两者协同作用的结果。

在上述分析基础上，可采用 Arrhenius 函数[21]来表征熔体黏度与温度的关系，从而进一步揭示黏度与液态金属结构间的相关性，如下式所示：

$$\mu = A\exp\left(\frac{\varepsilon}{kT}\right) \tag{4.11}$$

式中，$A = h/\upsilon_m$，h 为普朗克常量，υ_m 为流团（离子、原子或团簇）尺寸；μ 为黏度；k 为玻尔兹曼常量；ε 为流团由一平衡位置移到另一平衡位置所需的活化能；T 为绝对温度。

对式(4.11)两边取对数,可得

$$\ln\mu = \ln A + \frac{\varepsilon}{k}\frac{1}{T} \tag{4.12}$$

由式(4.12)可知,$\ln\mu$ 和 $\frac{1}{T}$ 之间呈线性关系,ε 的大小可由直线斜率直接得到,而 υ_m 可通过计算求出。式(4.12)可较好地表示中压范围内,熔体黏度与温度及其内部微结构间的关系,据此,可得到如图 4.23 和图 4.24 所示的 $\ln\mu$-$\frac{1}{T}$关系曲线。

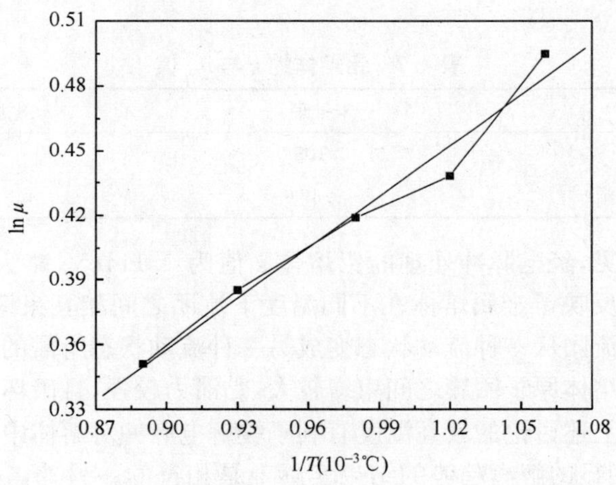

图 4.23　未经电脉冲处理的 $\ln\mu$-$\frac{1}{T}$关系曲线

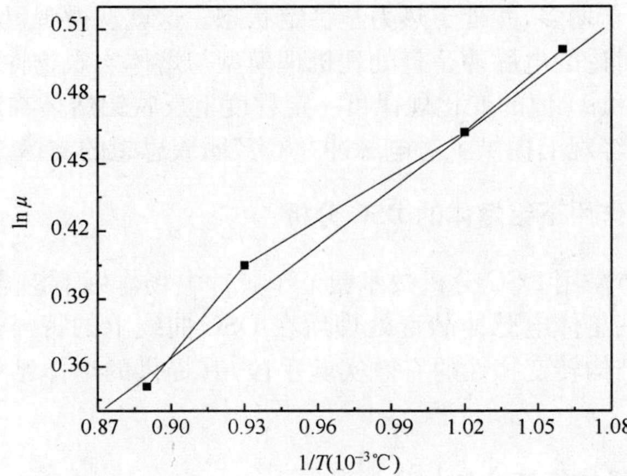

图 4.24　电脉冲处理的 $\ln\mu$-$\frac{1}{T}$关系曲线

由于 $\ln\mu$-$\frac{1}{T}$曲线反映了一定流团尺寸 υ_m 流体的黏滞性变化规律，故利用线性回归分析可求得 $\ln\mu$-$\frac{1}{T}$方程，即可表示试样黏度与温度之间的关系，如下所示。

对于未处理试样：

$$\ln\mu = -0.3535 + 0.79006/T \tag{4.13}$$

对于电脉冲处理试样：

$$\ln\mu = -0.3814 + 0.82786/T \tag{4.14}$$

根据式(4.13)与式(4.14)可以获得液态金属中的黏流活化能 ε 值和流团尺寸 υ_m 值，如表 4.7 所示。

表 4.7　铝熔体的 ε 与 υ_m 值

	未处理	电脉冲处理
ε/eV	0.109	0.114
υ_m /(10^{-25}cm^3)	9.43	9.70

由表 4.7 可见，经电脉冲处理的铝熔体 ε 值为 0.114eV，略大于未处理试样。由于 ε 值的大小反映了金属熔体在不同温度下流团之间相互束缚的能力大小，故其数值差异表明流团从一种流动状态变成另一种流动状态所需的能量差异。即经电脉冲处理的铝熔体原子团簇之间束缚较大，黏滞力较强，且破坏这种束缚所需的能量较大。这与上述讨论的较高温度有利于缓解电脉冲对熔体中原子团簇的内聚作用，进而出现明显的解离趋势的结果实际上是相符的。另外，υ_m 值反映了熔体内部流团尺寸的大小，υ_m 值越大表明流团内部聚集的粒子越多。电脉冲处理铝熔体的 υ_m 值为 9.70×10^{-25}cm^3，略高于未处理样。这说明铝熔体内原子团簇尺寸加大，内部聚集的粒子增多，并处于热力学稳定状态。这就从微观尺度上令人信服地验证了第五章所讨论的电脉冲孕育处理机理模型与熔体宏观物性(黏度)间的一致性。总之，凭借 ε 和 υ_m 值的变化规律可一定程度上反映铝熔体在电脉冲处理前后的微观结构变化，客观上提供了对电脉冲“孕育”团簇思想的支撑。

4.3.4　脉冲电场作用下铝熔体的 DSC 分析

已在 4.2.4 节采用 DSC 分析技术验证了脉冲电场作用下铝熔体的遗传机制，但没有详细阐明铝熔体电脉冲孕育处理后在 DSC 曲线上的特异性表现。作为间接反映液态金属结构转变特性的有效实验手段，其提供的熔体结构信息应该得到充分重视。

1. 熔点附近铝熔体过冷度与热焓变化

金属结晶过程需要一定的过冷度，以便提供形核所需的驱动力。过冷度的影响因素包括金属熔体的本身性质、金属熔体中异质核心的种类及数量、金属熔体的体积及冷却速率等。在保证 DSC 测试环境一致的条件下，实际上铝熔体凝固期间过冷度的变化只与液态金属自身性质相关。电脉冲处理试样与未处理试样的热流曲线如图 4.25 所示。由图可见，两试样的相变起始温度存在差异。另外，以熔化为例，两试样采用依面积计算的熔化潜热并不相同。实际上，基于第五章的电脉冲孕育处理微观模型，未处理的铸态纯铝熔化后，其晶态的长程有序被破坏。由于熔体中最概然分布的原子团簇尺度较小，故有较多金属原子在热激活条件下脱离晶体点阵，表现为从外界吸收较多能量，其熔化潜热值为 256.92J/g（参见表 4.8）。相比之下，由于电脉冲处理后铝熔体中原子团簇的畸变、吸附与长大，使得熔体无序化过程的原子脱离效应减小，熔化潜热下降了 9.17J/g，其值为 247.75J/g。

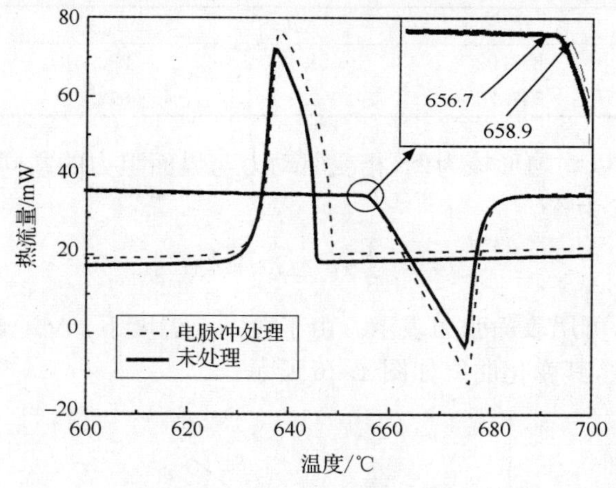

图 4.25 DSC 分析曲线

在一定温度下，从一相转变为另一相的自由能变化如下式所示：

$$\Delta G = \Delta H - T\Delta S \tag{4.15}$$

若令液相到固相转变的单位体积自由能变化为 ΔG_V，则

$$\Delta G_V = G_s - G_l \tag{4.16}$$

式中，G_s、G_l 分别为固相和液相单位体积自由能。由 $G=H-TS$，可得

$$\Delta G_V = (H_s - H_l) - T(S_s - S_l) \tag{4.17}$$

又，恒压条件下，存在下面两关系式：

$$\Delta H_P = H_s - H_l = -L_m \tag{4.18}$$

$$\Delta S_m = S_s - S_l = -L_m/T \tag{4.19}$$

式中，L_m 为熔化潜热，表示固相转变为液相时，体系向环境吸热；ΔS_m 为固态的熔化熵，它主要反映固体转变为液相时组态熵的增加，可利用熔化潜热与熔点的比值求得。根据图 4.25 所反映的结果，电脉冲处理试样的 $L'_m < L_m$（未处理），同时结合式(4.19)可知，在数值上 $\Delta S'_m < \Delta S_m$，由于熵值变化可用来衡量体系无序化程度，故

经电脉冲处理后的熔体结构其有序度得到提升，这与第五章建立的机理模型及4.3.3节进行的黏度测试结果是相符的。将式(4.18)和式(4.19)代入式(4.17)整理后，可得

$$\Delta G_V = \frac{-L_m \Delta T}{T_m} \tag{4.20}$$

从晶体凝固的热力学条件考虑，ΔG_V 可视为相变的驱动力，其值大小将直接影响结晶动力学过程。按照式(4.20)并结合上述DSC测试结果，可计算 ΔG_V 的值，如表4.8所示(注：表中数据应视为当量值)。由于 $\Delta G'_V \approx 3\Delta G_V$，则在相同相变阻力下，电脉冲孕育处理将导致较高的形核率。

表4.8　ΔG_V 值

处理方法	L_m	ΔT	$L_m\Delta T$	ΔG_V
未处理	256.92	1.1	282.61	0.30
电脉冲处理	247.75	3.3	817.58	0.88

在此基础上，以均匀形核为例，相变驱动力与界面阻力的共同作用使得体系总的自由能变化 ΔG 为[23]

$$\Delta G = \frac{4}{3}\pi r^3 \Delta G_V + 4\pi r^2 \sigma \tag{4.21}$$

式中，σ 为表面能，可用表面张力表示。由于在一定温度下，ΔG_V 和 σ 为确定值，所以 ΔG 是 r 的函数，其变化曲线如图4.26所示。

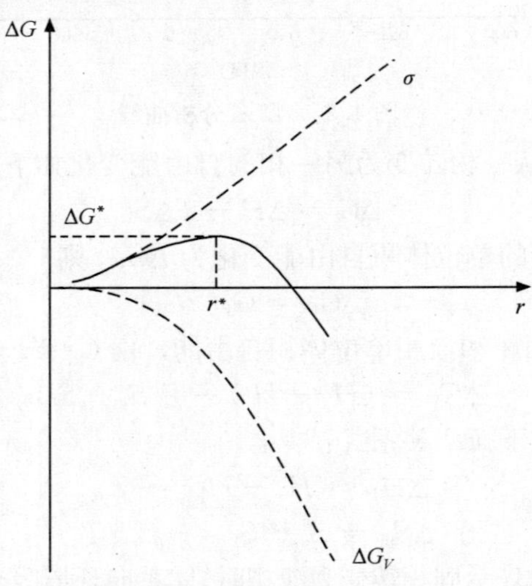

图4.26　ΔG 随 r 的变化曲线示意图

由图4.26可见，ΔG 在晶胚半径为 r^* 时达到最大值。而若熔体中原子团簇尺度小于 r^*，将处于热力学不稳定状态，难以长大，随时可因熔化而消失；只有当 $r>$

r^* 时，才能长大为稳定的晶核。通过对式(4.21)取极值，可获得临界晶核半径 r^* 以及形核功 ΔG^*，如式(4.22)与式(4.23)所示。显然，按照液态金属结构的起伏机制，凡是降低 r^* 与 ΔG^* 值的因素均有利于形核率的提高。

$$r^* = \frac{2\sigma T_m}{L_m \Delta T} \tag{4.22}$$

$$\Delta G^* = \frac{16\pi\sigma^3 T_m^2}{3(L_m \Delta T)^2} \tag{4.23}$$

若令 $f = L_m \Delta T$，则由表 4.8 的计算可知，电脉冲处理试样的 f 值大于未处理试样，结合式(4.22)与式(4.23)可推知：就铝熔体而言，电脉冲孕育处理减小了临界晶核半径 r^*，降低了形核功 ΔG^*，进而提高了形核率。多数文献对于金属熔体中的晶胚给予了较多关注[15,24]，从而指出了在图 4.26 的 $r < r^*$ 阶段脉冲电场对金属形核的热力学贡献，但这里似乎隐藏了一个临界晶核半径 r^* 与形核功 ΔG^* 不变的假定。事实上，电脉冲作用下铝熔体结构的变异将导致 DSC 曲线上 L_m 与 ΔT 的变化，且 $f = L_m \Delta T$ 可作为衡量 r^* 与 ΔG^* 变化趋势的特性因子。

2. 高温区铝熔体结构的变化

文献[7]表明，在熔点附近，铝熔体仍然保持着结晶态所固有的以 f.c.c. 为基础的短程序。由于高温时 Al^{3+} 外层电子结构的变化，存在着铝熔体短程序改组的可能性。800℃时铝熔体有短程序参数改变，形成了 b.c.c. 结构，随之，原子间最近邻距离缩小。然而，如图 4.27 所示，在 800～812℃区间，与未处理试样对比，电脉冲处理的铝熔体表现为异常的热流变化，出现放热峰。可以认为此时铝液经历了剧烈结构调整，熔体的微观不均匀性演变促使在图 4.27 所示的曲线上出现了类似相变的特征。基于电脉冲孕育团簇思想可知，过热条件将严重破坏熔体中“受

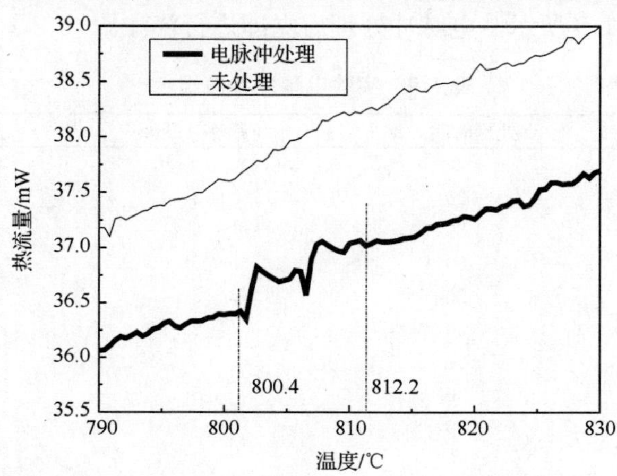

图 4.27　DSC 分析曲线

激”原子团簇的稳定性，促使团簇发生解离与重构过程，进而恢复到该温度下的热力学平衡状态，因此，在DSC曲线上伴随有热焓变化。

4.4 铝铜合金的电脉冲熔体处理及其对凝固偏析的影响

Al-Cu系合金是应用最早的铝合金，具有优良的室温和高温力学性能，特别是Al-5%Cu基的高强度铸造铝合金在航空航天等领域应用前景广阔。但现有的Al-Cu合金铸造工艺存在工艺复杂、生产成本高等缺点。将电脉冲熔体处理技术应用到用途广泛的Al-Cu合金体系，则无论对理论研究还是实际应用均具有重要的意义。本节以电脉冲孕育观点为基础，以Al-5%Cu合金为切入点，通过对Al-5%Cu合金不同工艺参数的电脉冲处理，考查电脉冲熔体处理对Al-5%Cu合金凝固组织，特别是Al-5%Cu合金宏观偏析的影响，以便获得在实验室条件下有利于Al-5%Cu合金凝固组织改善的优化工艺流程。

4.4.1 实验材料与方法

首先将电阻炉加热升温，把石墨坩埚放入炉中预热，然后将适量的Al-5%Cu合金放入坩埚(为保证实验条件一致，每次熔化的Al-5%Cu合金质量保持一致)，加热至740℃。当炉料全部熔化后，保温5min，随后进行精炼(精炼剂为C_2Cl_6)，精炼后静置5min，除去熔体表面的熔渣，再将连接到脉冲发生器的石墨电极垂直插入合金液中，进行电脉冲处理。为消除电极带来的冷却效应，在其插入合金液前预热2min，并在熔体中保持1min后施加电脉冲。本实验中确定脉冲频率为3Hz，考查脉冲电压、处理时间、处理时熔体温度对Al-5%Cu合金凝固组织的影响，实验参数组合如表4.9所示。电脉冲处理后立即进行浇注。

表4.9 实验电脉冲参数组合

电压U/V	处理时间t/s	频率f/Hz	熔体温度T/℃
0	0	0	740
300	20	3	740
300	30	3	740
300	60	3	740
500	20	3	740
500	30	3	740
500	60	3	740
700	20	3	740
700	30	3	740
700	60	3	740
500	30	3	700
500	30	3	800

待所有铸锭冷却后，沿试样中轴面切割为两部分，经粗磨、细磨、抛光后，采用0.5%HF溶液腐蚀，观察剖面的宏观及微观组织，并测试试样的晶粒尺寸、显微硬度、一次枝晶间距。试样的晶粒大小采用单位面积上的晶粒个数表征，方法与4.2.2节所述一致。

4.4.2　脉冲电压对Al-5%Cu合金凝固组织的影响

图4.28为熔体温度为740℃时，不同脉冲电压、30s处理时间处理后Al-5%Cu合金金属型铸造的宏观组织。可以看出，未经过电脉冲处理的试样具有明显的枝晶组织特征，树枝晶发达，铸锭整个剖面上除了表层的激冷区的晶粒较为细小外，其余几乎均为粗大的枝晶，且各晶粒大小不一，粒径分布亦不均匀；而经不同电压的电脉冲处理后，试样凝固组织均比未处理时有明显的细化，各晶粒大小亦变得均匀。但当处理电压不同时，Al-5%Cu合金凝固组织的细化程度不同，其中，500V电压处理时，组织的细化效果最好。

(a) 未处理　(b) 300V　(c) 500V　(d) 700V

图4.28　不同脉冲电压处理的Al-5%Cu合金宏观组织

表4.10是用4.2.2节所述方法计算的不同电压时组织的晶粒数。可见，电脉冲孕育处理后，合金单位面积上的晶粒数目较未处理时明显增加，提高了53.4%～59.79%，组织得到了明显细化。

表4.10　不同脉冲电压处理Al-5%Cu合金组织晶粒数

电压/V	0	300	500	700
晶粒数/(个/mm^2)	2.81	4.31	4.49	4.37

图4.29为不同脉冲电压、处理30s后四个铸锭相同部位放大50倍后的凝固组织，可以看出，未经电脉冲处理时，Al-5%Cu合金铸锭的凝固组织[图4.29(a)]枝晶形态明显，且有较强的方向性。而经过不同电压脉冲处理后，铸锭组织

[图 4.29(b)～(d)]虽仍是枝晶组织，但其方向性均较未处理时有所减弱，枝晶变得更加短小零乱。其中，500V 电压处理后，合金凝固组织变化较为明显。表 4.11 为用定量金相法测得的不同处理试样的一次枝晶间距，由表 4.11 亦可看出，经电脉冲处理后 Al-5％Cu 合金凝固组织的一次枝晶间距减小，较未处理时减小了 20％～37.1％，证实了电脉冲熔体处理对 Al-5％Cu 合金铸态组织的细化作用[25]。

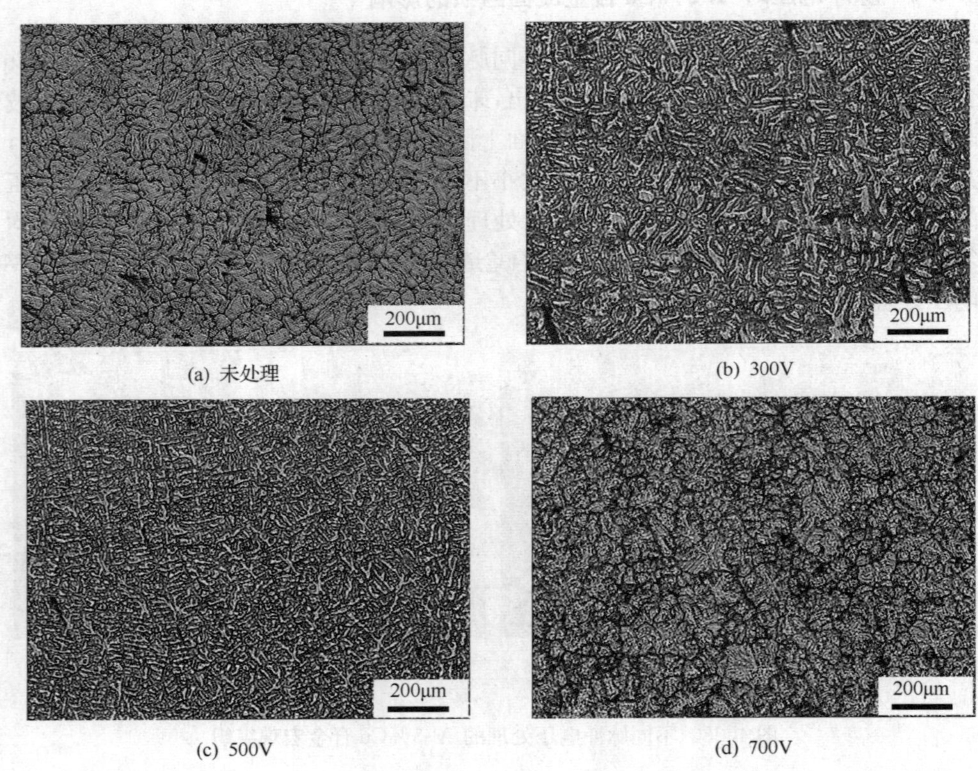

(a) 未处理　(b) 300V　(c) 500V　(d) 700V

图 4.29　不同脉冲电压下的 Al-5％Cu 合金微观组织

表 4.11　不同脉冲电压处理 Al-5％Cu 合金的一次枝晶间距

电压/V	0	300	500	700
一次枝晶间距/μm	35	26	22	28

综上所述，经过不同电压电脉冲孕育处理后，Al-5％Cu 合金凝固组织的晶粒数比未处理试样凝固组织的晶粒数要明显增加，组织的一次枝晶间距减小。可见，不同脉冲电压的电脉冲处理对 Al-5％Cu 合金均有一定的细化作用。此外，脉冲电压与其对合金的细化作用间并非简单的线性关系，随着脉冲处理电压的升高，合

金晶粒数目先增加，达到一定峰值后再减少，如图 4.30 所示。即在一定范围内，Al-5%Cu 合金电脉冲处理的电压参数存在一个最佳值，而并非电压越高越好，这与纯金属及碳钢中脉冲电压对其组织的细化作用的变化规律不同。

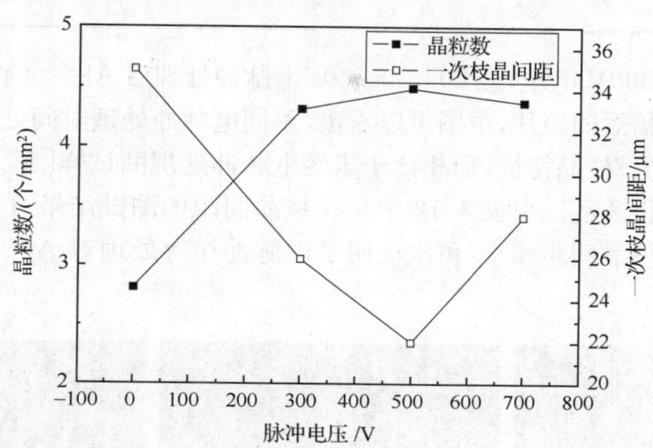

图 4.30　不同脉冲电压处理后 Al-5%Cu 合金单位面积的晶粒数和一次枝晶间距

4.4.3　脉冲处理时间对 Al-5%Cu 合金凝固组织的影响

图 4.31 为 500V 电压，经 20s、30s、60s 电脉冲处理后 Al-5%Cu 合金金属型凝固组织的宏观组织。可见，不同时间电脉冲处理后，Al-5%Cu 合金凝固组织均得到了细化，晶粒变得均匀，整个剖面几乎为等轴晶。其中，尤以 30s 处理后获得的组织最佳，如图 4.31(b)所示，其单位面积上的晶粒数目是未处理试样单位面积晶粒数的 1.6 倍，如表 4.12 所示。

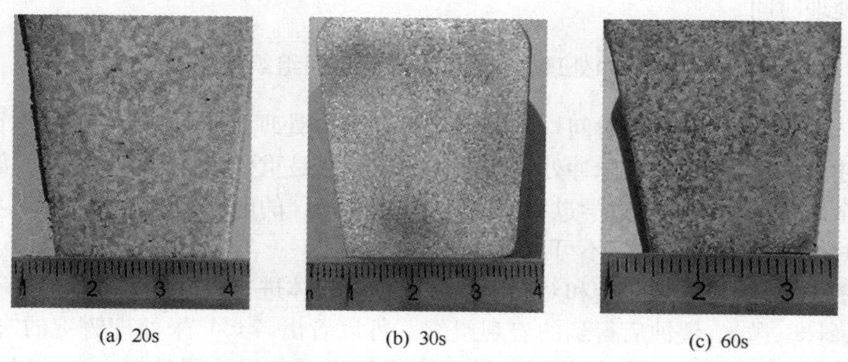

(a) 20s　(b) 30s　(c) 60s

图 4.31　不同脉冲处理时间的 Al-5%Cu 合金宏观组织

表 4.12 不同脉冲处理时间 Al-5%Cu 合金组织单位面积的晶粒数及一次枝晶间距

脉冲处理时间/s	0	20	30	60
晶粒数/(个/mm^2)	2.81	3.98	4.49	4.28
一次枝晶间距/μm	35	27	22	25

图 4.32 为 500V 电压，经 20s、30s、60s 电脉冲处理后 Al-5%Cu 合金金属型凝固组织放大 50 倍后的照片，由图可以看出，不同电脉冲处理时间处理后 Al-5%Cu 合金凝固组织仍呈枝晶特征，但相比于未经电脉冲处理的试样[图 4.29(a)]，其枝晶程度减弱，变得凌乱。由表 4.12 中一次枝晶间距的测试结果可知，电脉冲处理后，组织的一次枝晶间距减小，再次证明了电脉冲孕育处理对 Al-5%Cu 合金凝固组织的细化作用。

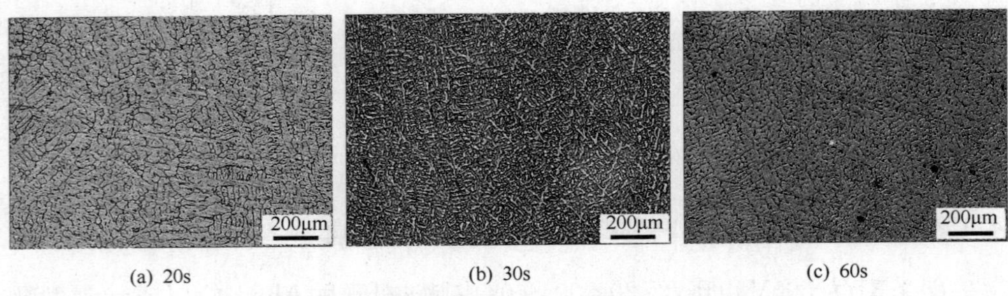

(a) 20s (b) 30s (c) 60s

图 4.32 不同脉冲处理时间的 Al-5%Cu 合金凝固组织

由图 4.32 可以看出，与脉冲电压参数相似，电脉冲熔体处理时间与 Al-5%Cu 合金的细化效果之间亦非简单的线性关系，随着脉冲处理时间的延长，Al-5%Cu 合金单位面积上的晶粒数也是先增加，而后降低，在实验范围内同样存在一最佳的脉冲处理时间。

4.4.4 熔体温度对电脉冲处理 Al-5%Cu 合金凝固组织的影响

脉冲电压、脉冲处理时间均是影响电脉冲熔体处理细化效果的因素，然而，除了上述两个工艺参数外，脉冲处理时熔体的温度亦是重要影响因素，它将直接影响液态金属结构及结晶动力学过程。因此，要确定最佳的电脉冲熔体处理工艺参数，处理时熔体的温度同样是不可忽略的条件。

图 4.33 为未处理合金和对不同温度的合金熔体进行电脉冲处理后，铸锭经过切割、研磨、抛光、侵蚀后得到的宏观组织。可以看出，740℃未处理铸锭的宏观组织晶粒较粗大；经过电脉冲处理后，铸锭宏观组织晶粒尺寸明显较未处理时细小。但不同熔体温度下电脉冲处理时，晶粒细化效果也不相同。700℃施加电脉冲时，已经可以观察到细化效果，只是晶粒大小分布不是很均匀；740℃施加电脉冲时，可以看到晶粒细化效果十分明显，尺寸细小且分布均匀；800℃施加电脉冲时，与未

处理时比较，虽然晶粒明显也被细化，但晶粒在某些区域又出现长大现象，且分布不很均匀，电脉冲的细化作用有所减弱。

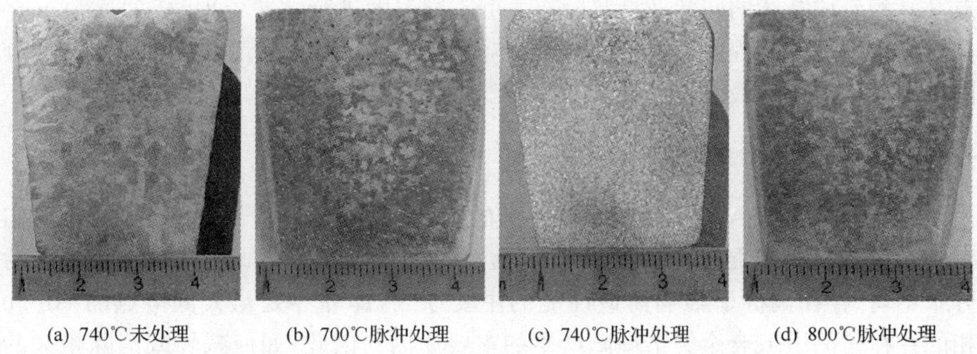

(a) 740℃未处理　(b) 700℃脉冲处理　(c) 740℃脉冲处理　(d) 800℃脉冲处理

图 4.33　不同熔体温度下电脉冲处理后 Al-5%Cu 合金宏观组织

图 4.34 为未处理合金和对不同温度的合金熔体进行电脉冲处理后合金铸态的微观组织。可以看出，未处理试样具有明显的枝晶组织特征，树枝晶发达，晶粒

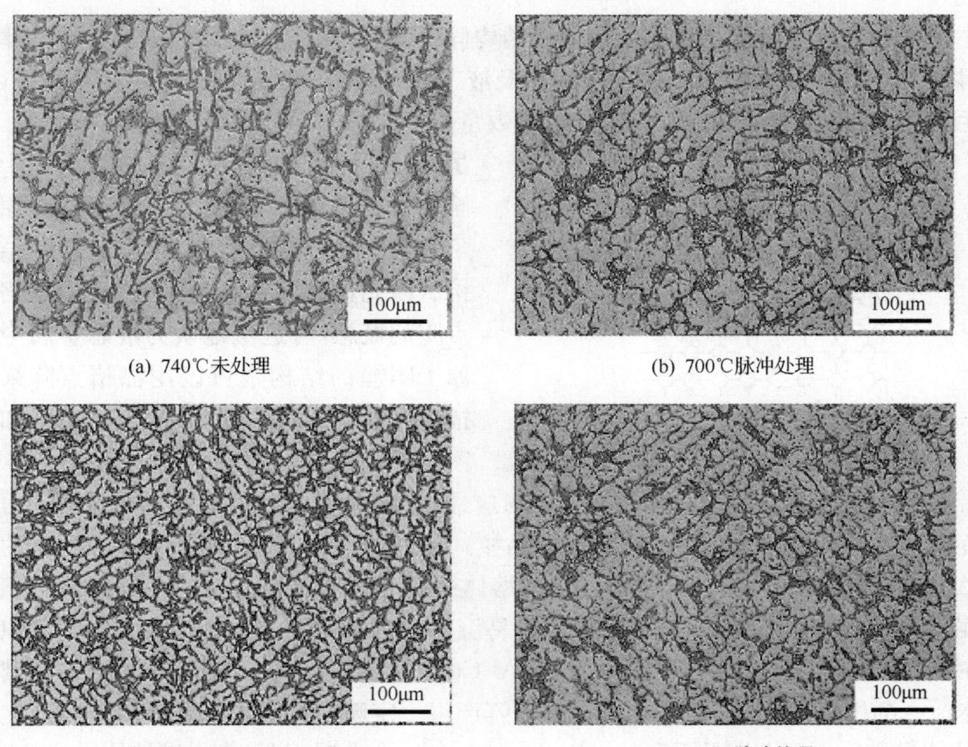

(a) 740℃未处理　(b) 700℃脉冲处理

(c) 740℃脉冲处理　(d) 800℃脉冲处理

图 4.34　不同熔体温度下电脉冲处理后 Al-5%Cu 合金微观组织

较为粗大，晶界处富集的共晶组织粗大，并呈连续的网状或很大的团块状；而经电脉冲处理的试样，其凝固组织均比未处理时有明显的细化，晶粒细小，晶界处低熔点共晶相变成断续的网状或杆状分布。但不同温度进行脉冲处理时，Al-5%Cu 合金凝固组织的细化程度不同，当合金熔体温度为 740℃时进行电脉冲处理，合金凝固组织的细化效果最好。

4.4.5　Al-5%Cu 合金偏析特性

尽管影响铸造 Al-Cu 合金铸造性能的因素较多，且铸造缺陷形成复杂，人们对其形成的物理本质尚不十分清楚，但众多实验结果表明，Cu 在 Al-Cu 合金中的分布不均、存在偏析是影响铸造性能的主要原因，即晶界处粗大低熔点的 Al_2Cu 相的存在是 Al-Cu 合金铸造缺陷产生的主要原因。因此，如何减轻或消除粗大的低熔点相的产生，即减轻 Cu 元素在 Al-Cu 合金中的偏析才是改善铸造 Al-Cu 合金铸造性能的根本问题。

1. 铸造 Al-Cu 合金偏析的形成

根据王建中提出的液态金属团簇结构假说（参见第五章），Al-5%Cu 合金熔体由 Al-Al、Al-Cu、Cu-Cu 三种原子团簇及液态的 Cu 原子和 Al 原子五种结构组成，且根据合金成分可知 Al-Al 原子团簇数量多于 Al-Cu 和 Cu-Cu 两种原子团簇。虽然原子团簇的尺度较小（一般为几十至几百个纳米），但相比于液态金属原子，其结构仍可近似视为固态晶体结构。因此，如果借鉴固态晶体学中晶格点阵的概念，可近似地认为液态金属中原子团簇的结构也可以用晶格点阵来描述，则 Al-Al 原子团簇的晶格点阵如图 4.35 所示。

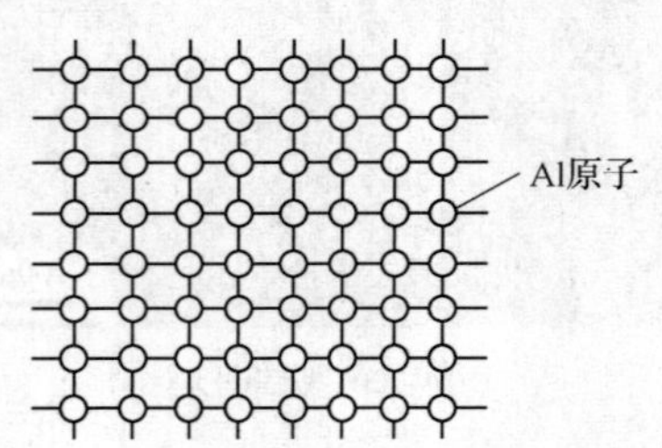

图 4.35　Al-Al 原子团簇点阵示意图

当 Al-5%Cu 合金凝固时，熔体中对应最小过冷度的 Al-Al 团簇在形核驱动力的作用下，首先结晶并长大成为临界晶核。此时，由于 Al-Al 团簇全部由同质的 Al 原子构成，团簇中各原子排列规则，熔体中游离的液态金属原子在向团簇沉积的过程中，Al 原子较 Cu 原子能够更容易沉积在固液界面上。因为，Al 原子沉积时形成 Al-Al 键，Cu 原子沉积则形成 Al-Cu 原子键，且 Al-Cu 键长小于 Al-Al 键长[26]，沉积 Cu 原子将使规则的晶格点阵产生一定畸变，而增加系统的自由能，这从能量最低原则上讲是不利的。因此，Al-5%Cu 合金凝固时，优先以熔体中的 Al-Al 原子团簇形核长大，且 Al-Al 原子团簇的长大更易吸纳熔体中的 Al 原子，从而

形成初生的 α-Al 组织；而将熔体中的 Cu 原子逐步排斥到固液界面前沿并逐渐富集。当凝固继续进行，熔体温度进一步降低时，剩余液相中的 Cu 原子进一步富集，当最终满足共晶反应条件时则发生共晶反应。同时，由于这一反应是在凝固末期发生，多处在各晶粒的边界，因此组织观察时，其主要表现为晶界和相界处粗大的共晶组织。这也是造成铸造 Al-5%Cu 合金凝固组织中较为严重的 Cu 元素偏析的主要原因。

亚共晶 Al-5%Cu 合金凝固时，Cu 元素偏析的形成过程和 Al-Al 团簇界面及其前沿熔体中原子的变化可近似用图 4.36 来描述。

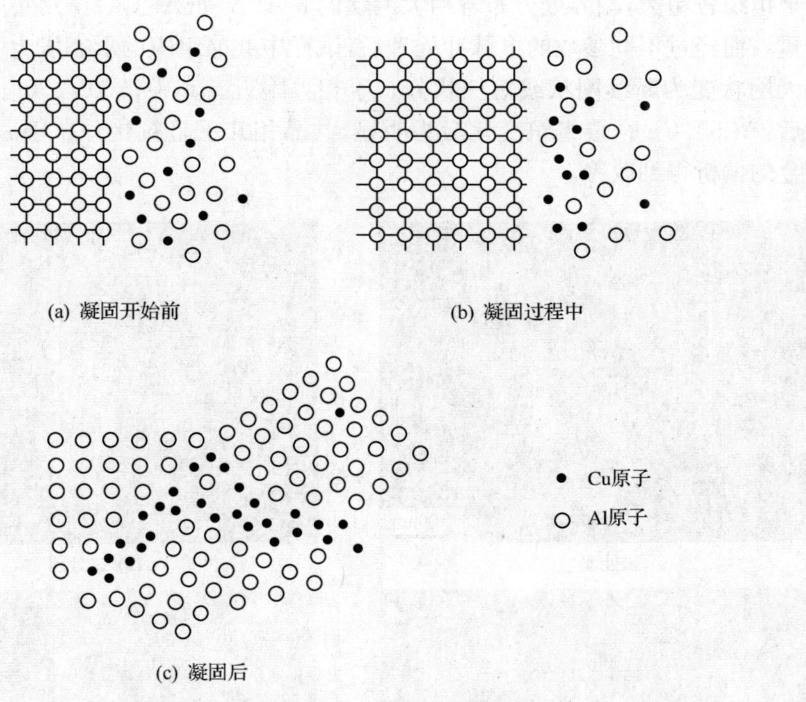

图 4.36　Al-Cu 合金偏析形成示意图

由图 4.36 可见，铸造 Al-5%Cu 合金凝固组织中存在严重的偏析，且主要是由合金性质所决定。而铸造 Al-5%Cu 合金凝固组织中粗大的共晶组织，即偏析的存在又严重地损害了其力学性能、铸造性能和抗腐蚀性能等性能指标，大大限制了该系合金的应用。因此，如何减轻或消除 Al-Cu 合金铸造过程中形成的偏析，一直是研究者关注的课题。材料研究者采取了诸多措施，形成了许多铸造工艺，如添加晶粒细化剂、控制合金“遗传基因”、控制合金熔化过程等。其中又尤以晶粒细化措施最为常见，该方法是向合金熔体中添加某种细化剂，通过细化晶粒来达到控制偏析的目的。但是,添加细化剂方法通过增加 Al-Al 晶核的数量改善了 Al-Cu 合金中共晶相的分布,而对铸件中共晶相的总量并未明显改变。因此,添加细化剂并不能从根本上解决 Al-Cu 合金偏析问题,其提高合金综合性能的作用亦有限。

2. 电脉冲处理对 Al-5%Cu 合金偏析的影响

图 4.37 为不同处理条件下 Al-5%Cu 合金的显微组织。图 4.37(b)、(d)、(f)与(h)为相应照片放大 10 倍后的情形。可以看出,未经电脉冲处理时,Al-5%Cu 合金组织较粗大,相界处分布着粗大网状的 α-Al + $\theta(Al_2Cu)$二元共晶,合金偏析严重。而经过不同参数的电脉冲处理后,试样中共晶组织的形态发生明显变化,由粗大网状变为断续网状或短杆状分布于相界附近。其中,500V、30s、3Hz 参数处理后,Al-5%Cu 合金组织变化最为明显,共晶相几乎呈粒状分布于 α-Al 相界上,合金的偏析得到改善。

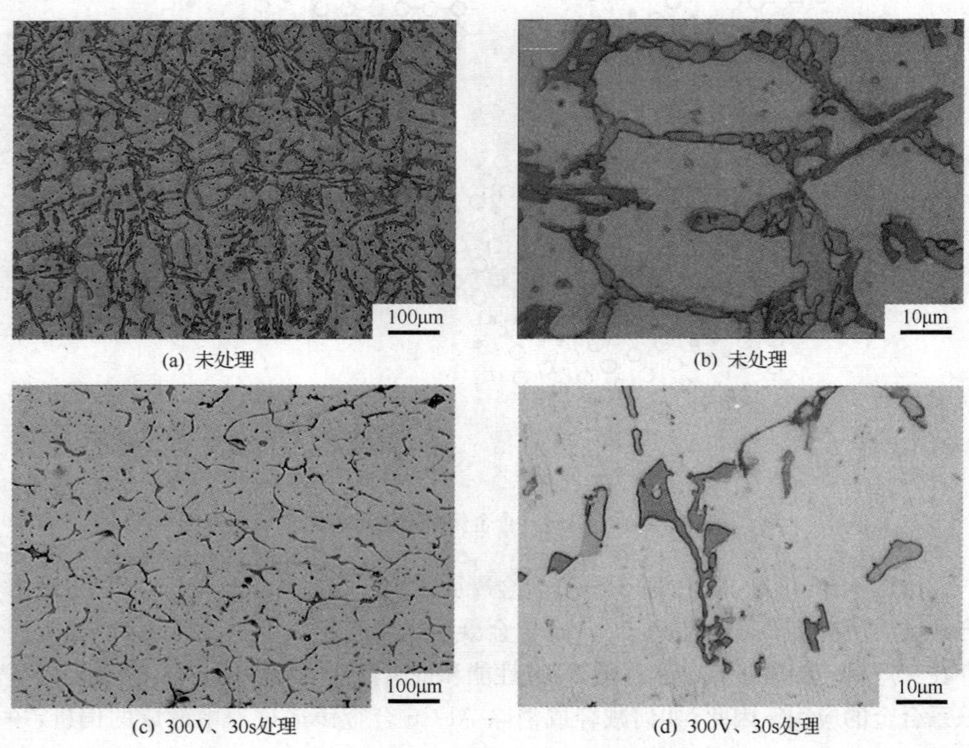

(a) 未处理　(b) 未处理

(c) 300V、30s处理　(d) 300V、30s处理

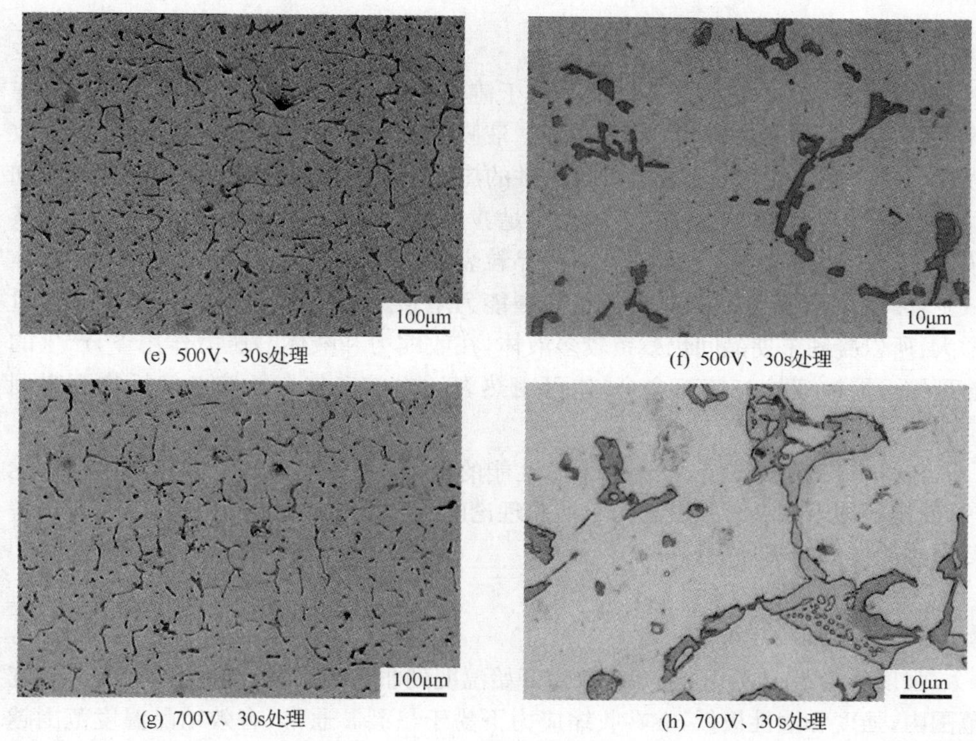

(e) 500V、30s处理　(f) 500V、30s处理

(g) 700V、30s处理　(h) 700V、30s处理

图 4.37　不同处理后 Al-5%Cu 合金微观组织

4.5　电脉冲熔体处理对铸造铝铜合金热裂性能的影响

铸造 Al-Cu 系合金较差的成形能力，特别是较大的热裂倾向严重地制约着 Al-Cu 系合金的推广与应用，成为制约该合金系应用的瓶颈。如何提高铸造 Al-Cu 系合金的抗热裂能力，一直是高强度铸造 Al-Cu 合金研究者关注的课题，并在这方面进行了大量的研究工作[27~29]。但是，由于热裂行为的复杂性和各方面条件的制约，目前铸造 Al-Cu 合金的热裂问题仍不能完全解决，现有的各种改善铸造 Al-Cu 合金综合性能的方法也仍不尽如人意，因此，探索新型改善铸造 Al-Cu 合金铸造性能的铸造工艺意义仍然重大。

4.5.1　铸造 Al-Cu 合金热裂的萌生及评定

目前，关于热裂形成机制比较成熟的理论主要有以下几种。

1. 液膜理论

液膜理论认为，热裂纹的形成是由于铸件在凝固末期晶间存在液膜和铸件在凝固过程中受到拉力共同作用的结果。液膜是产生热裂纹的根本原因，而铸件收缩受阻是产生热裂纹的必要条件。铸件的热裂与凝固末期晶间残留的液膜性质和厚度有关。若铸件收缩受阻，液膜受到足够大的拉应力时将会破裂，形成热裂。液膜厚度取决于晶粒的大小，晶粒细化，晶粒表面积增大，单位晶粒表面积间的液体减少，因而液膜厚度变薄，铸件的抗热裂能力增强。随低熔点相增多，液相相对量增大，所以凝固末期晶间仍残留较多液体，在收缩力和液体静压力作用下，产生的热裂纹可能被液体充填而愈合，这可由热裂纹内常富集有低熔点偏析物而得到证明。

Borland 等[30]曾进行准固态力学性能的研究，并与液膜理论计算结果进行比较，发现凝固末期合金强度远高于液膜理论的计算结果。因此，单纯由液膜理论解释热裂的形成有其局限性。

2. 强度理论

强度理论[31]认为，合金在线收缩开始温度到非平衡固相点间的有效结晶温度范围内，强度和塑性极低，故在收缩应力下易于热裂。通常，有效结晶温度范围越宽，铸件在此温度下保温时间越长，热裂越易形成。铸件在凝固后期，固相骨架已经形成并开始线收缩，由于收缩受阻，铸件中产生应力和变形。当应力或应变超过合金在该温度下的强度极限或应变能力时，铸件便产生热裂纹。对高温力学性能的研究表明，在固相线附近合金的强度和断裂应变都很低，合金呈脆性断裂。

3. 晶间搭桥理论

一般热裂纹产生于晶界，因此可以认为热裂纹中的固相搭接就是晶间搭桥。晶间搭桥理论[32]认为，晶间搭桥的存在加强了合金凝固后期晶间结合力，使合金断裂应力远高于液膜理论的计算结果。而热裂纹是晶间收缩受到阻碍时，晶间搭桥被破坏而形成的。如果晶间搭桥大量形成，使晶间结合力提高到晶内水平，则凝固收缩受阻产生的应力将可能造成晶粒变形，而不是破坏晶间搭桥形成热裂纹。因此，在凝固过程后期，应存在晶间搭桥区。热裂纹的形成过程如图 4.38 所示。

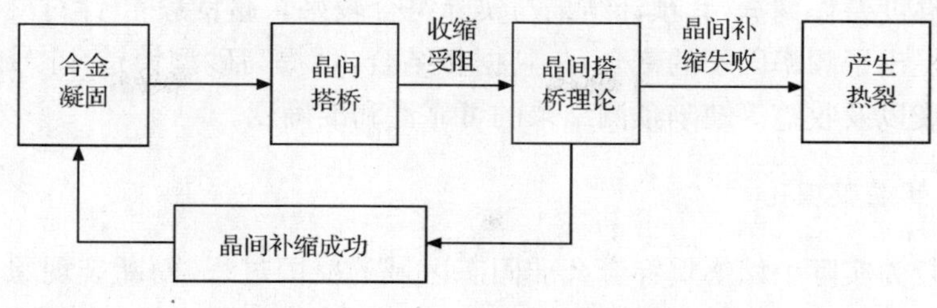

图 4.38　热裂纹形成过程示意图

4. *形成功理论*

形成功理论[33]认为，热裂的产生经过裂纹的形核和扩展两个阶段，热裂的形核容易发生在固相晶粒间的液相汇集处，单位面积上晶界热裂纹的形成可表示为

$$A_1 = 2\delta_{sl} - \delta_{ss} \quad 或 \quad A_1 = \delta_{ss}\left(\frac{1}{\cos\frac{\theta}{2}} - 1\right) \tag{4.24}$$

式中，δ_{sl} 为液相界面的界面张力；δ_{ss} 为固相和固相界面的界面张力；θ 为液相汇集处液体的双边角。如果所受应力或应变产生的畸变能大于形核功，则形成热裂纹。

5. *凝固收缩补偿理论*

凝固收缩补偿理论将合金凝固过程分为准液相区、可补缩区、不可补缩区和晶间搭桥区四个阶段[34,35]。该理论认为，由于晶间搭桥的存在，造成了晶界初始热裂纹的不连续，生成小的晶间孔洞，收缩受阻产生的应力引起晶间搭桥破裂，则孔洞进一步扩展形成连续的热裂纹。合金不可补缩温度区间越大，得不到补偿的收缩量越大，当外界阻碍一定时，受阻收缩产生的应变越大，越容易产生热裂纹[36]。

合金的热裂倾向并不取决于液固共存区的温度间隔，而与不可补缩区温度间隔有很好的对应关系。合金凝固初期，枝晶间未形成连续的骨架，强度低塑性高，这一凝固阶段称为准液相区；枝晶间形成连续骨架后，合金建立起一定强度，塑性开始降低，随合金的不断凝固，强度升高，塑性降低到最低值，这一凝固阶段称为准固相区；达到某一温度后，合金的强度和塑性都升高，这是由于晶间搭桥的形成使晶间强度提高及晶粒参与变形而造成的，这一阶段称为晶间搭桥区。对于准固相区，合金的强度和塑性都很低，如果合金凝固收缩受到阻碍，很可能造成晶间分离。如果晶间分离能得到补缩，则不会形成热裂纹；反之，将产生热裂纹。

对热裂机理的深入研究，为通过数值模拟预测热裂形成提供了可能。热裂形成的判据大多以强度理论为基础；另外，刘驰等[37]用热节的相对长度和热节与其他部位的温度差作判据，其预计结果与实际符合较好。赵良毅[38]针对凝固模拟计算的特点提出了频率因子的概念，与判据相结合，可提高砂型铸造 45 号钢在凝固过程中热裂以及收缩等缺陷预测结果的可靠性和准确度。

6. 晶臂屈服理论

热裂行为实际上始终贯穿合金准固态区域的凝固过程，而断裂现象是否最终呈现取决于液相的补缩能力和凝固过程通过不可补缩区的时间。热裂纹的形成取决于塑性应变能力，而其扩展则由弹性应变能力决定[39]。即在液相难以自由流动和补缩后，热节处应力集中的晶臂产生屈服而导致晶间分离，晶臂塑性断裂导致热裂源产生，而晶臂断裂后的应力集中转移和应变量激增，导致合金发生脆性占优的穿晶沿晶混合型断裂。在不可补缩之前，合金塑性由液相流动表现；在不可补缩之后，由枝晶臂的屈服来表现。合金的应力屈服值与收缩应力值、塑性应变能力和弹性应变能力以及总的收缩应变量有关，其量值都是随凝固过程中枝晶形态与温度场的发展而变化的。

如何评定合金的热裂倾向一直是材料研究工作者所关心的问题。合金热裂倾向的评定方法主要分理论评定和实验评定两类。

目前热裂倾向的理论评定方法主要有 CSC 判据和 HCS 判据。

Clyne 等[40]提出了用不可补缩区凝固时间分数(t_v)和可补缩区凝固时间分数(t_r)的比值 CSC(cracking susceptibility coefficient)来预测非定向凝固合金的热裂倾向。其算法如下式所示：

$$\mathrm{CSC} = t_v / t_r \tag{4.25}$$

对于具有共晶转变的二元合金，如下式所示：

$$t = \frac{(1 - f_l)H/C + (T_l - T)}{(1 - f_E)H/C + (T_l - T_E)} \tag{4.26}$$

式中，t 为凝固时间；f_l 为液相分数，其表达式为

$$f_l = \left(\frac{T_m - T}{T_m - T_l}\right)^{\frac{1}{k-1}} \tag{4.27}$$

f_E 为共晶分数；H/C 为熔化热与比热容之比；T_l 为液相线温度；T_E 为共晶点温度；T 为合金温度；T_m 为纯组元熔点；k 为溶质平衡分配系数。

t_v 定义为液相分数 f_l 为 0.01～0.1 的凝固时间分数，t_r 为液相分数 f_l 为 0.1～0.6 的凝固时间分数。代入相应的物理参数或者采用作图法，可得到合金的 CSC 值。CSC 值越大，则合金的热裂倾向越大。丁浩等[41]将 CSC 法用于研究 Al-Cu 合金，理论值与实验值基本符合。

Rappaz 等[42]将热裂敏感系数 HCS(hot-cracking sensitivity)作为判断合金热

裂倾向的标准，并用于研究 Al-Cu 系合金。假设枝晶在给定的温度梯度(G)和液相线移动速率(v_r)下生长。对于大多数合金来说，固相的密度(ρ_s)要大于液相的密度(ρ_l)。因此，为补偿收缩，金属液沿着与凝固方向相反的方向流动。枝晶框架产生垂直于枝晶生长方向上的拉伸应变，如果周围的液体能补偿这一变化，则不会产生热裂；如果压力降到热裂形核的临界压力(p_{max})以下，则产生热裂核心。热裂核心一旦产生，热裂纹必然会进一步扩展。

根据 Dracy 定律和 Carman-Kozeny 公式，可以推导出热裂形核的临界压力表达式

$$\Delta p_{max} = \frac{180(1+\beta)\mu}{\lambda_L^2 G}\int_{T_s}^{T_l}\frac{E(T)f_s(T)^2}{[1-f_s(T)]^3}\mathrm{d}T + \frac{180V_T\beta\pi}{\lambda_L^2 G}\int_{T_s}^{T_l}\frac{f_s(T)^2}{[1-f_s(T)]^2}\mathrm{d}T \tag{4.28}$$

式中

$$E(T) = \frac{1}{G}\int f_s(T)\varepsilon_p(T)\mathrm{d}t \tag{4.29}$$

以及枝晶根部热裂形成的临界压力表达式

$$F(\varepsilon_{p\max}) = \frac{\lambda_L^2 G}{180(1+\beta)\mu}\Delta P_C - v_r\frac{\beta}{1+\beta}H \tag{4.30}$$

最终求得

$$\mathrm{HCS} = \frac{1}{\varepsilon_{p\max}} \tag{4.31}$$

式中，$\beta = \frac{P_s}{P_l} - 1$ 为收缩因子；μ 为金属液黏度；λ_L 为二次枝晶间距；G 为温度梯度；T_s 为固相线温度；H 为熔化热，其表达式为

$$H = \int_{T_s}^{T_l}\frac{f_s(T)^2}{[1-f_s(T)]^2}\mathrm{d}T \tag{4.32}$$

f_s 为固相分数；V_T 为合金液流速；ε_p 为合金形变率；$\varepsilon_{p\max}$ 为合金热裂形核的临界形变率；ΔP_C 为热裂形核所受压力。

尽管研究者付出了大量的努力来研究热裂的理论判据，但鉴于热裂的复杂性和热裂机理的不确定性，上述理论判据还只能针对简单组元的合金系作出比较粗糙的判断，难以对复杂成分的合金作出比较准确的判断。

4.5.2　电脉冲处理对 Al-5%Cu 合金抗热裂性能的影响

1. 热裂测试过程

将 Al-5%Cu 合金母材在电阻炉内加热熔化，按不同实验条件进行电脉冲处理，如表 4.13 所示。随后在实验用热裂倾向仪上进行浇铸，由无纸记录仪记录试

样产生开裂时的临界力大小及凝固冷却曲线，并以此临界力值衡量合金的热裂倾向大小，临界力越大，则该合金的热裂倾向越小。若经电脉冲处理后的铝铜合金开裂时所需克服的临界力大于未处理时的临界力，则说明电脉冲孕育处理有利于改善合金的热裂倾向。

表 4.13　电脉冲熔体处理参数

电压 U/V	加热温度 T/℃	处理时间 t/s	频率 f/Hz
0	740	0	0
300	740	30	3
500	740	30	3
700	740	30	3

2. 电脉冲处理后 Al-5%Cu 合金的热裂应力

实验得到 Al-5%Cu 合金产生热裂时的临界应力、断裂温度与电脉冲参数之间的关系如图 4.39 所示。

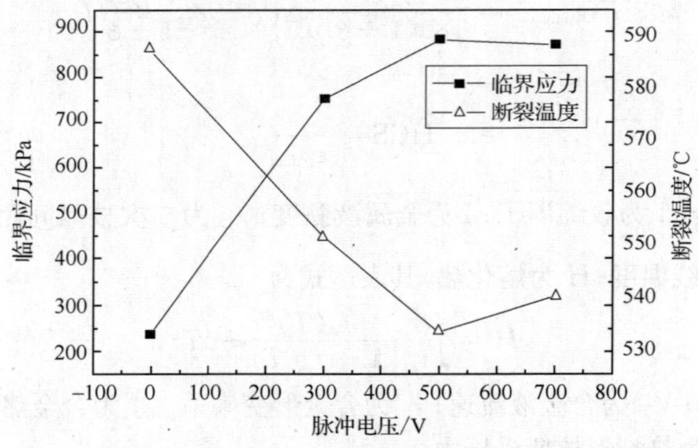

图 4.39　脉冲电压对 Al-5%Cu 合金热裂临界应力和断裂温度的影响

由图 4.39 可以看出，电脉冲熔体处理明显提高了 Al-5%Cu 合金热裂的临界应力。未处理时，Al-5%Cu 合金开裂时的临界应力为 236.5kPa；而经电脉冲处理后，Al-5%Cu 合金产生热裂时的临界应力显著增加，比未处理时提高 3～4 倍。另外，不同的脉冲电场参数对 Al-5%Cu 合金热裂临界应力的影响程度不同，当电压为 500V、处理时间 30s 时，Al-5%Cu 合金热裂临界应力最大，达到 884.1kPa。此外，断裂时温度的变化也验证了电脉冲处理可提高 Al-5%Cu 合金热裂抗力。经过电脉冲处理后，Al-5%Cu 合金断裂时的温度较未处理时明显降低，其中，500V 电压、30s 处理后，合金的断裂温度仅为 533℃，较未处理时降低 54℃。由于铝铜合金产生热裂时的临界应力大小可以作为合金热裂倾向大小的判据。临界应力越大，合金的热裂倾向越小。所以，电脉冲孕育处理明显减小了 Al-5%Cu 合金热裂倾向。

3. 电脉冲处理后 Al-5%Cu 合金裂纹尺寸

图 4.40 为电脉冲熔体处理后 Al-5%Cu 合金铸件实物，观察并测量铸件端口的裂纹尺寸，其结果如表 4.14 所示。可见，电脉冲处理后 Al-5%Cu 合金无论是裂纹长度，还是裂纹宽度均较未处理时有明显的减小，即脉冲处理改善了 Al-5%Cu 合金热裂倾向。

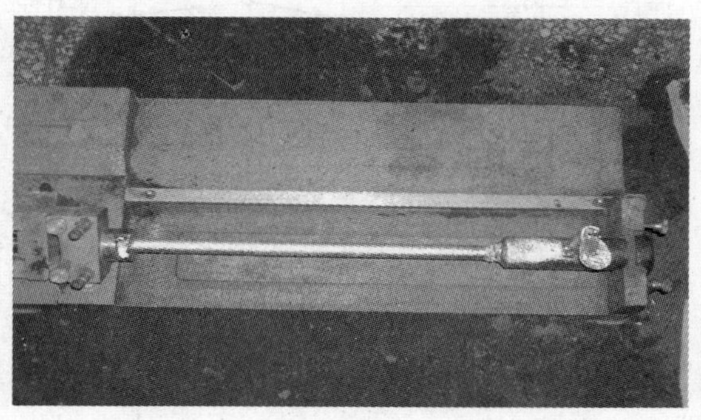

图 4.40　Al-5%Cu 合金热裂实验铸件实物

表 4.14　不同处理后的 Al-5%Cu 合金铸件的热裂纹尺寸

处理参数	试样号	热裂纹长度/mm	热裂纹宽度/mm
未处理试样	1	40	0.1～0.8
	2	50	0.1～0.3
	3	50	0.1～0.5
300V、30s 处理	1	30	0.1～0.3
	2	30	0.1～0.3
	3	30	0.1～0.3
500 V、30s 处理	1	30	0.1～0.2
	2	23	0.1
	3	20	0.1～0.2
700 V、30s 处理	1	33	0.1～0.5
	2	30	1.0～1.5
	3	28	0.1～0.2

4. 电脉冲处理后 Al-5%Cu 合金的凝固组织

4.4 节的研究表明,电脉冲熔体处理将明显细化 Al-5%Cu 合金的凝固组织。但更为重要的是,未处理时,合金组织中共晶相数量较多,体积分数达到 3.93%,且呈连续的网状分布;而经过电脉冲处理后,试样共晶相的体积分数减少了30%~50%,且呈断续的杆状。其中,尤以当脉冲电压为 500V 时,共晶相体积分数最小,如图 4.41 所示。

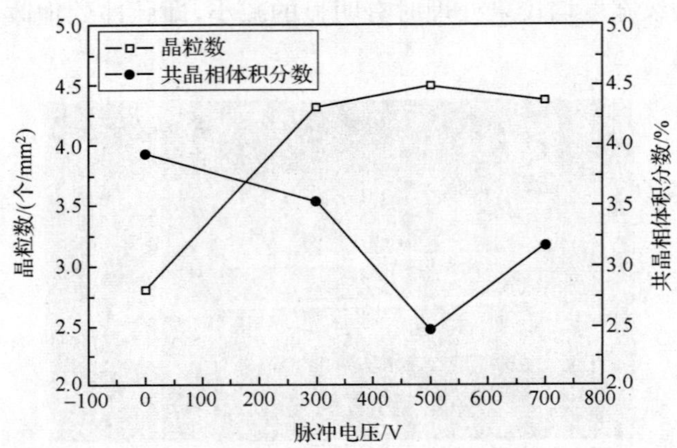

图 4.41　不同电脉冲参数作用下 Al-5%Cu 合金单位面积晶粒数及共晶相体积分数

5. 电脉冲处理后 Al-5%Cu 合金的凝固曲线

由图 4.42(a)可见,经不同参数的电脉冲处理后,Al-5%Cu 合金凝固曲线均在未经处理试样的凝固曲线上方。对于非平衡连续凝固过程而言,冷却曲线的变化受两个因素的影响,一个是降温时的冷却条件,另一个是结晶时的相变潜热,因此有

$$\frac{\mathrm{d}T}{\mathrm{d}t}=\alpha\nabla^{2}T+\Delta H/c\rho \tag{4.33}$$

式中,左端为凝固时温度随时间的变化率,右端第一项为冷却放热,第二项为相变潜热。凝固初期,常温铸型具有较大的冷却换热强度,液态金属迅速降温,甚至形成过冷熔体,此时结晶潜热只能补偿部分的放热;而当熔体温度下降到一定程度,热传输强度由于温差、壁面缝隙形成等诸多因素而降低,而形核潜热、凝固生长潜热增加,熔体温度开始回升,因此形成如图 4.42(b)所示凝固温度变化速率曲线。其中,曲线拐点的左侧为热传输控制期,拐点右侧为形核生长控制期。未处理的温度变化速率曲线的下降幅度大于电脉冲熔体处理的温度变化速率曲线,表明后者所释放的结晶潜热大于未处理熔体。尽管此时结晶潜热的释放尚不能补偿热传输

放出的热量，但已明显减缓了热传输所造成的温降，故曲线均在未处理的温度变化速率曲线上方。在一定条件下，结晶潜热的增加揭示了凝固体系中形核核心数量的增加，这是铸态组织得以细化的根本原因。

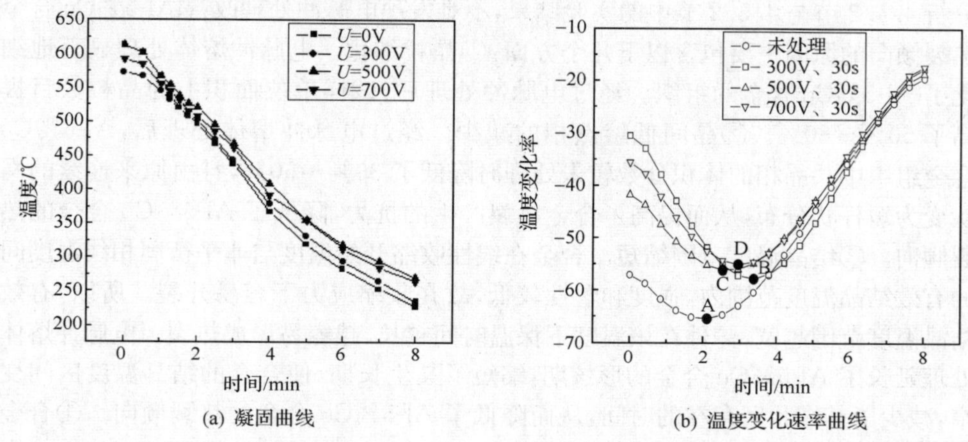

(a) 凝固曲线　　(b) 温度变化速率曲线

图 4.42　不同脉冲电场参数下 Al-5%Cu 合金的冷却过程

由图 4.42 可见，未经电脉冲处理的曲线拐点 A 要先于电脉冲处理时曲线的拐点 B、C、D 出现，说明电脉冲处理使晶体的形核期延长，生长期缩短，进而导致合金的凝固区间变窄，即电脉冲熔体处理缩短了 Al-5%Cu 合金的凝固区间。

4.5.3　电脉冲处理改善 Al-5%Cu 合金热裂倾向的机理

凝固过程中热裂的产生是铸造 Al-Cu 合金应用受到严重限制的主要原因，由于其生成行为的复杂性，人们对热裂形成机理的认识仍不十分清楚，形成了液膜理论、强度理论、晶间搭桥理论等理论模型，并在实际生产中采取各种物理、化学等方法减轻 Al-Cu 合金的热裂倾向。但是，正如第一章中的分析，铸造 Al-Cu 合金热裂产生的物理本质是 Cu 元素在合金中分布不均，在凝固过程中形成偏析，并在凝固后期形成低熔点的 Al_2Cu 相。低熔点的 Al_2Cu 相的存在严重降低了 Al-Cu 合金的热裂抗力，增大了合金的热裂倾向。目前常用的各种改善铸造 Al-Cu 合金热裂倾向的方法(如加入合金元素、超声外场作用等)虽然都能一定程度上减轻合金的热裂倾向，但其主要机理是以晶粒细化为基础。细化的晶粒一方面有利于晶粒承受晶间拉应力时晶粒位置的调整，避免了开裂；另一方面增加了合金中晶界的数量，使低熔点相更平均地分布于合金中，从而改善了合金的热裂倾向。但这些方法均不能从本质上改善合金的热裂倾向，不能从总量上减少合金中低熔点相的数量，而只能改善低熔点相的分布。因此，其改善合金热裂倾向的作用也受到了限制，这亦是目前铸造 Al-Cu 合金热裂倾向依然较为严重的主要原因。

而对于本实验采用的电脉冲熔体处理方法,其改善 Al-5%Cu 合金热裂倾向的机理与以往的其他方法均不相同。由实验结果可知,经过电脉冲处理后,Al-5%Cu 合金的热裂倾向得到了明显的改善,热裂抗力较未经电脉冲处理时提高了约 3 倍。分析 4.4.2 节与 4.5.2 节中的实验结果,不难发现电脉冲处理改善 Al-5%Cu 合金热裂倾向的原因主要包含以下几个方面:①晶粒细化。电脉冲熔体处理显著地细化了 Al-5%Cu 合金的组织。经过电脉冲处理后,试样单位面积上的晶粒数目提高了 50%~60%。②晶间低熔点相的减少。经过电脉冲熔体处理后,Al-5%Cu 合金组织中共晶相的体积分数较未处理时降低了 30%~50%,且由原来连续的网状变为短杆状分布,从而提高了合金热裂产生的抗力,降低了 Al-5%Cu 合金的热裂倾向。③结晶温度范围缩短。合金在线性收缩开始温度与非平衡固相线温度间的有效结晶温度范围内,强度和塑性较低,故在收缩应力下容易开裂。所以,有效结晶温度范围越宽,铸件在该温度下保温时间越长,越容易形成热裂。电脉冲熔体处理延长了 Al-5%Cu 合金的形核期,缩短了其生长期,使合金的结晶温度区间变窄,减少了其糊状区存在的时间,从而降低了 Al-5%Cu 合金的热裂倾向。④合金基体强度增加。经过电脉冲孕育处理后,Al-5%Cu 合金基体显微硬度明显高于未经脉冲处理时试样的基体显微硬度,而显微硬度的增加又是基体强度提高的表现。因此,电脉冲处理提高了 Al-5%Cu 合金基体强度,而合金基体强度的提高将增加合金抵抗热裂的能力,从而降低合金的热裂倾向。

那么,为什么电脉冲熔体处理会造成上述的实验结果呢? 这主要应归结于电脉冲作用下 Al-5%Cu 合金熔体的结构改变。根据第五章电脉冲处理后 Al-5%Cu 合金熔体结构模型,电脉冲处理后,熔体中 Al-Al 原子团簇吸纳 Cu 原子形成了含有 Cu 原子的 Al-Cu 原子团簇,增加了 Al-5%Cu 合金熔体中 Al-Cu 原子团簇的数量。这样,一方面,由于数量增加的 Al-Cu 原子团簇作为临界晶核的准晶胚结晶长大,提高了形核率,细化了合金的凝固组织;另一方面,含 Cu 的 Al-Cu 原子团簇在结晶长大过程中消耗一定量的 Cu 原子,并最终形成含有 Cu 的 α-Al 组织,同时使凝固后期剩余熔体中的 Cu 含量降低,减少了低熔点相 Al_2Cu 的生成;此外,还由于含 Cu 的 Al-Cu 原子团簇的形成消耗了熔体中 Cu 原子,使熔体中有效的 Cu 原子浓度降低,从而缩短了合金的凝固区间。

4.6　电脉冲熔体处理对 Al-22%Si 合金凝固组织的影响

在前文中系统研究了电脉冲熔体处理对纯金属体系(纯 Al)及金属-金属共晶体系(Al-Cu 合金)组织及性能的影响,体现了电脉冲处理技术广泛的工业化应用前景。在有色合金领域中,有一类应用更为广泛、性能更为优异的合金,即 Al-Si 基合金系。由于 Si 晶体的特异性使 Al-Si 合金具有良好的耐磨性、耐蚀性与流动性，同时其热裂倾向小，线膨胀系数小，体积稳定性高，被广泛应用于航空航天、汽车、机械等领域中。基于此，本节就电脉冲熔体处理对该合金体系组织及性能的影响进行系统研究。

铝硅合金的性能与其组织中的初晶硅相尺寸、形态与分布紧密相关，其组织中出现粗大的五花瓣状和板条状的初晶硅相将严重地割裂铝基体，使合金的力学性能和切削加工性能恶化。探究旨在改变初生硅相形态、尺寸及分布的熔体处理技术对于从冶金源头控制 Al-22%Si 合金的力学性能，拓展其应用领域具有重要意义[43~47]。

4.6.1　不同参数电脉冲熔体处理对 Al-22%Si 合金凝固组织的影响

取适量 Al-22%Si 合金置于高纯石墨坩埚中，并在箱式硅碳棒电炉中进行熔炼。升温至 780℃后，保温 10min，用 C_2Cl_6 除气精炼。随后降低熔体温度至 750℃，将石墨电极垂直插入到合金熔体液面下约 3mm，在不同电脉冲参数条件下，处理 60s 后于 730℃浇注到金属铸型中。图 4.43 为不同参数的电脉冲熔体处理前后 Al-22%Si 合金的凝固组织。

从图 4.43(a)可以看出，未处理试样凝固组织中初生硅呈粗大的五花瓣状和板条状分布于基体中，而从图 4.43(b)～(e)可以看出，电脉冲处理后初生硅相呈均匀而细小的变化趋势，但由于处理参数的差异，初生硅相的尺寸、形态及分布亦不相同。按照文献[48]的观点，上述变化的原因应与电脉冲处理对熔体结构的改变有关。对初生硅相平均尺寸的统计计算表明，经不同参数的电脉冲孕育处理后，该合金凝固组织的初晶硅尺寸由未处理时的 131.18μm 减小到处理后的 20.79μm，仅为未处理尺寸的 16%。从图 4.43(b)与(c)的对比可以看出，随着脉冲电压的提高，在脉冲频率为 8Hz 时，初晶硅的平均尺寸由 500V 的 82.48μm 降低到 1000V 的 58.69μm，呈五花瓣状的初晶硅相消失，变成块状，其分布也较为均匀；从图 4.43(c)与(e)的对比可以看出，在脉冲电压为 1000V 时，初晶硅的平均尺寸由 8Hz 的 58.69μm 减小为 22Hz 的 20.79μm，是变化前的 35%，初晶硅的尺寸明显变小，如图 4.44 所示。

就电脉冲孕育处理而言，合金铸态组织细化来源于金属熔体结构的改变。脉冲电场作为一种能量介入，可导致液态金属中原子团簇的外电层发生极化，进而使得团簇一侧外电层电位降低，有利于该团簇与周围的其他团簇或金属原子结合，形成在凝固期可以稳定生长的孕育晶胚[49]。电脉冲作用下过共晶铝硅合金熔体中大尺寸硅原子团簇发生裂解，导致熔体均匀化程度提高。同时，在电脉冲作用下铝硅合金凝固的形核功降低，从而使初生硅相形核率提高。在电脉冲处理后的 Al-22%Si 凝固组织中发现，共晶硅数量较少且分布在初晶硅周围，这一结论与文献[50]对过共晶铝硅合金的研究结果相一致。

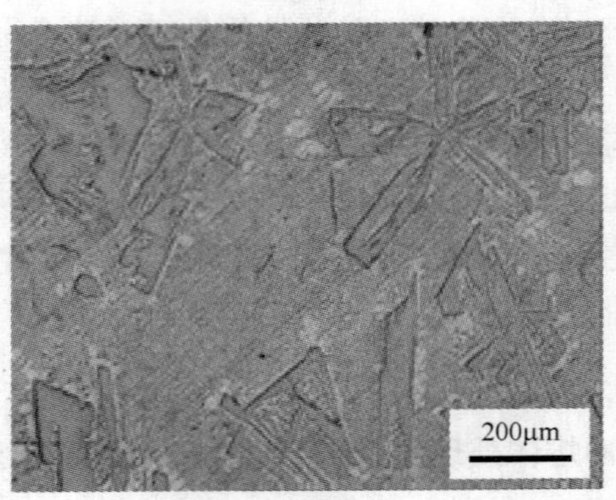

(a) 未处理

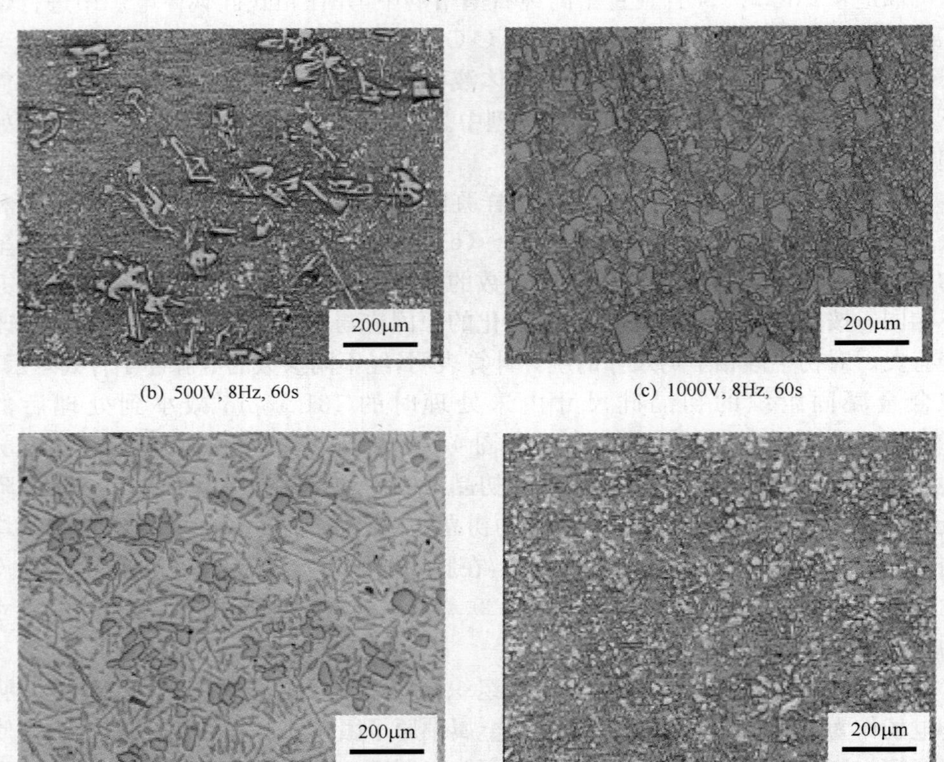

(b) 500V, 8Hz, 60s　(c) 1000V, 8Hz, 60s

(d) 500V, 22Hz, 60s　(e) 1000V, 22Hz, 60s

图 4.43　不同参数电脉冲熔体处理后 Al-22%Si 合金的凝固组织

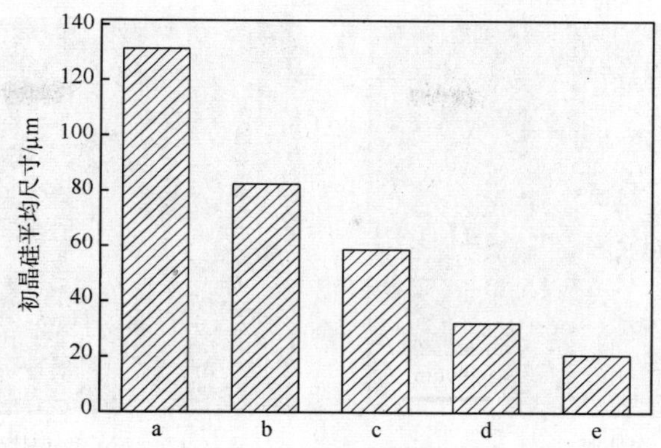

图 4.44　不同参数下 Al-22%Si 合金凝固组织中初晶硅的平均尺寸

4.6.2　不同熔体处理方法对 Al-22%Si 合金凝固组织影响的比较

传统多采用钠盐对铝硅合金进行变质处理[51]，发现钠盐能阻碍五花瓣状初晶硅的各向异向生长，使其变成球形，但钠盐变质方法在工艺及合金质量上还存在不少问题，如污染合金、变质有效时间短，重熔时由于钠挥发、烧损，其变质效果会逐渐消失等[52,53]。近年来，热速处理对合金组织的控制日益引起人们关注，并已有应用于过共晶铝硅合金的报道。采用将低温金属熔体与过热金属熔体混合后浇铸的处理方法，可使过共晶铝硅合金的初生硅尺寸大大细化、合金的力学性能明显提高[54,55]。这些铝硅合金熔体处理手段与电脉冲处理效果的比较是改善过共晶铝硅合金凝固组织需要研究的问题。

钠盐变质处理将 Al-22%Si 合金升温至 780℃后，保温 10min，用 C_2Cl_6 除气精炼。随后降低熔体温度至 750℃，加入不同含量的二元钠盐（1∶1 的 NaCl＋NaF），进行变质处理，随后在 730℃保温静置 15min，浇注到金属型中。热速处理工艺为将 Al-22%Si 合金按照 1∶1 和 2∶1 的配比分别在Ⅰ和Ⅱ两个箱式硅碳棒电炉中进行熔炼。其中，Ⅰ提前 30min 熔炼，待合金全部熔化后，升温至 780℃保温 10min，经 C_2Cl_6 除气精炼，然后继续升温到 820℃；Ⅱ中熔体待合金全部熔化后，升温至 780℃保温 10min，经 C_2Cl_6 除气精炼，然后降温到 640℃，最后将Ⅰ和Ⅱ中熔体混合，在 730℃浇注到金属型中。取不同熔体工艺处理的所有试样中部，经切割、抛光、0.5%HF 水溶液侵蚀后，制成金相试样观察并计算初生硅的平均尺寸，结果如图 4.45 所示。

从图 4.45(a)可以看出，未处理试样凝固组织中初生硅相以粗大的五花瓣状和板条状为主，而从图 4.45(b)～(d)可以看出，处理后浇注的试样组织中初晶硅的尺寸明显变小，粗大的五花瓣状和板条状的初晶硅消失，变成细小而均匀的块状，但由于处理方法的不同，初生硅相的尺寸、形态及分布也不尽相同。对初生硅

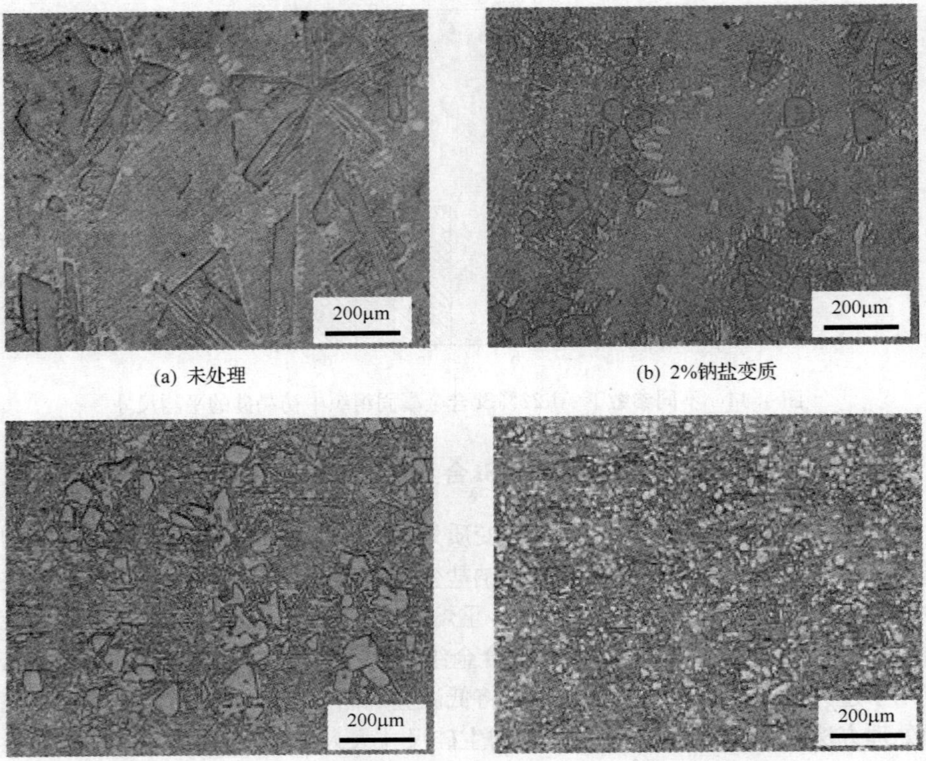

(a) 未处理　　　　(b) 2%钠盐变质

(c) 1:1热速处理　　　　(d) 电脉冲处理

图 4.45　不同熔体处理方法的 Al-22%Si 合金凝固组织

的平均尺寸进行统计计算可以看出(图 4.46),经钠盐变质和热速处理的初晶硅尺寸变化尺度接近,分别为 59.34μm 和 51.16μm,而经电脉冲熔体处理的初晶硅尺寸为 20.79μm,是上述变质后初晶硅尺寸的 38%,是未处理初晶硅尺寸的 16%。

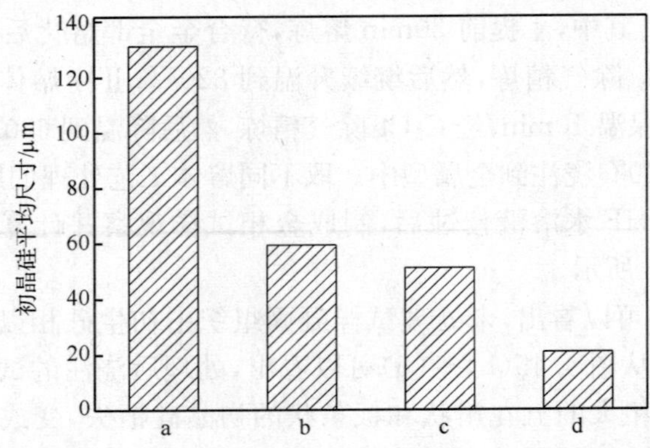

图 4.46　不同处理方法条件下 Al-22%Si 合金凝固组织中初晶硅的平均尺寸

以上研究表明，电脉冲熔体处理后的 Al-22%Si 合金凝固组织接近甚至超过钠盐变质处理和热速处理的改善效果，与变质处理污染金属液和热速处理的高能耗相比，电脉冲熔体处理不对金属液造成污染，同时又节约了能源，是一种绿色环保技术，可发展成为改善过共晶铝硅合金凝固组织的冶金新技术，并应用于生产实践。

4.7　电脉冲作用下 Al-22%Si 合金组织遗传性的研究

4.7.1　热循环对 Al-22%Si 合金凝固组织的影响

图 4.47 为 Al-22%Si 合金铸态组织。可以看出，原始试样中初生相由粗大花瓣状及板条状硅相组成，如图 4.47(a)所示；经过 1～3 次升温到 900℃后热循环处理的试样初生硅相逐渐细小，形态由瓣状、板条状向块状及粒状转变，且硅相分布更加弥散，说明热循环处理对合金凝固组织具有细化作用，且随着循环次数的增加，初生硅相变得更加细小、圆整，分布也越均匀。初生硅相尺寸经过测量、计算后结果如图 4.48 所示。

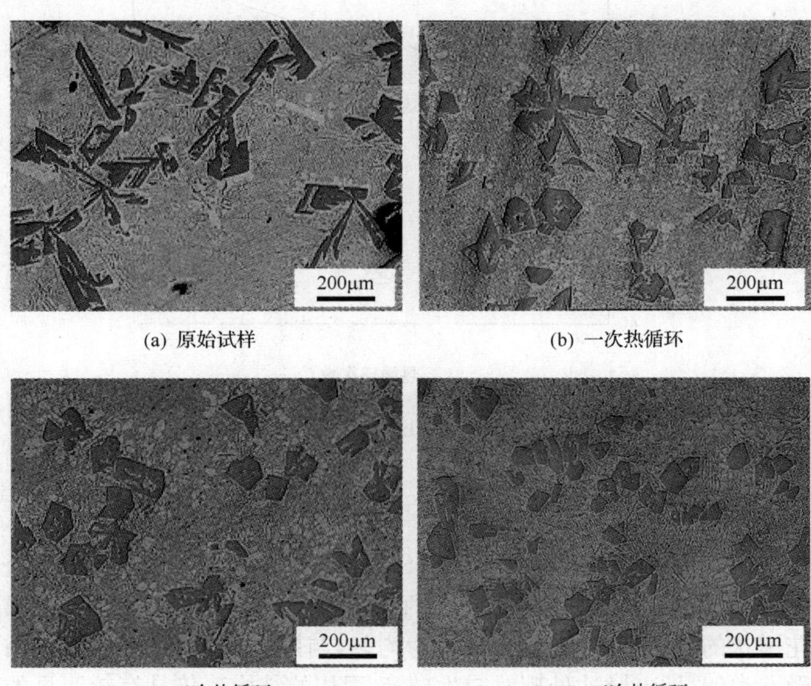

(a) 原始试样　(b) 一次热循环

(c) 二次热循环　(d) 三次热循环

图 4.47　原始试样与热循环处理试样的凝固组织

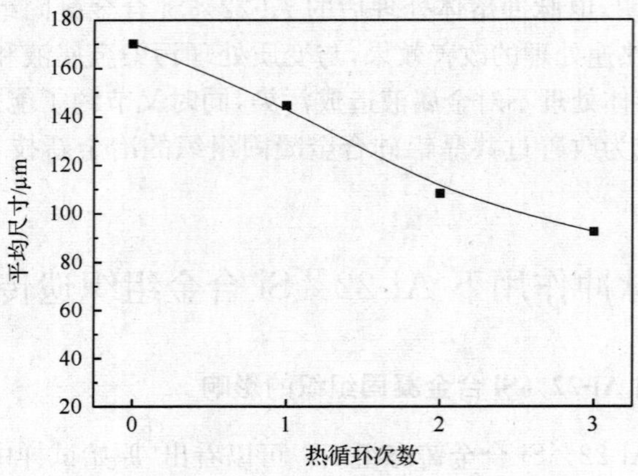

图 4.48　热循环次数对初生硅相平均尺寸的影响

图 4.49 为 Al-22％Si 合金基体组织显微硬度平均值与热循环次数的关系，可以看出，随着热循环次数的增加其显微硬度值逐渐升高。

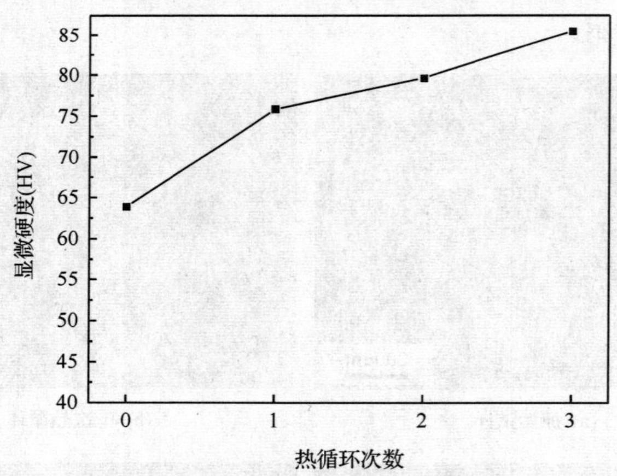

图 4.49　基体显微硬度与热循环次数的关系

4.7.2　电脉冲处理后热循环对 Al-22％Si 合金凝固组织的影响

图 4.50 为电脉冲处理后的 Al-22％Si 合金试样经过 1～3 次热循环处理后的凝固组织。可以看出，经过电脉冲处理的试样，如图 4.50(a)所示，其组织明显细化且五花瓣状的形态基本消失，分布较为均匀，与图 4.47 中经过三次热循环试样的组织形态类似，即电脉冲处理对初生硅液-固相的结构遗传具有较明显的破坏作用，其平均尺寸由未经电脉冲处理的 170.25μm 下降为 77.35μm，而处理后多次热循环试样的硅相形态变化不大，只是形态上趋向于更加圆整且分布更加弥散，与金

相定量分析结果基本一致，如图 4.51 所示。

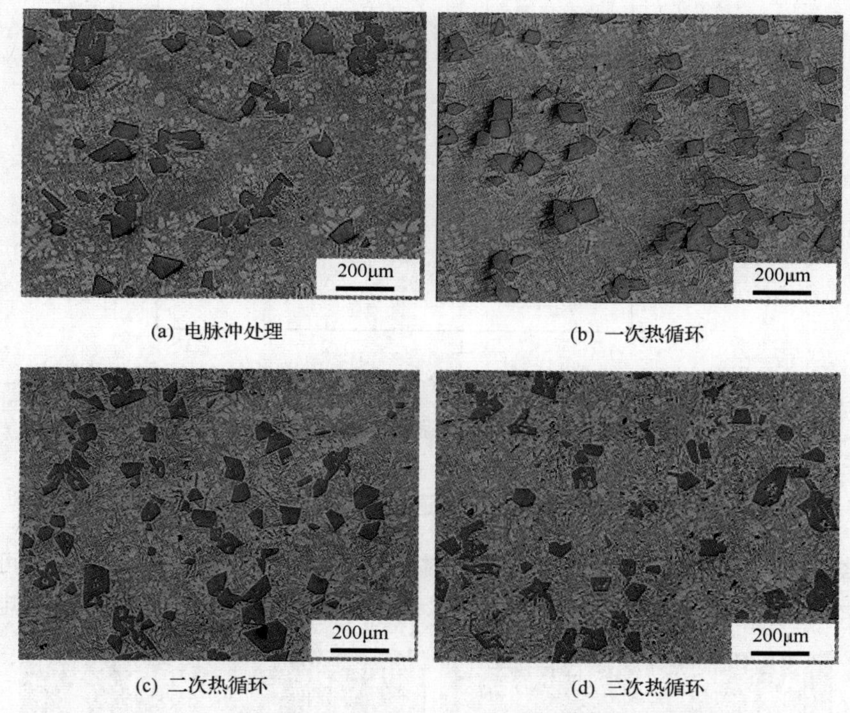

图 4.50　电脉冲处理后 Al-22％Si 合金试样的凝固组织

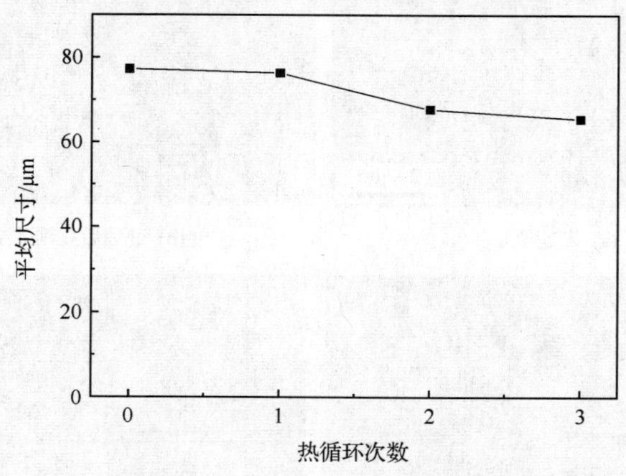

图 4.51　电脉冲处理后初生硅平均尺寸与热循环次数的关系

图 4.52 为电脉冲处理后 Al-22％Si 合金基体组织的显微硬度值与热循环次数的关系，可以看出，电脉冲处理后其显微硬度值随着热循环次数的增加略有增加。

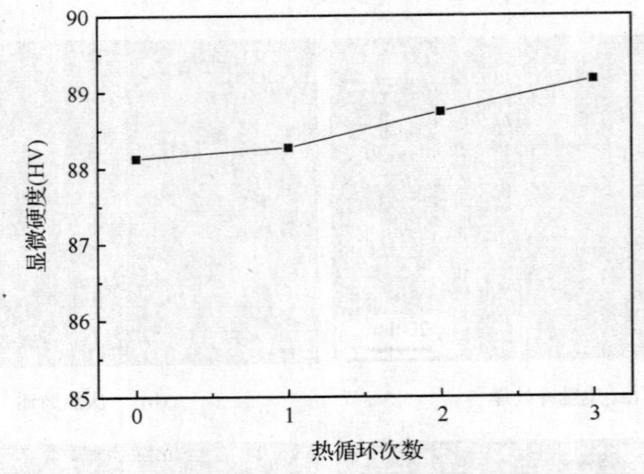

图 4.52　电脉冲处理后基体显微硬度与热循环次数的关系

4.7.3　电脉冲作用下 Al-22%Si 合金衰退性的研究

图 4.53 为电脉冲处理后不同静置时间的 Al-22%Si 合金凝固组织。可以看出，未处理试样凝固组织中粗大的板条状初生硅呈偏聚状态分布于基体中，电脉冲

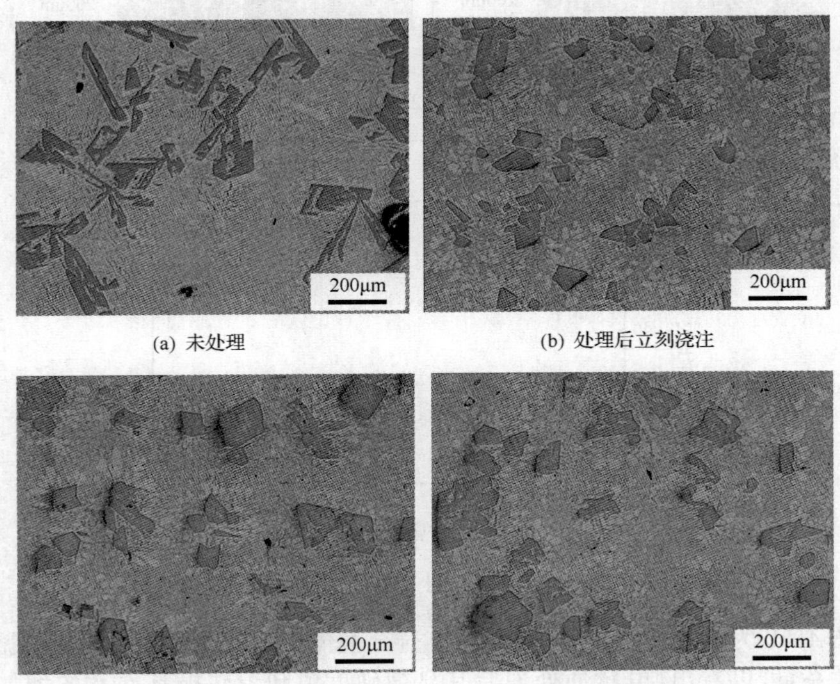

(a) 未处理　　(b) 处理后立刻浇注

(c) 处理后静止10min浇注　　(d) 处理后静止30min浇注

(e) 处理后静止50min浇注

(f) 处理后静止80min浇注

图 4.53 电脉冲处理后不同静置时间的 Al-22%Si 合金凝固组织

处理后立刻浇注的试样组织均匀而细小，但随着处理后静置时间的延长，初生硅相逐渐粗大，当静置时间为 80min 时，组织与未处理试样基本类似。使用图像分析软件对初生硅的尺寸进行测量，其结果如图 4.54 所示。由图可见，随着静置时间的延长其初生硅平均尺寸变大，其变化与金相组织的变化基本一致。

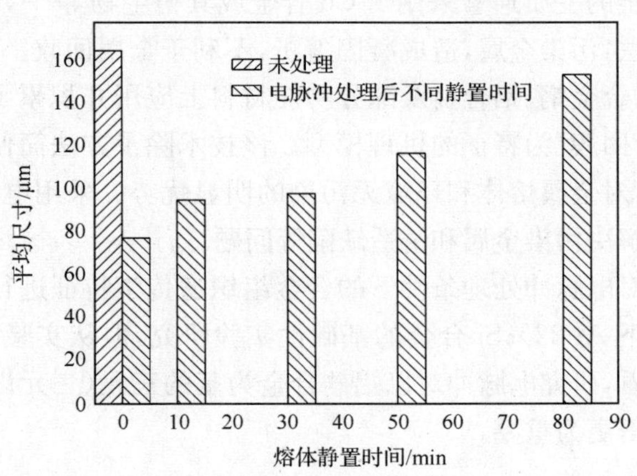

图 4.54 不同静置时间对初生硅平均尺寸的影响

表 4.15 为电脉冲处理后不同熔体静置时间的 Al-22%Si 合金基体显微硬度值。可以看出，处理后立刻浇注的试样其显微硬度值迅速升高，但随着静置时间的延长，其显微硬度值有所下降，该结果从另一方面表明了电脉冲变质的时效性。

表 4.15　Al-22%Si 合金基体显微硬度

静置时间	0min		10min	30min	50min	80min
	未处理	电脉冲处理				
显微硬度（HV0.05）	62.54	87.74	80.45	75.46	70.79	69.45
	63.09	85.60	82.37	78.78	75.89	68.89
	65.92	90.48	83.16	76.32	74.24	71.58

4.8　电脉冲处理参数对 Al-22%Si-1.5%Cu 合金凝固组织的影响

过共晶 Al-Si 合金是国民经济中广泛应用的一种金属结构材料，特别是随着中国加入世贸组织后汽车及装备制造业的蓬勃发展，发动机用高硅铝硅合金的生产呈规模化发展态势。控制高硅铝硅合金初生硅相的形态，对于采用半固态技术的活塞、缸套合金加工成型，充分挖掘材料潜力均具有良好的效果。当前活塞、缸套用高硅铝硅合金的变质通常采用 P-Cu 合金或其衍生物等[56]，这种采用异质形核原理的变质方法，污染金属，造成凝固偏析，不利于金属回收。金属熔体的电脉冲处理已在碳钢、合金钢、铝合金及部分功能材料上应用并积累了丰富的经验，初步形成了以“孕育团簇”为特征的机理模型。该技术除了方法简便灵活、效果显著等特点外，还具有对金属熔体和环境无污染的明显优势。采用电脉冲熔体处理技术还可以很好地解决污染金属和铸造缺陷等问题。

在 4.7 节中对电脉冲处理条件下的合金组织遗传学特征进行了系统研究，完成了电脉冲作用下 Al-22%Si 合金的基础性实验研究，但从实验室研究过渡到工业化生产的角度看，研究电脉冲对以铝硅合金为基的三元(三元以上)合金组织和性能的影响将显得更为重要。

4.8.1　脉冲电压对过共晶 Al-Si-Cu 合金组织与性能的影响

图 4.55(a)为未经电脉冲处理的 Al-22%Si-1.5%Cu 合金铸态组织，初生相为发达的五花瓣状，同时还有部分长杆状初生硅，晶粒尺寸较为粗大，基体为 Al-Si 共晶组织。图 4.55(b)～(e)是在处理时间为 120s 和脉冲频率为 22Hz 的条件下，分别调整脉冲电压为 300V、500V、650V 和 800V 后得到的凝固组织。可以看出，与未处理的凝固组织相比，初生硅的大小、形态及分布随脉冲电压的变化发生了明显改变，随着脉冲电压的增加，硅相逐渐细小、圆钝，分布也更加均匀。

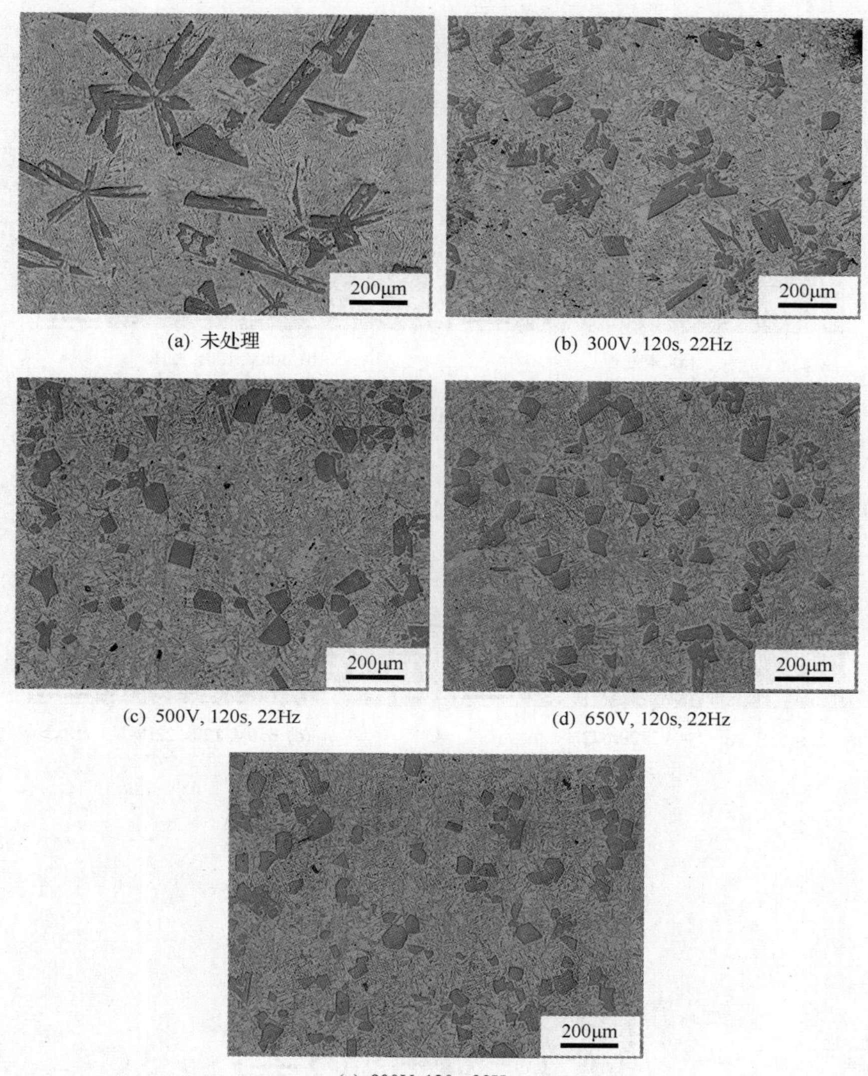

(a) 未处理　(b) 300V, 120s, 22Hz

(c) 500V, 120s, 22Hz　(d) 650V, 120s, 22Hz

(e) 800V, 120s, 22Hz

图 4.55　不同脉冲电压处理后过共晶 Al-Si-Cu 合金的铸态组织

图 4.56 为不同脉冲电压作用下合金共晶组织的显微结构。可以看出，随着脉冲电压的增加，共晶组织形态发生了如下的变化：片层状、长杆状—短粗杆状—细杆状—细针状，共晶硅的片层间距减小，分布上也更加细密。初生硅相平均尺寸经过计算后如图 4.57 所示。

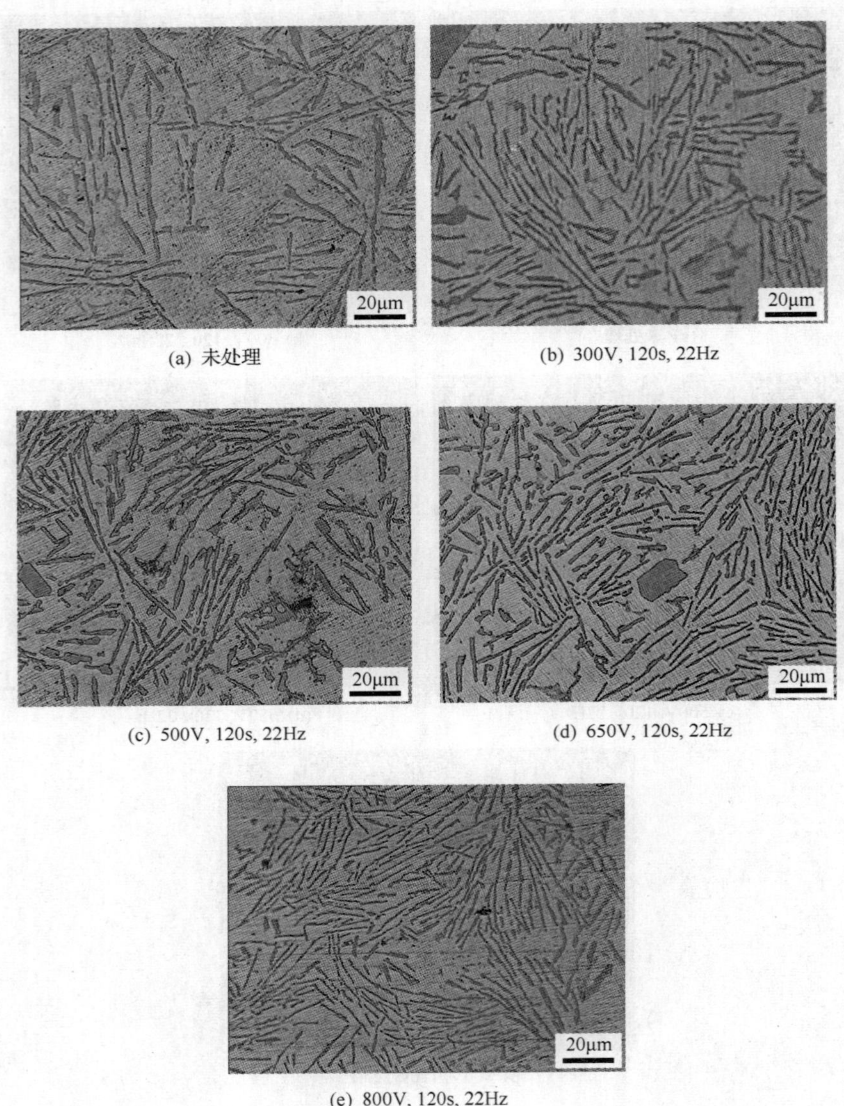

(a) 未处理　(b) 300V, 120s, 22Hz

(c) 500V, 120s, 22Hz　(d) 650V, 120s, 22Hz

(e) 800V, 120s, 22Hz

图 4.56　不同脉冲电压处理后过共晶 Al-Si-Cu 合金的显微组织

对过共晶 Al-Si-Cu 合金基体的显微硬度进行测量，如图 4.58 所示。可以看出，在电压参数的范围内基体显微硬度总体随脉冲电压的提高而增加。

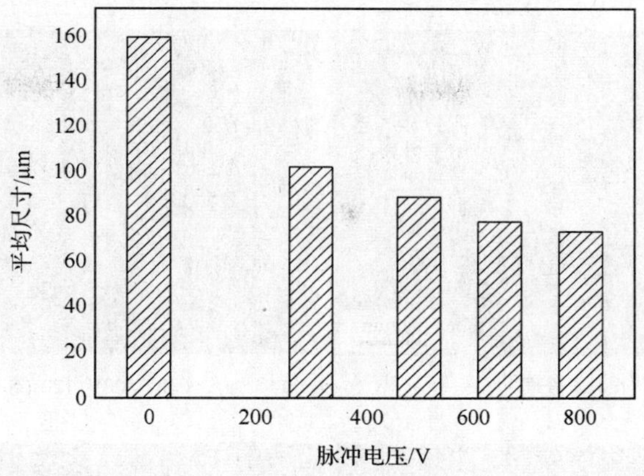

图 4.57　不同脉冲电压处理后过共晶 Al-Si-Cu 合金初生硅的平均尺寸

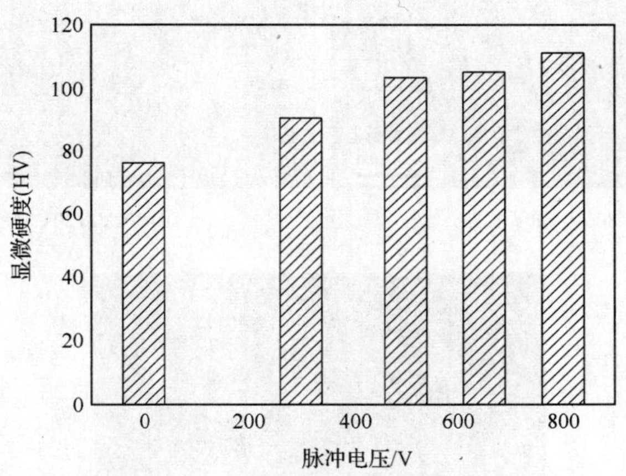

图 4.58　不同脉冲电压处理后过共晶 Al-Si-Cu 合金的基体显微硬度

4.8.2　脉冲频率对过共晶 Al-Si-Cu 合金组织与性能的影响

图 4.59(a)为未经电脉冲处理的 Al-22%Si-1.5%Cu 合金铸态组织，图 4.59(b)～(e)是在保持脉冲电压为 800V，处理时间为 120s 的条件下，分别调整脉冲频率为 5Hz、10Hz、15Hz 和 22Hz 进行电脉冲处理后的凝固组织。可以看出，经过电脉冲处理之后凝固组织细化明显，初生硅由五花瓣状、杆状转变成块状，而且锐利的尖角变得圆钝；随脉冲频率的增加，初生硅块变得越来越小且分布更加均匀。

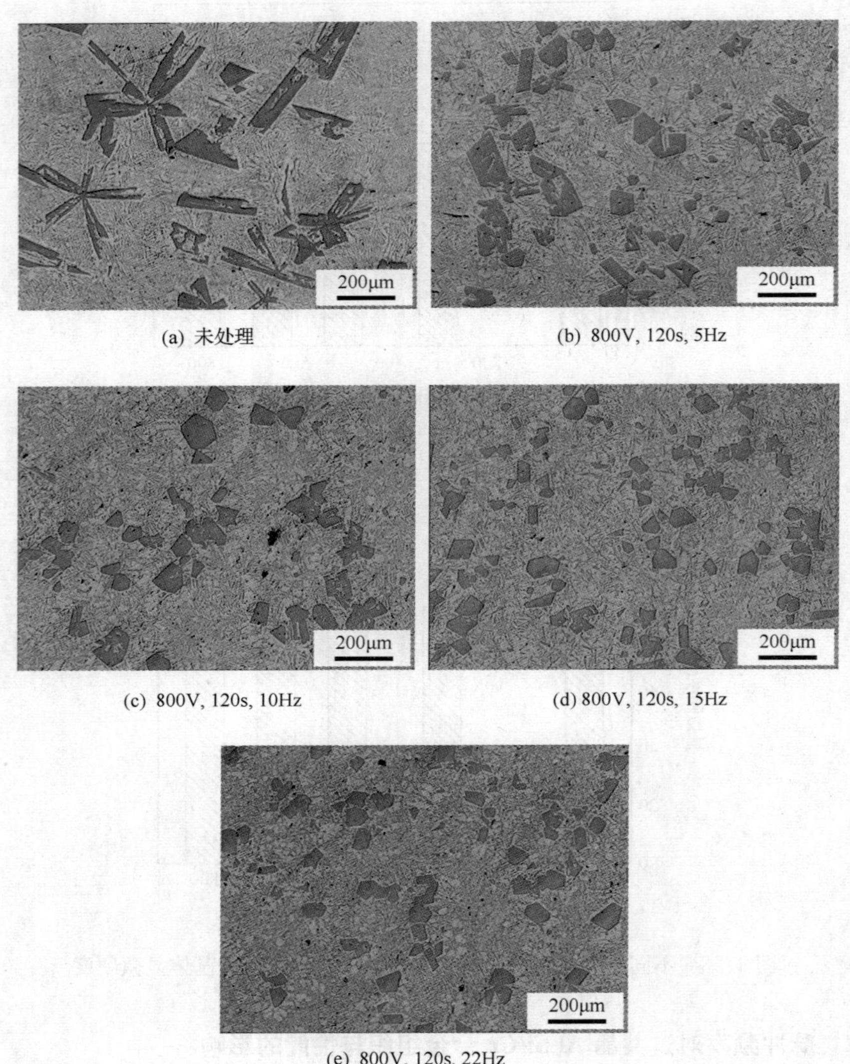

(a) 未处理　(b) 800V, 120s, 5Hz

(c) 800V, 120s, 10Hz　(d) 800V, 120s, 15Hz

(e) 800V, 120s, 22Hz

图 4.59　不同脉冲频率处理后过共晶 Al-Si-Cu 合金的铸态组织

图 4.60 为不同脉冲频率的电脉冲作用下 Al-22%Si-1.5%Cu 合金共晶组织的显微结构。

从图 4.60(a)可以看出，未经电脉冲处理的原始试样的共晶硅组织呈不规则的长杆状分布，晶粒比较粗大，且杆状共晶硅之间的间隙较大；经过电脉冲处理后的共晶组织，如图 4.60(b)～(e)所示，随着脉冲频率的增加共晶硅组织多变化为

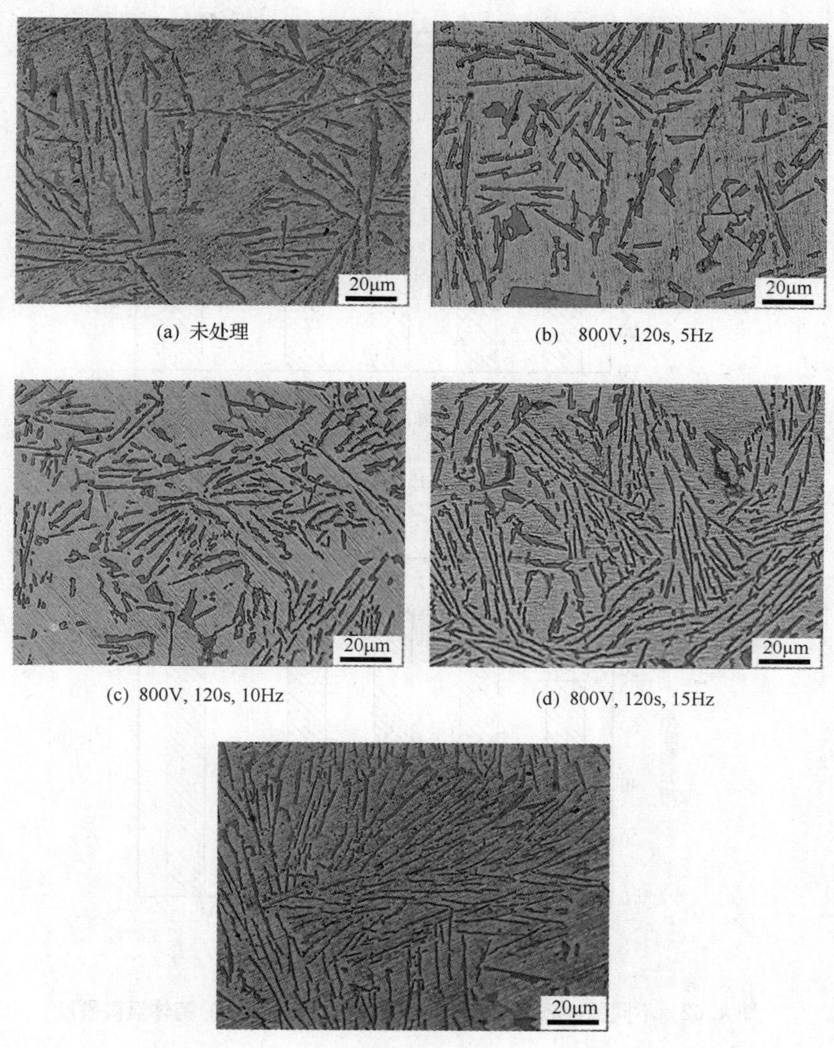

(a) 未处理　(b) 800V, 120s, 5Hz

(c) 800V, 120s, 10Hz　(d) 800V, 120s, 15Hz

(e) 800V, 120s, 22Hz

图 4.60　不同脉冲频率处理后过共晶 Al-Si-Cu 合金的显微组织

细小针片状，数量增多，分布较均匀，且针状共晶硅间距变小。初生硅平均尺寸如图 4.61 所示，其变化情形与图 4.57 基本一致。合金试样基体显微硬度与脉冲频率的关系如图 4.62 所示，由图可见，在频率参数范围内基体的显微硬度总体随脉冲频率的提高而增加。

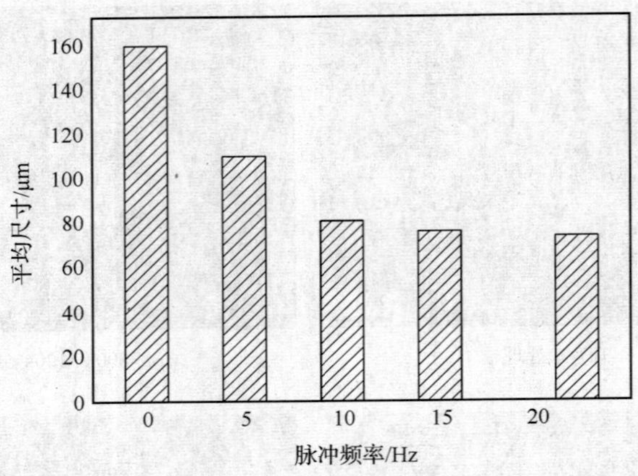

图 4.61　不同脉冲频率处理后过共晶 Al-Si-Cu 合金的初生硅平均尺寸

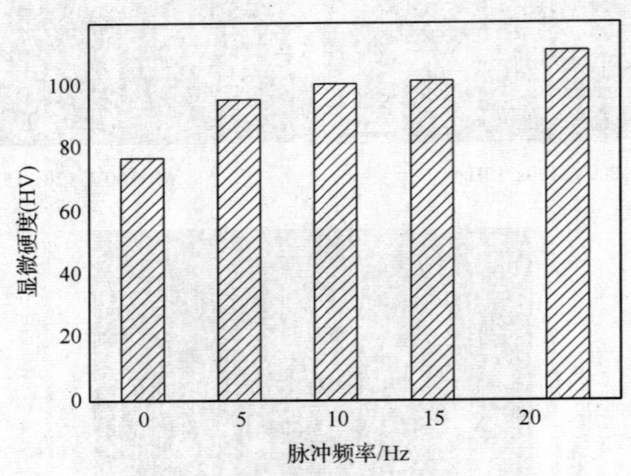

图 4.62　不同脉冲频率处理后过共晶 Al-Si-Cu 合金的基体显微硬度

4.8.3　分析与讨论

电脉冲作用于 Al-22%Si-1.5%Cu 合金熔体时，可形成一定程度的熔体对流，这不仅有利于凝固组织形态的变化及其均匀分布，而且还可防止熔体热量的散失和保持熔体温度的均匀性，这些现象已经被众多学者深入进行了研究。文献[57]认为合金熔体在电磁振荡中会产生“空化”作用，即在合金熔体中存在某些局部的低压微区，合金液中溶解的气体可在此微区聚集形成气泡，当气泡运动到高压区将会破裂而形成微观射流，瞬间产生很高的压力，气泡内的压力可高达数千个大气压[58]，从而使合金熔体的凝固点和凝固过程等发生变化。文献[59]报道了电磁力在熔体中产生的空穴破裂使灰铸铁组织得到细化的研究工作。

根据经典形核理论可知，过冷度与临界形核尺寸具有反比关系，即过冷度越大则临界形核尺寸越小，相应形核率得到提高。因此，对本次实验来说显然越大的过冷度更有利于硅相形态、大小及分布的改善。

Qin 和 Zhou 给出了电流作用下晶粒尺寸的经验式[60]，如下式所示：

$$d_{\mathrm{C}} = d'_0 \exp\left(\frac{\vartheta^2 j}{3kT}\right) \tag{4.34}$$

式中，d'_0为无电流时凝固的晶粒尺寸；j 为电流密度；ϑ 为常数，取决于晶核的几何形状和熔体的物理性质，$\vartheta = \left[\frac{3}{2}\ln\left(\frac{b}{a}\right) - \frac{65}{48} - \frac{5}{48}\xi\right]\mu_{\mathrm{m}} b^2 \xi \Delta V$，其中，$\frac{b}{a}$为形状因子，$\mu_{\mathrm{m}}$ 为磁化率，ΔV 为核心的体积，ξ 为系数，即

$$\xi = \frac{\sigma_{\mathrm{e}}^{\mathrm{l}} - \sigma_{\mathrm{e}}^{\mathrm{s}}}{2\sigma_{\mathrm{e}}^{\mathrm{l}} + \sigma_{\mathrm{e}}^{\mathrm{s}}} \tag{4.35}$$

由式(4.34)可知，晶粒尺寸随电流密度的增加而减小，而电流密度与电压成正比关系，因此，在本次实验中 Al-22%Si-1.5%Cu 合金凝固组织中初生硅相的尺寸会随着脉冲电压的增加而降低。

文献[61]研究了当电磁力作用于熔体后电磁振荡的频率与电磁压力的关系，认为电磁压力与振荡频率存在一定的关系，但并非是单调函数，而是在 $f<1\text{kHz}$ 的范围内，熔体所受到的电磁压力随着频率的提高而增加。本次实验所选取的频率都在这个范围内，可见合金熔体中的 Si-Si 原子团簇随着脉冲频率的增加，其键络所受作用力是逐渐增加的。显然，较大的作用力更容易导致键络的破坏，这就解释了实验中不同电脉冲频率作用下 Al-22%Si-1.5%Cu 合金初生硅形态、平均尺寸、基体显微硬度等的变化。

文献[62]报道了当施加的电流密度足够高时($j\approx 104\text{A/cm}^2$)，可得到纳米晶结构的组织。对于发动机用高硅铝合金材料来说，凝固组织中极细而弥散分布的初生硅对提高材料的耐磨性是具有重大意义的，但目前限于电脉冲发生器仍处于研发的起步阶段，其性能也在不断改进中，研究在更大的脉冲电压及更高的脉冲频率作用下合金熔体结构的响应及其对硅相形态、大小、分布等的影响将是本领域后续研究工作之一。

4.9　电脉冲预处理——反挤成型法制备高铝硅合金缸套工艺研究

随着世界汽车工业的快速发展，对发动机缸套的性能要求越来越高。近年来，国外在增压和风冷柴油机以及二冲程发动机上已普遍采用过共晶 Al-Si 合金缸套。过共晶 Al-Si 合金具有热膨胀系数小、密度小、耐磨耐蚀、高温性能好和铸造性能好等特点，是发动机用铝合金的理想材料。目前国内生产的铸铁缸套主要采用离心铸造工艺，国外主要用喷射沉积工艺和一系列的后序加工来生产高铝硅合金缸套。这两种工艺工序繁琐，生产率较低，成本高，因此，发展缸套新材料及生产工艺对我国汽车产业自主创新具有重要意义。

金属挤压技术[63]发展至今已有 100 余年历史。1870 年英国人第一次用反向挤压法挤压铅管，此后反挤压在挤压铜和锡材方面得到了一定的发展，但由于存在一些技术问题，限制了它的进一步发展，而正挤压法则在挤压有色金属和黑色金属方面获得了飞速发展，至今仍是最流行的挤压方法。1970 年以来，人们对金属反挤压开始了重新评价，并对其产生了浓厚的兴趣。尤其是近十几年来，随着挤压技术的进步，专用的挤压机的出现和反挤压工具的改进，使得反挤压技术又有重新兴起的趋势。美国、日本、德国、意大利和俄罗斯等工业发达国家都已设计制造并安装了专用反向挤压机或正反联合挤压机。

美国在反向挤压机设计制造和反向挤压技术方面均处于领先地位。1926 年就制造了一种适于规模生产的反挤压机，1971 年成功设计制造了一种专用的 T. A. C 反向挤压机，大大促进了反向挤压法在铝及铝合金挤压生产中的应用。Sutton 公司是美国较大的挤压机制造商，它可设计制造 6～100MN 的反向和正反向联合挤压机。目前世界上最大的反向挤压机是安装在俄罗斯古比雪夫的 200MN 正反向挤压机和安装在美铝公司的 140MN 正反向挤压机。在美国用反向挤压法除了生产工业用铝合金和铜合金管材外，还生产航空航天用硬铝合金棒材和型材以及大直径铜管。此外，T. A. C 等新型反向挤压技术的成功研制开发，大大提高了生产效率和品种范围，工模具寿命也大大延长，从而增强了反向挤压法的生命力，拓宽了反挤压技术的应用领域。

本节在 4.6～4.9 节研究基础上，发展了一种新型的缸套制备工艺：电脉冲预处理——反挤成型法。采用该工艺制作缸套具有如下特点：首先，采用了铝合金材料能减轻汽车质量，而且耐磨性能好，制件具有明显的锻件特征，综合力学性能比普通铸造获得的铸件质量有明显提高；其次，采用了电脉冲熔体预处理方法可细化初生硅相，提高硅相形核率；另外，反挤出的缸套加工余量和加工工序都比离心铸造少，而且零件质量好，燃油效率高，经济环保，一旦获得成功将会带来很大的经济和社会效益。

4.9.1　实验工艺与方法

整套工艺流程如图 4.63 所示。

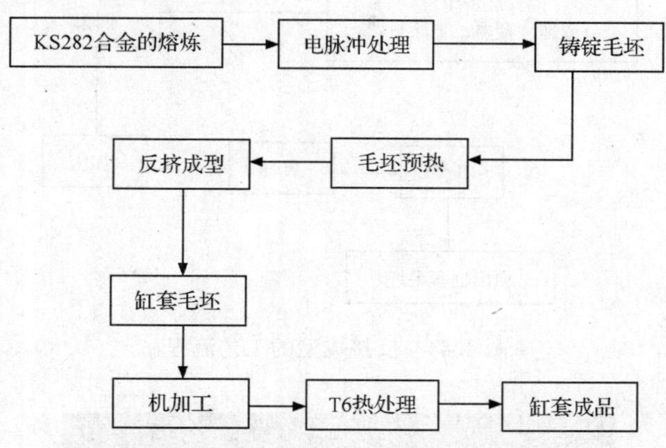

图 4.63　电脉冲预处理——反挤成型法工艺流程示意图

实验合金采用 KS282，该合金是目前国外使用非常广泛的汽车发动机活塞、缸套的材料，其成分如表 4.16 所示。电脉冲预处理阶段的熔炼在井式电阻炉中进行，首先将炉温升高到 800℃，待合金完全熔化后保温 30min，经 C_2Cl_6 除气精炼。降低熔体温度到 760℃进行电脉冲处理，脉冲参数为 800V、22Hz、120s，随后将电脉冲处理后的金属液浇注到挤压模具的凹模内，待铸坯自然冷却后即可取出。

表 4.16　KS282 合金成分

合金牌号	国别	化学成分/%							
		Si	Cu	Mg	Mn	Ni	Fe	Ti	Co
KS282	德国	24～26	0.8～1.3	0.8～1.3	0.2	0.8～1.3	0.7	0.2	0.3～0.5

与正挤压相比，反挤压时金属胚料与挤压筒壁之间无相对滑动，挤压能耗较低（所需挤压力较小），因而在同等设备上，反挤压法可以实现更大程度的挤压变形，而且反挤压时金属流动主要集中在模孔附近的区域，因此，沿金属制品长度方向的变形是均匀的。目前反挤压技术仍不完善，存在着操作复杂、时间长、产品质量稳定性差等方面的问题，但反挤压技术应用于高铝硅合金缸套的制备将是一个有益的尝试。本实验中反挤压成型的工艺流程如图 4.64 所示。制备的缸套毛坯如图 4.65 所示。

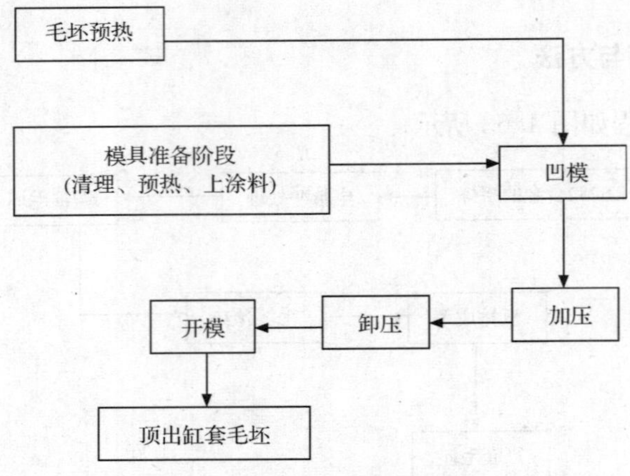

图 4.64　反挤成型的工艺流程

图 4.65　缸套毛坯

4.9.2　实验结果与讨论

图 4.66(a)为未经电脉冲处理缸套毛坯纵断面的显微组织,图 4.66(b)为电脉冲处理后缸套毛坯纵断面的显微组织。从图中可以看出,挤压后未经电脉冲处理的合金组织在纵断面上有明显的尺寸不均匀性,初生硅相有被拉断的迹象,共晶硅相则在纵断面上变化不大,经电脉冲处理后的合金组织在挤压方向上尺寸分布比较均匀。

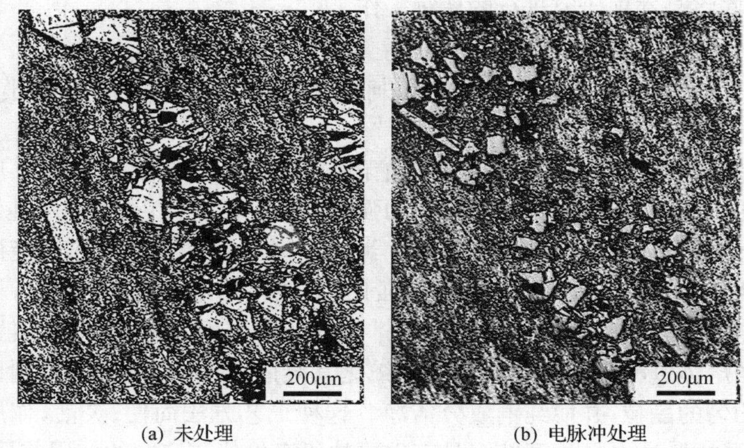

(a) 未处理　　(b) 电脉冲处理

图 4.66 缸套毛坯纵断面的显微组织

从铸锭毛坯(反挤压操作前)和缸套毛坯(反挤压操作后)上分别取样观察,如图 4.67 所示。可以看出,经反挤压后中等尺寸的硅相沿挤压方向有明显碎化倾向,但对于较大尺寸的硅相碎化不显著,经反挤压后基体上出现了沿挤压方向的挤压流线痕,这对于缸套性能的影响还需要进一步研究。

(a) 反挤压前　　(b) 反挤压后

图 4.67 KS282 合金反挤压前后的凝固组织

基于电脉冲变质高铝硅合金的理论模型,本节内容研究了一种高铝硅合金缸套的制备新工艺:电脉冲预处理——反挤成型法。高铝硅合金缸套的成功研制表明了电脉冲处理技术在工业化生产中应用的良好前景。经过实验得到的工艺流程为:合金熔炼—电脉冲预处理—毛坯预热—反挤成型—机加工—T6 热处理。

但该缸套制备新工艺目前存在成品率不稳定、硅相的分布均匀性较差及尺寸仍较大等方面的问题,需要大量的基础性实验来获得更加理想的工艺参数,同时也为缸套后续的上车实验做好准备,从目前情况来看,电脉冲设备尚需要作更大功率的改进，这些将是本项研究进行的后续工作。

4.10　电脉冲熔体处理对纯铜凝固组织及传导性能的影响

纯铜具有优良的导热和导电性，但由于强度低，易于软化，从而使其应用领域受到一定的限制，如何使纯铜既具有高的强度和良好的塑性，又可继承纯铜的优良导热、导电性能是目前重要的研究课题。当纯金属为满足导电导热性能而保证成分洁净的条件后，将不能利用相变进行强化，只能采用细晶强化来提高材料的性能。高导电导热性与高强度似乎是互相排斥的两个方面，难以在纯金属上得到统一。对纯铜熔体进行电脉冲处理不仅可细化其凝固组织，而且可以得到比常规工艺更细更均匀的晶粒，并使纯铜成分洁净。这种工艺方法简便、灵活，作用效果明显。因此，采用脉冲电场处理纯铜具有重要的研究价值和广阔的应用前景。

4.10.1　电脉冲频率对纯铜凝固组织的影响

在真空感应炉内对纯铜(99.97%)进行熔炼，当温度达到 1250℃时，把连接到电脉冲发生器的石墨电极插入坩埚中的纯铜溶液内进行不同电脉冲参数的处理。实验装置与过程如图 4.68 所示。

图 4.68　真空电脉冲熔体处理纯铜实验装置与过程

经电脉冲处理后的各试样铸锭底部横截面的宏观凝固组织如图 4.69 所示。其中，图(a)为未处理的纯铜凝固组织，是典型的粗大柱状晶，铸锭中心存在很少量的等轴晶粒；图(b)为电脉冲熔体处理的纯铜凝固组织，柱状晶尺寸比图(a)小，中心区域的等轴晶面积比未处理时明显扩张；图(c)为电脉冲熔体处理的纯铜凝固组织，频率为 4Hz，组织是直径非常细小的等轴晶，电脉冲处理细化效果很明显，没有柱状晶，全部为等轴晶组织；图(d)为电脉冲熔体处理的纯铜凝固组织，频率为

8Hz,组织形态、分布特征与图(b)相似,但等轴晶粒的数目比图(b)增多。尽管与其他电脉冲处理相比作用效果稍逊,但是比未经电脉冲熔体处理的有明显改变。

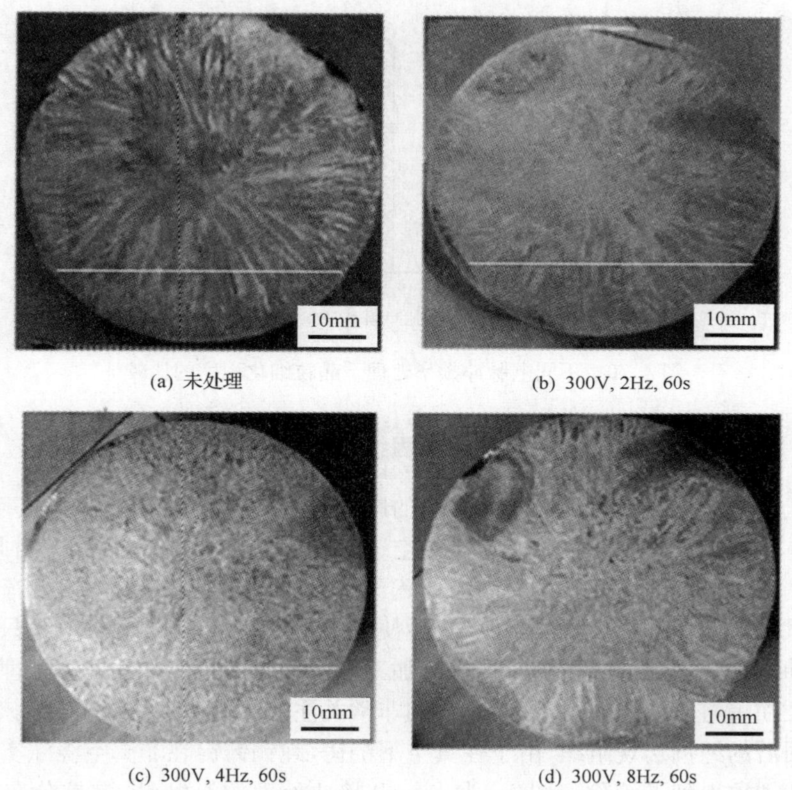

(a) 未处理　(b) 300V, 2Hz, 60s

(c) 300V, 4Hz, 60s　(d) 300V, 8Hz, 60s

图 4.69　各试样横截面的宏观凝固组织

引用文献[64]中晶粒尺寸的测定方法(切割法),来测定晶粒尺寸大小,其定义为切割线切过晶界的数目与切割线的长度之比,按图 4.69 中每个试样的直线位置,可计算出切割线过晶界的数目与切割线长度(45mm)之比,计算结果如图 4.70所示。可见,采用 300V、60s、4Hz 电脉冲处理参数其宏观组织中晶粒尺寸最小。

按照第五章的观点,可以认为造成图 4.70 晶粒尺寸变化的原因是:纯铜外电层为金属键结合,随着电脉冲频率的增加,在单位时间内电场出现与消失次数增多,相当于在单位时间内增加了外电场畸变与松弛的次数,增加了核心原子团簇捕捉外围原子的概率。

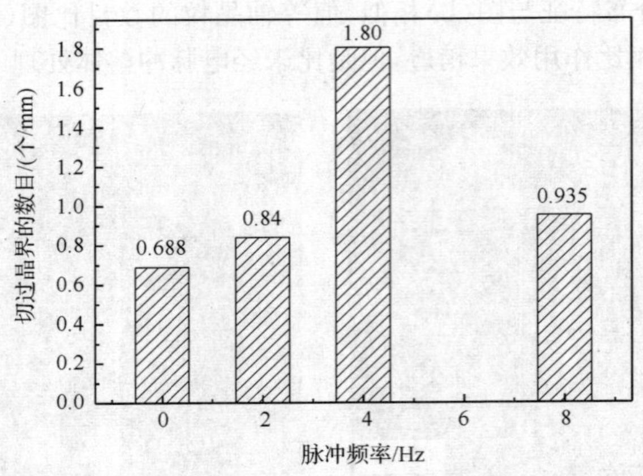

图 4.70　不同电脉冲频率处理下晶粒细化程度的比较

4.10.2　电脉冲熔体处理条件对纯铜凝固组织的影响

在上述电脉冲频率对纯铜凝固组织的影响实验中，由于是在大气状态下浇注，纯铜熔体在浇注过程中会吸收一定量的空气，在凝固组织中产生气孔。为此，采用了真空炉内直接浇注以便减少凝固组织内气体的产生。此外，在实际生产应用中由于受试样尺寸和环境设备的限制，不能使电脉冲处理和加工同时进行，只能先进行电脉冲熔体处理，凝固后重熔，再进行加工生产。对于经电脉冲熔体处理的熔体结构特征在重熔后能否保留下来，是人们非常关注的。图 4.71 为不同电脉冲处理条件凝固后的纯铜宏观组织，由于在真空下浇铸，纯铜铸锭在非真空浇注实验中出现的气孔现象得到了消除。图(a)为未经电脉冲处理的等轴晶，晶粒分布比较均匀，铸锭边缘柱状晶尺寸较粗大；图(b)为经电脉冲处理后重熔再次电脉冲处理的纯铜铸锭宏观组织，组织细化程度好于图(a)，等轴晶球化特征也好于图(a)；图(c)为经过两次重熔后进行三次电脉冲处理的纯铜铸锭的组织形貌，可以看出晶粒细密，铸锭中心区域为大量等轴晶粒，铸锭边缘为细长的柱状晶粒；图(d)为未重熔但经电脉冲处理的纯铜宏观组织，铸锭边缘部位同样为细长的柱状晶粒，铸锭心部为均匀分布的等轴晶，结晶有偏心现象，可能与散热方向的不均匀对称有关。

图 4.72 为经不同电脉冲处理后纯铜凝固组织的晶粒尺寸变化。其中，试样 c 是经三次电脉冲处理后经过两次重熔的凝固组织，晶粒细化效果最佳；试样 b 是电脉冲处理后经过重熔再次电脉冲处理的凝固组织，由图可以看出等轴晶的球化成型不如试样 c 与 d，与 a 相当，但晶粒细化效果比未经电脉冲处理的试样 a 稍好些；试样 d 是纯铜炉料首次熔炼，熔化后经电脉冲熔体处理的凝固组织，图中显示出的晶粒细化程度不如经过电脉冲熔体处理后重熔再次电脉冲处理的凝固组织。

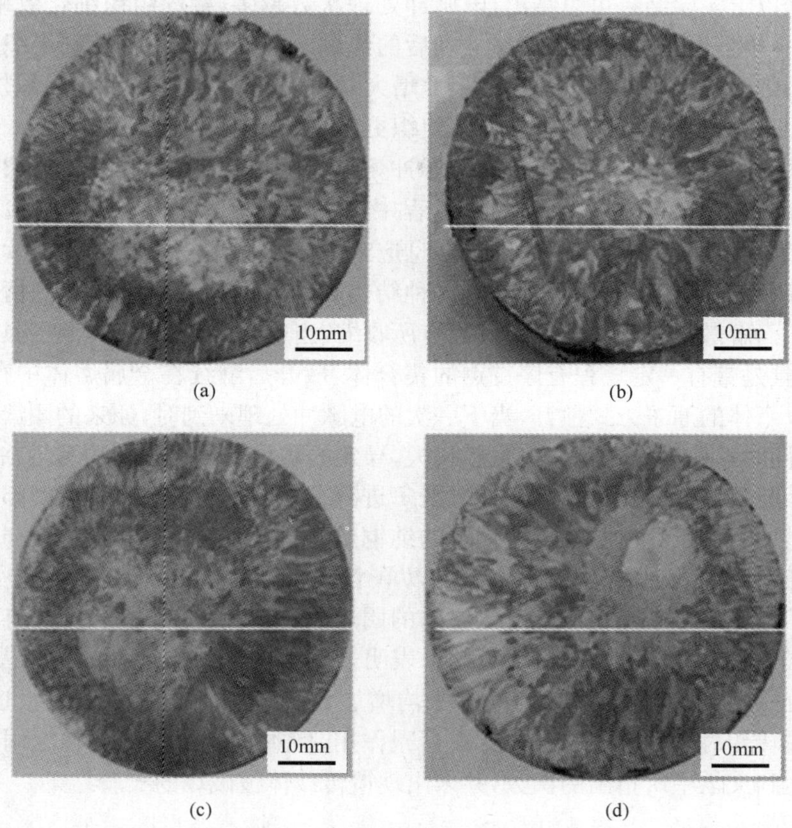

图 4.71　经不同电脉冲处理条件凝固后的纯铜宏观组织

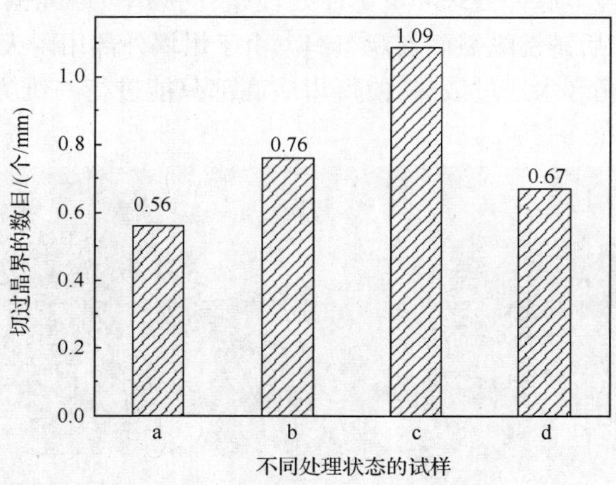

图 4.72　经不同重熔处理后纯铜凝固组织的晶粒尺寸

根据以上实验结果可总结出，电脉冲处理次数越多，凝固组织细化效果越好。由此，进一步证明了经电脉冲熔体处理后的纯铜组织均比未处理纯铜组织有较明显的晶粒细化效果。即等轴晶区域尺寸增大，柱状晶长度减少，特别是经过二次重熔试样加三次电脉冲处理的纯铜铸态组织更是显现了这类细化特点。

上述实验现象间接地证明了在电脉冲熔体处理过程中，前次熔体的遗传信息是可以保留并遗传的[65]。由于凝固过程中没有外界因素的干扰，即实验条件相同，可认为纯铜铸态组织保留的遗传信息应来源于熔体母相中具有非连续幻数的原子团簇（准晶胚）。作为遗传载体，这种结构在外界不提供能量输入的情况下并不因重熔而解散消失。只是团簇尺寸有所收缩，当这类团簇散开时，原子具有一定数目，并且是带有一定短程有序特点的集合体，散开后继续在金属熔体中存在着，而不是以个体的原子方式散开，当下一次的电脉冲处理来到时，原来的团簇重新畸变长大，同时这些散开的团簇也重新长大，导致的结果是出现了新的满足临界晶核尺寸的晶胚，带来形核率增加，其结果是每进行一次电脉冲处理，形核率都有或多或少的增加。而未经电脉冲熔体处理的纯铜熔体的团簇在熔点以上熔解时，因为其不具备电脉冲处理的遗传特性，只是以单个原子的情形从团簇上离开，所以，凝固时仍然是从头再来，积少成多，由原来的团簇进化成为结晶的核心，没有新的核心产生，仍然是原来的形核率，计算结果表明，每重熔一次加电脉冲处理，晶粒细化程度可分别增加 19%、13%和 43%，平均增加 23%左右。据文献[65]报道，过多次的冷热转变对熔体中遗传载体有着衰减作用，但本实验中的冷热转变周期次数显然未达到文献中所指出的次数，并未出现遗传载体被破坏的实验结果。

4.10.3　电脉冲熔体处理对纯铜定向凝固组织细化行为的影响

图 4.73 为未经电脉冲处理和电脉冲处理（不同频率）后纯铜溶液浇注在石墨坩埚中并随炉冷却后铸锭纵截面宏观组织。由于坩埚外部用耐火纤维进行包裹保温，坩埚底部冷却循环水通过散热，使得坩埚底部只能进行一维方向的散热，可以获得定向凝固组织。

图 4.73　未经电脉冲处理和不同频率电脉冲处理后纯铜铸锭纵截面宏观组织

图 4.73(e)为未经电脉冲处理试样的金相组织，图 4.73(a)～(d)分别为不同电脉冲频率处理的宏观组织试样，采用频率依次为 0.5Hz、2Hz、4Hz 和 8Hz，处理时间均为 2min，脉冲电压为 300V。可以看出，频率不同，晶粒细化效果则有差别。未经电脉冲处理的纯铜组织晶粒极其粗大，只有几个，集中缩孔的高度几乎延伸到铸锭底部；图 4.73(a)～(d)中柱状晶较多，有少部分等轴晶，晶粒尺寸比图 4.73(e)中细小了许多倍，缩孔的体积也明显减小。由此可知，经电脉冲处理比未经电脉冲处理铸件的凝固组织有明显不同，等轴晶区内等轴晶平均直径尺寸小且分布均匀。尽管晶粒比较粗大，但通过电脉冲处理晶粒还是有明显的细化效果。未经电脉冲处理和电脉冲处理后的铸锭试样宏观组织晶粒尺寸大小如图 4.74 所示。

(a) 未经电脉冲处理纵剖面

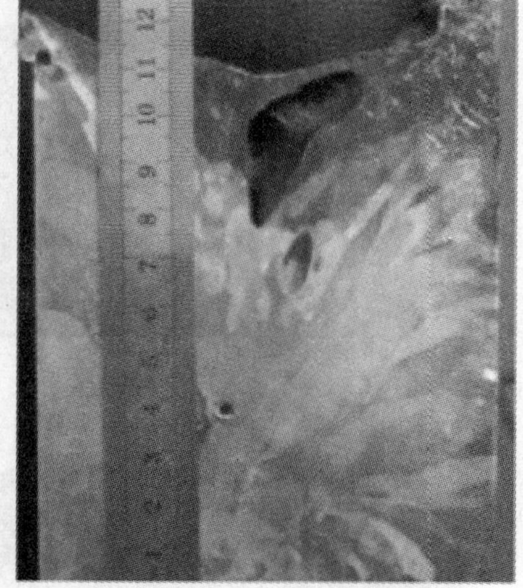

(b) 电脉冲处理纵剖面

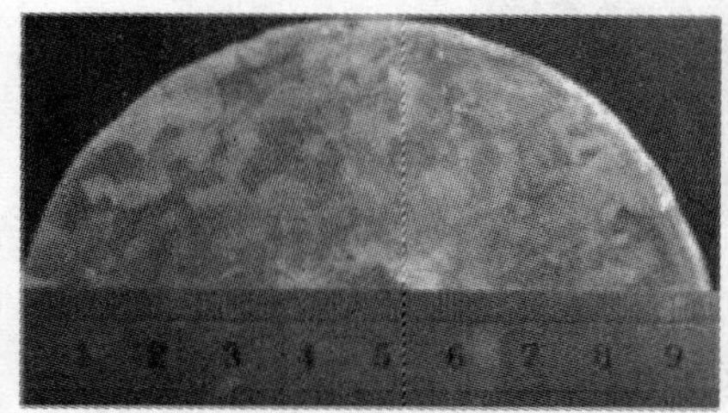

(c) 未经电脉冲处理底部横剖面

(d) 电脉冲处理底部横剖面

图 4.74　纯铜铸锭宏观组织

为进一步比较细化效果，采用切割线的方法来测定等轴晶的晶粒尺寸，具体方法如图 4.75 所示，图 4.75(b)的电脉冲处理参数为 300V、120s、8Hz，该试样单位长度上的晶粒数目是未经电脉冲处理试样单位长度上晶粒数目的 1.5 倍。图 4.75中的铸锭下部的坩埚与炉底紧密接触，夹层的炉壳中有冷却水流过，散热效果很好，即沿着铸锭的轴向向下方向上的温度梯度较大，所以在铸锭底部出现了大量的等轴晶。但是，经过电脉冲处理和未经电脉冲处理的纯铜铸锭底部的等轴晶的晶粒尺寸大小和数量相差明显，经过电脉冲处理的晶粒相对细小，未经电脉冲处理的晶粒相对粗大。原因是底部有水冷壳体装置，散热好，冷却速率快，炉底的循环冷却水吸收并带走了铸锭底部的热量，造成该部位的冷却速率大于铸型侧壁及熔体上端的冷却速率，因而使铸型底部熔体中的形核率增加，再加上电脉冲熔体处理的孕育催化过程，铸锭底端晶核核心数目多，晶粒细化。

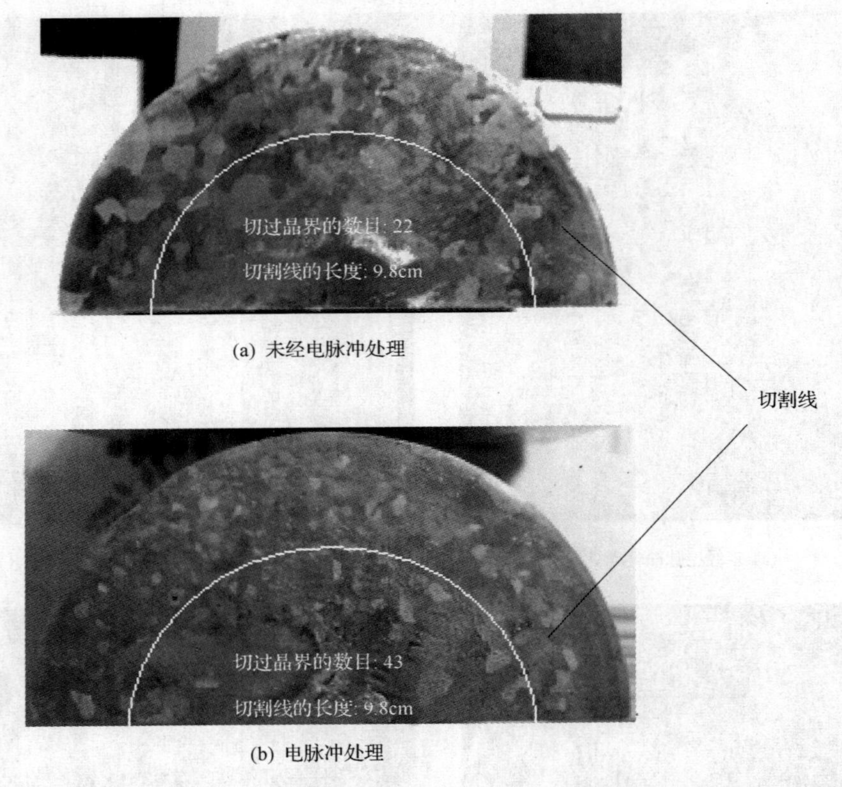

图 4.75　电脉冲处理和未处理纯铜铸锭底部晶粒数目的比较

在铸锭轴向形成柱状晶的原因是：中间部位由于其内部温度较高，过冷度小，临界形核半径大，满足晶核形成条件的晶胚难于形成，结晶主要靠小晶粒的继续长大来进行，由于径向尽管有耐火纤维的保温作用，但仍避免不了热量的散失，两者比较，垂直于炉底方向冷却速率快，因而晶体沿其相反方向生长时，形成了与轴向、径向均有一定结晶方向的柱状晶。未经电脉冲处理的纯铜铸锭出现粗大的等轴晶是由于纯铜熔体内准晶胚数目较少，仅存在靠正常形核得到较少数目的晶核，故在图 4.74 中可以看到只有数个的柱状晶和粗大的等轴晶。

在图 4.74(b)中铸锭上部没有等轴晶是由于在凝固过程中"结晶雨"因素造成的，即纯铜固相的比重都比较大，一旦形核长大，晶体趋向向下沉降，导致纯铜熔体上浮，使得铸型上端始终保持着液相状态，当由铸型型壁向心部方向长大而来的柱状晶耗尽了整个液相为止时，结晶过程结束。故铸锭上部全部为柱状晶。

在本节中电脉冲处理和未经电脉冲处理的纯铜铸锭中晶粒尺寸普遍较大的原因有三个：①采用了石墨坩埚在真空炉中随炉冷却；②石墨具有较好的保温效果；③耐火纤维的绝热作用，降低了铸件的冷却速率，形核率下降，致使晶粒比较粗大。尽管如此，电脉冲处理比未经电脉冲处理的纯铜铸锭的晶粒还是相对细化了许多。

对于电脉冲处理比未经电脉冲处理纯铜铸锭的缩孔小的原因为：当铸锭内存在柱状晶时，柱状晶间相互搭桥连接在一起，其中的间隙可作为缩孔存在，即缩孔在铸锭中占一定体积，使铸锭的集中缩孔体积减小。因此，图 4.75(b)中，组织全部是柱状晶，集中缩孔体积小，而图 4.75(a)中是粗大的等轴晶粒，由于没有柱状晶搭桥导致的分散缩孔因素，使其集中缩孔体积粗大。

4.10.4　电脉冲处理对纯铜导电导热性能的影响

1. 实验方法

将经过电脉冲处理和未经电脉冲处理的纯铜棒材，分别置于 14℃、41℃、60℃、80℃和 95℃恒温水浴槽中保温 30min，然后采用回路电阻测试仪测试在不同温度下的电阻值，取其平均值。其中，0 号为未经电脉冲处理(ϕ20mm)，1、2 与 3 号为电脉冲处理，其处理频率及棒材直径分别为 8Hz、ϕ10mm，4Hz、ϕ10mm，4Hz、ϕ20mm。取纯铜样品 4 个，每个样品测试 4 个温度点的导热系数及比热容，即室温、100℃、150℃和 200℃，采用激光闪射法测量纯铜的导热性能。

采用 X 射线 Schulz 背反射法测定不同处理状态下纯铜的织构，图 4.76 为 X 射线 Schulz 背反射法的实验装置示意图及实验仪器。织构测定在 D/max-IIIA 型 X 射线衍射仪上进行，管电压为 35kV，管电流为 20mA，采用 CuK_α 辐射，Ni 滤波片，标样采用同种材料的无织构粉末样品，用 Schulz 背反射法测量{111}、{200}和{220}三张不完整极图。

2. 电脉冲处理对纯铜电导率的影响

表 4.17 是纯铜在不同处理条件下电导率的测试值。图 4.77 是纯铜在不同温度下电导率的变化情况。

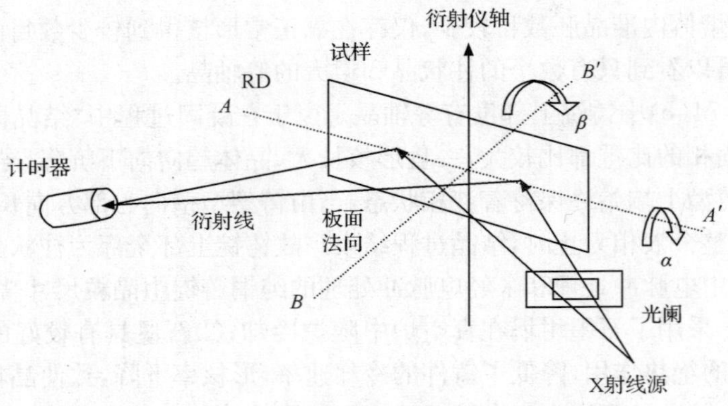

(a) 反射法的实验布置示意图

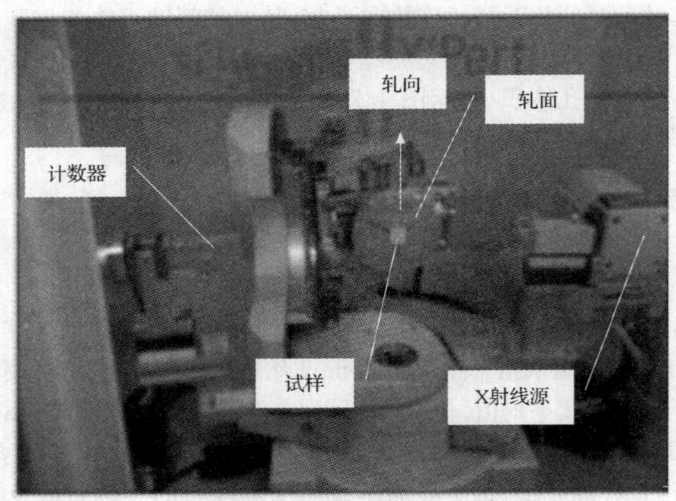

(b) 实验仪器

图 4.76　X 射线 Schulz 背反射法实验装置

表 4.17　纯铜在不同处理条件下的电导率

测试项目	序号	14℃	41℃	60℃	80℃	95℃
电导率(σ)/(10^8S/m)	1	6.4392	5.7731	4.9241	4.7928	4.6249
	2	6.2007	5.4006	4.9737	4.8058	4.6249
	3	6.2458	5.5997	5.0747	4.9209	4.8475
	0	5.5997	5.2380	4.8475	4.7762	4.5744

由图 4.77 可以看出，经过电脉冲处理的纯铜 1、2、3 号试样的电导率无论在哪个温度下均高于未经电脉冲处理的纯铜 0 号试样的电导率，并且，随着温度的升高，电导率呈现下降的趋势，表现出电阻温度系数为正的特征。在 60℃以上温度时，电脉冲处理的纯铜 1、2、3 号试样与未经电脉冲处理的 0 号试样的电导率差值减小。当电子波通过一个理想晶体点阵时(0K)，不发生散射，如果晶体点阵不完整、有缺陷，则在这些位置，电子波将受到散射，这是金属具有电阻特性的原因。实际上，加热就会引起离子热运动，离子运动振幅的变化，使理想晶体点阵的周期性消失，此外，晶体中异类原子、位错、点缺陷等都会造成上述现象。因此，电子波在这些位置上被散射，宏观上即是电阻上升，电导率降低。前面的实验结果证明了，电脉冲处理的纯铜晶粒得到细化，使晶界面积增加，电子波受到散射的概率增大，电阻率升高。对于传统工艺生产的纯铜，当晶粒细化、晶界面积增加时，电导率应该有所下降，但上述的实验结果却是电脉冲处理的纯铜晶粒得到细化，晶界面积增加，电导率有所上升。分析其原因主要有以下几个方面。

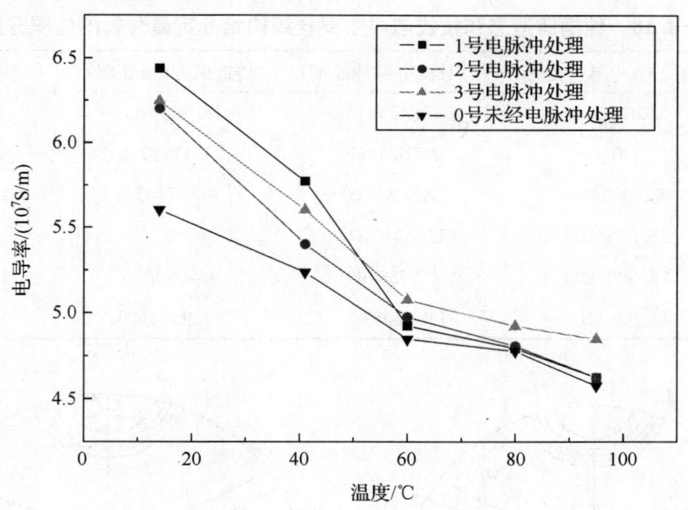

图 4.77　纯铜在不同温度下的电导率

首先，金属材料沿轴向冷拔成棒材、丝材后，其晶体取向会择优分布，也就是各晶粒的某一个或几个晶体学方向与拉拔方向平行。实验已经证明，纯铜经冷拉拔后各晶粒的〈111〉方向与拉拔方向平行，这被称为丝织构。由于丝织构具有轴旋转对称的特点，所以通常把拉拔方向称为丝织构轴。用平行于拉拔方向的晶向指数〈uvw〉来表示丝织构轴的指数。如果试样中有两种或两种以上的晶体取向与丝织构平行，则称之为双重织构或多重织构。在文献[66]中指出，板织构经电脉冲处理后，晶体中各向同性的程度增加，与未经电脉冲处理的板织构相比，各个晶粒的取向分布密度减少。但是在冷拔纯铜棒材的实验结果中发现了与此相反的结果，丝织构中的各个晶粒的取向分布密度并没出现板织构峰钝化(取向分布密度下降)的现象，而是出现锋锐化(取向分布密度上升)现象。由于纯铜是立方晶系，⟨111⟩与{111}的法线互相平行，也可以证明{111}织构明显峰锐化，进而电脉冲处理后在冷拔纯铜棒材中可产生较多的{111}面织构的原因。另外，因纯铜熔体在脉冲电场作用下，晶粒的取向发生了改变，纯铜铸造织构中沿铸锭轴向测定并计算出的{111}面织构体积分数明显高于未经电脉冲处理的铸锭中{111}面织构体积分数，由此导致了纯铜棒材在冷拔变形后，沿轴向分布着较多的{111}面织构。

表 4.18 是采用 X 衍射测量出并计算得到的纯铜铸态和冷拔后丝织构中主要织构的体积分数。其中，铸态织构与圆柱形铸锭的轴向相平行。由于冷变形中拉拔方向与铸锭的轴向平行，即纯铜棒材拉拔产生的丝织构轴向与铸锭是平行的，这样的比较更具有意义。图 4.78 和图 4.79 是未经电脉冲处理和电脉冲处理冷拔棒材的{111}极图和所计算的取向分布函数(ODF)截面图。

表 4.18　纯铜铸造态和拉拔态中主要丝织构组分定量分析的体积分数（单位：%）

⟨*uvw*⟩值	铸造织构(电脉冲处理)	丝织构(电脉冲处理)	铸造织构(未处理)	丝织构(未处理)
001	0.04332046	4.8423810	13.9499200	6.9404030
101	0	2.7623760	27.1772700	0.9509395
111	6.8053480	27.9390700	0.9477410	19.6038500
102	28.5354700	11.8549400	0	9.8182290
213	22.8083800	9.0636490	8.5046470	14.2184600
214	12.3561100	11.2207200	14.9314100	11.0790500

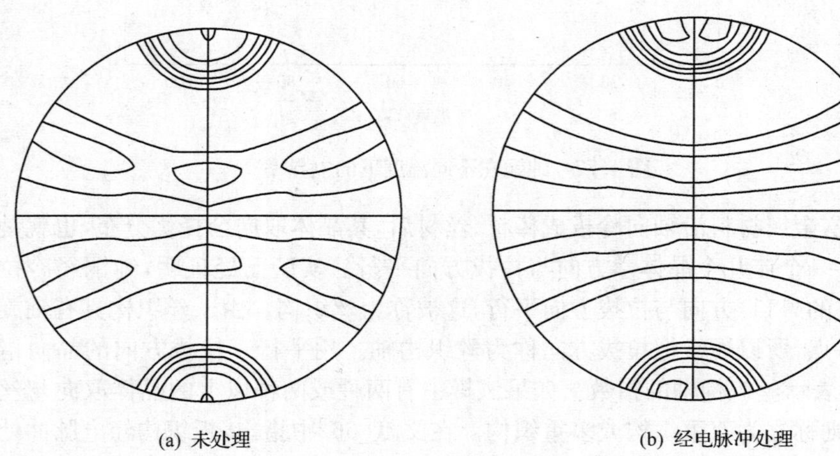

(a) 未处理　　(b) 经电脉冲处理

图 4.78　冷拔纯铜棒材的{111}极图

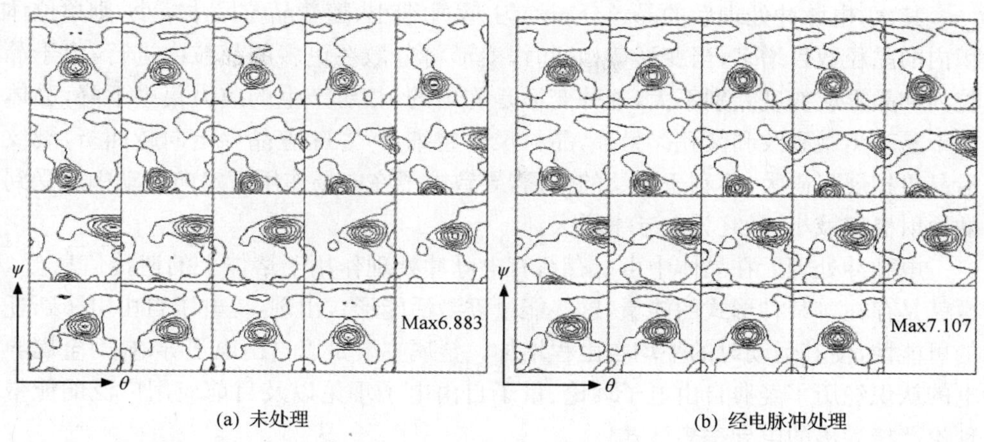

(a) 未处理　　(b) 经电脉冲处理

图 4.79 不同处理状态冷拔纯铜棒材的恒 φ ODF 截面图

图 4.78 和图 4.79 中信息均说明在冷拉纯铜棒材中存在体积密度很高的{111}丝织构。它表明了纯铜棒材多晶体中较多晶粒的{111}面法向均平行或近似平行棒材轴向的分布状态，即与拉拔方向平行。在图 4.78(a)中可以看出，冷拉拔后纯铜棒晶体中各晶粒极点的分布散乱，还有断续的极密度等高线，而图 4.78(b)中的晶粒极点分布相对集中。在图 4.79(b)中的 ODF 截面图上，取向密度高的位置周围即是{111}面织构的分布区域，进而可以间接证明纯铜棒材中存在着明显的{111}面织构。根据图 4.78 和图 4.79 所表明的极密度和取向密度可推断出，电脉冲处理冷拔纯铜棒材有体积分数较多的{111}面织构，其最高极密度值达到 7.107，高于未经电脉冲处理纯铜冷拔棒材的 6.883 最高值。通过计算结果可知(参见表 4.18)，纯铜冷拉棒材的{111}面织构的体积分数从未经电脉冲处理的 19.6%增加到电脉冲处理的 27.9%，说明电脉冲处理后可使织构明显锋锐化，因此可以推定，电脉冲处理后纯铜棒材电导率升高应该与{111}面织构的锋锐化有关。根据文献[67]和[68]报道，随着纯铜棒材冷拉拔后变形量的增大，垂直于拉拔方向的{111}面的晶粒数目增多，导致在棒材拉拔的轴向上产生较大的塑性变形抗力，这种抗力对于消除“电子风”效应所带来的不利影响十分有效，即在纯铜棒材两端通入电流后，由于电流的流动而促进了内应力松弛和原子的扩散，这种行为会在晶界上产生孔洞，这些孔洞对电子有强烈的散射作用而使电导率下降。由于电脉冲处理冷拔铜棒内的{111}面织构体积分数较多，沿拉拔的轴向上(亦是电流方向)有较大的塑性变形抗力，对晶界上的内应力的松弛和原子扩散有阻碍作用，使之不易在晶界上产生较多的孔洞，电子被散射的概率下降，电导率提高。另外，沿棒材横截面径向的方向上则有相对较小的塑性变形抗力。沿此方向，由于塑性变形抗力较小，应力松弛得以容易进行。

其次，电脉冲处理后的晶粒分布均匀、尺寸细小，随着晶粒尺寸减小，则单位体积内的晶粒数目增多，当变形量相同时，变形将分散在更多的晶粒内进行，由于晶粒内和晶界应变度差别不大，这种变形是均匀的，相对产生的应力集中下降，晶体内不易萌生微裂纹和微孔。另外，晶粒尺寸越细小，意味着晶界走向越曲折，裂纹沿晶界扩展阻碍大，不利于裂纹的传播，导致电子在电场作用下定向运动中所受到的散射概率减小，最终为电导率增大。

电脉冲处理后在晶体中可以存留有电脉冲处理作用于熔体上的遗传信息[69]，也就是存在着某种形式的能量，这些能量以激活能形式出现，提升了自由电子跃迁的可能性，使其运动时的平均自由程增加。金属主要是以自由电子导电，对金属导电的认识经历了经典自由电子理论、量子自由电子理论以及目前应用广泛的能带理论严格导出的电导率表达式：

$$\sigma = \frac{n_{ef} e^2 l_F}{m^* v_F} \tag{4.36}$$

式中，m^* 为电子有效质量；v_F 为费米面附近电子运动平均速率；n_{ef} 为单位体积内实际参加传导过程的电子数；e 为电子电量；l_F 为费米面附近电子平均自由程。式(4.36)不仅适用于金属，也适用于非金属，它能完整地反映晶体导电的物理本质。式(4.36)中除 l_F 外，均为常量，故 σ 随 l_F 的增加而增加。

3. 电脉冲处理对纯铜导热率的影响

表 4.19～表 4.22 是采用 Netzsch 闪光导热仪 LFA447 并用激光闪射法测量导热性能的实验数据，从各表中可以看出，电脉冲处理后纯铜棒材、板材的导热系数 λ、热扩散系数 D、比热容 C_p 的数值在四个设定温度条件下均大于未经电脉冲处理的相应值。

表 4.19 未经电脉冲处理纯铜棒材导热性能与温度的关系

测试温度 /℃	热扩散系数 $D/(mm^2/s)$	标准偏差 $\Delta/(mm^2/s)$	导热系数 $\lambda/[W/(m\cdot K)]$	比热容 $C_p/[J/(g\cdot K)]$
25	107.8	0.3	383.4	0.400
100	104.3	1.0	375.0	0.404
150	103.3	0.4	370.8	0.404
200	101.2	0.5	360.5	0.401

表 4.20　电脉冲处理纯铜棒材导热性能与温度的关系

测试温度 /℃	热扩散系数 $D/(mm^2/s)$	标准偏差 $\Delta/(mm^2/s)$	导热系数 $\lambda/[W/(m\cdot K)]$	比热容 $C_p/[J/(g\cdot K)]$
25	111.5	0.9	391.2	0.394
100	108.1	0.1	387.3	0.402
150	105.6	0.7	384.6	0.409
200	103.4	0.8	384.0	0.417

表 4.21　未经电脉冲处理纯铜板材导热性能与温度的关系

测试温度 /℃	热扩散系数 $D/(mm^2/s)$	标准偏差 $\Delta/(mm^2/s)$	导热系数 $\lambda/[W/(m\cdot K)]$	比热容 $C_p/[J/(g\cdot K)]$
25	111.5	0.7	356.8	0.359
100	107.5	1.4	355.2	0.377
150	104.4	0.6	352.0	0.378
200	102.1	0.8	350.5	0.385

表 4.22　电脉冲处理纯铜板材导热性能与温度的关系

测试温度 /℃	热扩散系数 $D/(mm^2/s)$	标准偏差 $\Delta/(mm^2/s)$	导热系数 $\lambda/[W/(m\cdot K)]$	比热容 $C_p/[J/(g\cdot K)]$
25	111.70	1.41	358.2	0.365
100	106.0	1.0	363.6	0.388
150	103.8	0.6	374.7	0.408
200	103.0	0.2	386.6	0.424

由于实验结果已经证明电脉冲处理的纯铜纯铝晶粒细化后，晶界总面积增加，又由于纯金属中的导热主要靠电子来进行，晶界面积的增加将使电子波受到散射的概率增大，热阻率提高，电脉冲处理的纯铜试样晶粒细化后，其导热系数 λ 按传统理论应该下降，但实验结果与此相反。图 4.80 和图 4.81 分别是纯铜棒材、板材导热系数随温度变化的曲线。在图 4.80 中，电脉冲处理的纯铜棒材试样的导热系数的变化规律是，随着温度的升高，导热系数下降，下降的速度比未经电脉冲处理的要慢。这表明了尽管温度达到 200℃，其导热系数 λ 仍然较大。但是，在图 4.81 中，经过电脉冲处理的纯铜板材试样的导热系数出现了反常现象。温度上升时，未经电脉冲处理板材试样的导热系数正常下降，而电脉冲处理的板材试样始终是线

性增加。固体中的导热主要是靠晶格振动的格波(也就是声子)和自由电子的运动来实现的[70],如果固体的导热系数为 κ, 则

$$\kappa = \kappa_{ph} + \kappa_e \tag{4.37}$$

式中,κ_{ph} 为声子的导热系数;κ_e 为电子的导热系数。

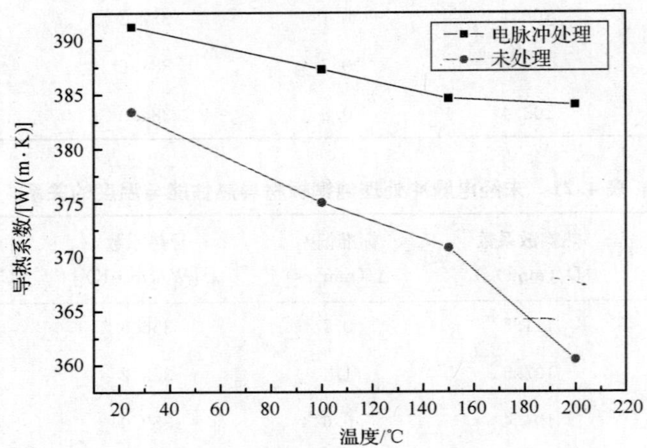

图 4.80　电脉冲处理对纯铜棒材导热系数的影响

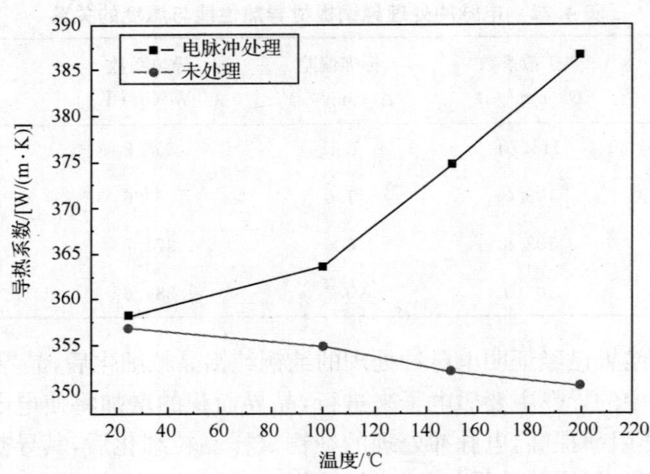

图 4.81　电脉冲处理对纯铜板材导热系数的影响

纯金属的导热载体主要靠电子,合金导热是电子和声子共同叠加作用的结果。由经典金属电子理论指出,金属中大量的自由电子可被认为是自由电子气,作为一种合理的近似表述,可以借用理想气体的导热系数公式来分析讨论自由电子的导

热系数。理想气体导热系数的表达式为

$$\kappa = \frac{1}{3} C \bar{v} l \tag{4.38}$$

式中,C 为单位体积气体热容;$\bar{v}$ 为分子平均运动速率;l 为分子运动平均自由程。将相应的自由电子气的有关数据代入式(4.38)中,就可以近似得到 κ_e。其中,n_{ef} 为单位体积内实际参加传导过程的电子数,即单位体积内的自由电子数目。则单位体积电子热容为

$$C = \frac{\pi^2}{2} k \frac{kT}{E_F^0} n_{ef} \tag{4.39}$$

由于温度对 E_F^0 影响不大,则用 E_F 代替 E_F^0;自由电子运动速率取 v_F,将式(4.39)代入式(4.38)中,得

$$\kappa_e = \frac{1}{3} \left(\frac{\pi^2}{2} k^2 T n_{ef} / E_F \right) v_F l \tag{4.40}$$

根据 $E_F = \frac{1}{2} m v_F^2$,$\frac{l}{v_F} = \tau_F$ (代表自由电子弛豫时间),则

$$\kappa_e = \frac{\pi^2 n_{ef} k^2 T}{3m} \tau_F \tag{4.41}$$

式(4.41)中的 n_{ef} 与式(4.39)中的 n_{ef} 相同,电脉冲处理后的纯金属导热与导电性主要靠电子来完成,故其导热与导电机理基本一致。但是,如果要求纯铜既具有良好的导电性和导热性,又要有高的强度,目前唯一的方法是采用细晶强化的方法。对于冷加工工艺制备型材过程中出现的织构影响导热导电性能的机理,目前还没有达成明确的共识,对于在本实验中出现的冷拉、冷轧织构,分析认为,如果通过一定手段控制织构的形成,使其在导热导电方向上形成的织构有利于自由电子运动,无疑是有益的,但有待于进一步的研究。另外,在图 4.81 中,对于电脉冲处理的纯铜板材的导热系数随时间变化而上升的现象,分析认为:依照金属导热理论描述,在室温以上,当温度升高使金属内自由电子和声子的平均自由程减小的影响超过温度对其热容和运动速率的影响时,金属导热系数将随温度升高而降低。一旦有外来原子和晶格缺陷存在时,则温度对平均自由程的影响相对下降,金属导热系数将随温度的升高而增加。本实验中采用的实验材料是纯铜,实验的外界条件均相同,因此,无外来原子、产生的晶格缺陷带来的问题,唯一的答案是影响导热系数的因素与电脉冲处理有关。当温度上升,晶格振动幅度加大,晶格振动(声子)对自由电子的散射作用就会增加,也就是声子对自由电子运动的阻碍作用增加,引起其导热系数下降。例如,未经电脉冲处理的纯铜板材试样的导热系数即是随温度升高而下降的。电脉冲处理的纯铜板材试样的导热系数随温度升高(小于 200℃ 范围内),导热系数增加,其原因与前述讨论的导电机制相同,即由于织构效应的存在而导致减少和产生较少的微孔和微裂纹,此外,电脉冲处理后在晶体中仍保留着

电脉冲处理对熔体作用的遗传信息即某种能量以一定的形式存在，这些能量可以作为激活能增大自由电子跃迁的因素，使其运动时的平均自由程加大。根据式(4.36)，σ 随自由电子平均自由程的增加而增加的作用超过了温度上升、晶格振动(声子)对自由电子的散射作用增加而带来的导热系数下降的作用。二者竞争的结果是温度增加，导热系数也增加。这表明前者综合作用结果不明显，但是，后者在 160℃后增加停止了。

此外，需要指出的是电脉冲处理纯铜棒材、板材的热扩散系数 D、导热系数 λ、比热容 C_p 的变化规律与导热系数是一致的。

4.11 电脉冲处理易切削硅黄酮的组织及其力学性能

黄铜是以铜和锌为主要成分的合金，具有良好的机械性能、耐蚀性能、导电和导热性能以及加工工艺性能，且与紫铜和许多铜合金相比，黄铜还具有价格较低、色泽美丽的优点，是重有色金属中应用最广的金属材料。根据化学成分的不同，黄铜可以分为普通黄铜和特殊黄铜两大类。

铅黄铜是应用最广泛的一种特殊黄铜，具有优异的耐腐蚀性能、易切削性能和成型性能，广泛地应用在电子电器接插件、仪表零件、饮水系统的水管、水龙头、阀门、管接头，以及汽车、消防和飞机等使用的液压阀门等各个领域[71,72]。但是铅极易从基体材料中脱落，而且在产品加工过程中以及废弃后，铅都会通过各种途径进入人体造成危害[73,74]。近年来随着环保呼声的不断高涨，无铅易切削黄铜的开发已经成为必然[75,76]。

4.11.1 电脉冲处理后 H65Si1.5 合金的组织特点

以 99.99%的电解铜、99.99%的锌锭、99.99%的精铋及工业硅为原料熔炼配制 H65Si1.5 合金，并在电阻炉中进行不同参数的电脉冲处理，处理后立即进行浇注，铸型为金属型。

图 4.82 为不同电脉冲参数处理后 H65Si1.5 合金的宏观组织。由图可见，未经电脉冲处理时，H65Si1.5 合金铸锭剖面呈典型的 3 晶区组织。铸锭表层为极窄、晶粒细小的等轴晶，而后是发达的柱状晶，铸锭中心则为粗大的等轴晶。而当 H65Si1.5 合金熔体在 1050℃经过 1000V、60s、8Hz 电脉冲处理后合金的凝固组织发生了明显改变，柱状晶区已几乎消失，整个铸锭剖面几乎全部为细小的等轴晶。此外，由图中铸锭收缩情况可以看出，电脉冲处理后 H65Si1.5 合金的缩孔更大、更深，可见此时铸件的致密性更好。

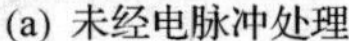

(a) 未经电脉冲处理

(b) 1000V、60s、8Hz电脉冲处理

图 4.82　H65Si1.5 合金宏观组织

图 4.83 为电脉冲处理前后 H65Si1.5 合金的微观组织。由图可见，电脉冲处理前后 H65Si1.5 合金的微观组织未发生改变明显，均是由 α(暗色相)和 β(条状亮色相)两相构成，只是 β 相形态略有改变。未经电脉冲处理时，β 相呈连续大的条状或块状；而经 1000V、60s、8Hz 电脉冲处理后，H65Si1.5 合金中 β 相则变为不连续的小块状。

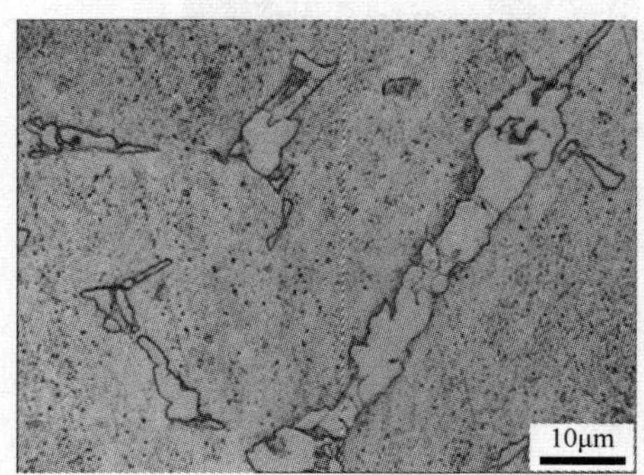

(a) 未经电脉冲处理

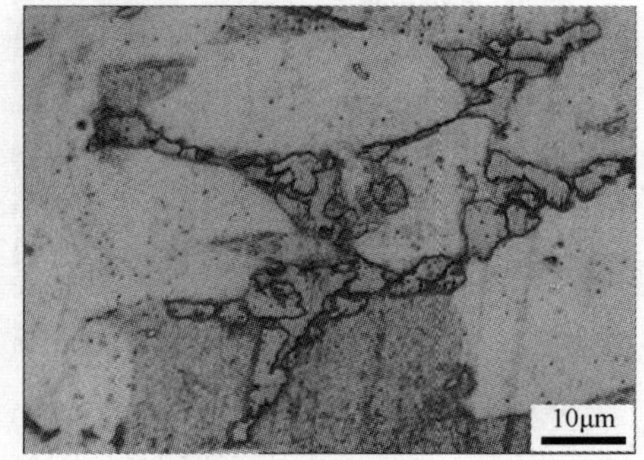

(b) 1000V、60s、8Hz电脉冲处理

图 4.83　H65Si1.5 合金微观组织

为了探索 Si 在合金中的存在状态，对电脉冲处理前后 H65Si1.5 合金进行了能谱分析，结果如表 4.23 所示。由分析结果表明，Si 主要分布于合金的块状相中，基体中也含有部分 Si，电脉冲处理前后 H65Si1.5 合金中 Si 的状态基本未发生变化，但电脉冲处理后，Si 元素在 H65Si1.5 合金中的分布更均匀。

表 4.23　H65Si1.5 合金能谱分析结果

元素	未经电脉冲处理		1000V、60s、8Hz 电脉冲处理	
	基体	块状相	基体	块状相
Si	2.12	14.56	2.56	12.89
Cu	62.67	10.81	64.35	9.76
Zn	2.98	30.45	2.46	31.02

4.11.2　电脉冲处理后 H65Si1.5 合金的切削性能

黄铜在切削加工之前，绝大多数为热挤压状态的棒材或条材供应，少部分为线材供应，因此，考查无铅易切削硅黄铜的切削性能前应先对其进行挤压处理。将 H65Si1.5 合金用挤压机进行反向挤压，挤压温度>730℃，挤压速率为 8～18mm/s，挤压比为 14～17。而后将硅黄铜挤压态的试样在卧式普通车床上加工，刀具材料 YG-8，加工方式为车削外圆 1mm，主轴转速为 1600r/min。在相同的切削条件下通过切屑的形貌测试电脉冲处理对其切削性能的影响。

图 4.84 为未经电脉冲处理及经 1000V、60s、8Hz 电脉冲处理后 H65Si1.5 合金切削后的切屑形貌。

(a) 未经电脉冲处理

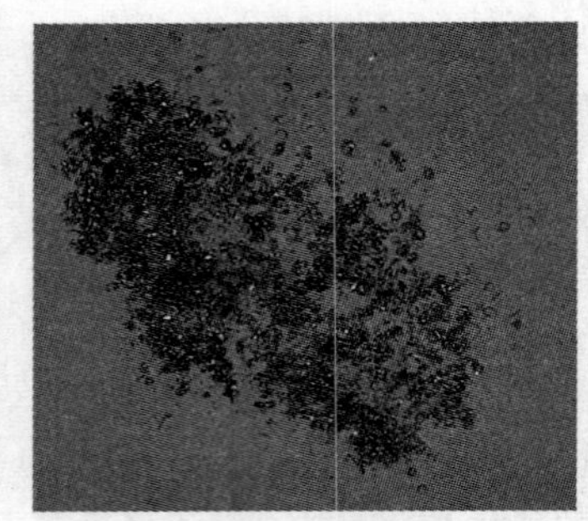

(b) 1000V、60s、80Hz电脉冲处理

图 4.84　H65Si1.5 合金切屑形貌

由图 4.84 可以看出，电脉冲处理前后合金的切屑均细长，呈短针状，但经过电脉冲处理后合金的切屑更短，可见电脉冲处理后合金的切削性更好。由 4.11.1 节可知，电脉冲处理后 H65Si1.5 合金中含硅的块状相变得更小，分散更均匀，而含硅相或硅单质颗粒与刀刃接触时在剪切应力作用下易于破碎，断口处接触的金属发生应力集中，很容易萌生裂纹并扩展，使切屑很快断裂而不连续长大，减小切屑的尺寸，从而提高硅黄铜的切削性能。

4.11.3　电脉冲处理后 H65Si1.5 合金的力学性能

力学性能测试按照国家标准 GB 228《金属拉伸实验方法》在 WAW30300 微机控制电液伺服万能实验机上进行。力学性能试样条件：试棒直径 5mm，原始标距为 60mm，表面为挤压状态。

不同电脉冲处理 H65Si1.5 合金的力学性能的测试结果如表 4.24 所示。由表 4.24 可知，电脉冲处理后，H65Si1.5 合金的抗拉强度明显增加，弹性模量亦显著提高。其中，当处理参数为 1000V、60s、8Hz 时，合金的抗拉强度及弹性模量增加最大，分别较未经电脉冲处理试样提高了 20.1%及 14.9%。这是因为电脉冲处理后合金的组织得到细化，Si 元素分布更加均匀，且 Si 在基体中的含量增多，起到了弥散强化的作用。表 4.25 为不同处理时 H65Si1.5 合金基体显微硬度。由表 4.25 可见，电脉冲处理后硅黄铜显微硬度较未处理时均有较大提高，其中，处理参数为 1000V、60s、8Hz 时试样的硬度值最高，较未处理时提高了约 80%，可见 Si 元素的强化作用明显。

表 4.24　挤压态 H65Si1.5 合金的力学性能

试样参数	试样直径 d/mm	最大应力 F_m/kN	抗拉强度 R_m/MPa	弹性模量 E/MPa
未经电脉冲处理	5.00	14.10	720	59436.20
300V、60s、8Hz	5.00	16.42	835	62152.08
500V、60s、8Hz	5.00	16.63	852	65236.01
1000V、60s、8Hz	5.00	16.80	875	68321.06

表 4.25　挤压态 H65Si1.5 合金的显微硬度

参数	硬度值					平均值
未经电脉冲处理	156	167	159	157	158	159.4
300V、60s、8Hz	260	255	219	215	239	237.6
500V、60s、8Hz	257	268	245	321	288	275.8
1000V、60s、8Hz	280	279	284	287	283	282.6

参 考 文 献

[1] 王传毅. 脉冲电场对工业纯铝凝固组织的影响[硕士学位论文]. 锦州：辽宁工学院，2004.

[2] 张生. 脉冲镀和脉冲焊电源. 北京：机械工业出版社，1988：59.

[3] 弗莱明斯 M C. 凝固过程. 北京：冶金工业出版社，1981：123.

[4] Li H，Wang G H，Zhao J J，et al. Cluster structure and dynamics of liquid aluminum under cooling conditions. Journal of Chemical Physics，2002，116：10809～10812.

[5] 董科军，刘让苏，郑采星，等. 液态金属 Al 快凝过程中纳米级大团簇结构的形成特性模拟研究. 稀有金属

材料与工程,2003,32:893～897.

[6] Prigogine I. Thermodynamics and cosmology. International Journal of Theoretical Physics, 1989, 28: 927～933.

[7] 边秀房,王伟民,李辉,等. 金属熔体结构. 上海:上海交通大学出版社,2003:39.

[8] Li H, Bian X F, Wang W M. The microdynamics behavior of pure Al melt. Chinese Journal of Atomic and Molecular Physics, 2000, 17: 123～128.

[9] Qi J G, Wang J Z, Liu X J, et al. Casting structure of pure aluminum by electric pulse modification at different superheated temperatures. Journal of University of Science and Technology Beijing, 2005, 12(6): 527～530.

[10] 边秀房. 铝合金的熔体结构及其遗传性研究[博士学位论文]. 济南:山东大学,2001.

[11] 边秀房,刘相法,马家骥. 铸造金属遗传学. 济南:山东科学技术出版社,1999.

[12] 李培杰,曾大本,贾均,等. 铝硅合金中的结构遗传及其控制. 铸造,1999,6:10～14.

[13] 李玲珍,宗燕兵,崔衡,等. 电脉冲改善 HRB335 钢宏观凝固组织的作用. 北京科技大学学报,2004,26: 478～481.

[14] Margerie J C. The notion of heredity in cast iron. The Metallurgy of Cast Iron, 1974, 15: 546～549.

[15] 王建中. 电脉冲孕育处理技术与液态金属团簇结构假说的研究[博士学位论文]. 北京:北京科技大学,1998.

[16] Wang J Z, Tang Y, Cang D Q, et al. Electro-pulse on improving steel ingot solidification structure. Journal of University of Science and Technology Beijing, 1999, 6: 94～96.

[17] American Foundrymen Society. Analysis of Casting Defects. DYTNE, 1994.

[18] Born M, Green H S. A general kinetic theory of liquids Ⅲ: Dynamical properties. Proceedings of the Royal Society of London. Series A, Mathematical and Physical Sciences, 1947, 3: 190～197.

[19] 王习东, 包宏, 李文超. 一种新的多元金属熔体黏度预报模型. 金属学报, 2001, 37(1): 52～56.

[20] Iida T, Guthrie R. The Physical Properties of Liquid Metals. Oxford: Science Publication, 1988.

[21] Suzuka R, Nishimura M. Variation of silicon melt viscosity with boron addition. Journal of Crystal Growth, 2002, 237: 1667～1672.

[22] Yokoyama I, Tscuchiya S. Correlation entropy and its relation to properties of simple liquid metals. Journal of Non-Crystalline Solids, 2002, 313: 232～235.

[23] 胡赓祥, 蔡珣. 材料科学基础. 上海: 上海交通大学出版社, 2000.

[24] 唐勇. 电脉冲作用下液态金属结构及其对碳钢凝固组织改善的研究[博士学位论文]. 北京: 北京科技大学, 2000.

[25] 王英. EPM 处理对 Al-5.0%Cu 合金凝固形核及热裂倾向影响的研究[硕士学位论文]. 锦州: 辽宁工学院, 2002.

[26] 姚允斌. 物理化学手册. 上海: 上海科学技术出版社, 1985.

[27] Spinelli J E, Rosa D M, Ivaldo L, et al. Influence of melt convection on dendritic spacings of downward unsteady-state directionally solidified Al-Cu alloys. Materials Science and Engineering A, 2004, 383: 271～282.

[28] Liu B, Zhao Z L, Wang Y X, et al. The solidification of Al-Cu binary eutectic alloy with electric fields. Journal of Crystal Growth, 2004, 271: 294～301.

[29] Rao S R K. Grain refinement through arc manipulation techniques in Al-Cu alloy GTA welds. Materials Science and Engineering A, 2005, 404(1-2): 227～234.

[30] Borland J P, Sprecher A F, Conrad H. Colony reduction in eutectic Pb-Sn casting by electropulsing. Scripta Metall Mater, 1995, 32(6): 879～884.

[31] 比利 P R. 铸造工艺学. 林家骝等译. 北京：机械工业出版社，1986.

[32] 王业双，王渠东，丁文江，等. 合金的热裂机理及其研究进展. 特种铸造及有色合金，2000，2：48～50.

[33] 陈存中. 有色金属熔炼与铸锭. 北京：冶金工业出版社，1988.

[34] 王寿涛. 铸件形成理论及工艺基. 西安：西北工业大学出版社，1994.

[35] 曾松岩，刘驰，蒋祖令. 铝铜合金的热裂倾向性. 特种铸造及有色合金，1989，2：12～15.

[36] 张习志，余明，夏仁专. 铸件裂纹的形成原因及防止方法. 煤矿机械，2007，28(11)：104～106.

[37] 刘驰，李庆春. 铝铜合金准固态力学行为和凝固过程应力-应变及热裂数值模拟. 铸造，1988，9：28～31.

[38] 赵良毅. 铸件凝固数值模拟中等值线的绘制. 铸造技术，1992，2：47～49.

[39] 许庆太，魏伯，赵晓飞，等. 钢板表面纵向裂纹的金相检验和分析. 理化检验物理分册，2006，42(12)：634～636.

[40] Clyne T W, Davies G J. The influence of composition on solidification cracking susceptibility in binary alloy systems. The British Foundryman, 1981, 74: 65～73.

[41] 丁浩，傅恒志，罗栓柱，等. 化学成分对定向凝固 Al-Cu 合金热裂倾向的影响. 金属学报，1995，31(8)：376～379.

[42] Rappaz M, Drezet J M, Gremaud M. A new hot-tearing criterion. Metallurgical and Materials Transactions A, 1999, 30(2): 449～455.

[43] Izmailov V A, Vertman A A. State of silicon in aluminum. Metall, 1971, 7(2): 217～223.

[44] Singh M. Stucture of liquid aluminum silicon alloys. Journal of Materials Science Letters, 1973, 8: 317～323.

[45] 桂满昌，宋广生，贾均，等. Al-18%Si 过共晶合金熔体结构特征及磷的影响. 金属学报，1995，31(4)：177～182.

[46] 张林，边秀房，马家骥. 铝硅合金的液相结构转变. 铸造，1995，10：7～12.

[47] 王强，贾均，李培杰，等. Al-Si 合金熔体电阻率及结构的研究. 铸造，1998，3：7～10.

[48] 何力佳，王建中，齐锦刚，等. 高硅铝合金的电脉冲孕育处理与液-固相关性. 北京科技大学学报，2008，30(4)：400～402.

[49] 齐锦刚，王建中，刘兴江，等. 不同脉冲电场对铝熔体遗传行为的影响. 特种铸造及有色合金，2005，25(10)：577～578.

[50] 石向东，薛庆国，王静松，等. 电脉冲处理时间对 Al-18%Si 合金凝固组织的影响. 金属热处理，2005，30(12)：72～75.

[51] 林继兴. 原位 Mg_2Si/Al-20%Si 复合材料及复合变质剂的研究[硕士学位论文]. 赣州：江西理工大学，2006.

[52] 杨伏良，甘卫平，陈招科. 高硅铝合金几种常见制备方法及其细化机理. 材料导报，2005，19(5)：42～45.

[53] 王吉岱，闫承俊，孙静，等. 铝合金变质处理的现状和发展趋势. 铸造，2005，54(9)：844～846.

[54] 坚增运，介万奇. Al-25%Si 合金的结晶状态控制. 2000 年材料科学与工程新进展(下)——2000 年中国材料研讨会论文集，2000.

[55] 坚增运，杨根仓，周尧和. Al-18%Si 合金的温度处理. 中国有色金属学报，1995，5(04)：133～135.

[56] Liu X F, Qi G H, Yang Z Q, et al. Al-P-Cu master alloy and its producing method. 中国专利: CN01107702.2, 2000.

[57] 张伟强. 金属电磁凝固原理与技术. 北京: 冶金工业出版社, 2004.

[58] Szekely J. Fluid Flow Phenomena in Metals Processing. New York: Academic Press Ltd., 1979.

[59] Radjai A, Miwa K. Structural refinement of gray iron by electromagnetic vibrations. Metallurgical and Materials Transactions A, 2002, 33(9): 3025～3030.

[60] Qin R S, Zhou B L. Effect of electric current pulses on grain size in castings. International Journal of Non-Equilibrium Processing, 1998, 11: 77～80.

[61] Vices C. Effects of forced electromagnetic vibration during the solidification of aluminum alloys. Metallurgical and Materials Transactions B, 1996, 27: 445～455.

[62] Conrad H. Influence of an electric or magnetic field on the liquid-solid transformation in materials and on the microstructure of the solid. Materials Science and Engineering A, 2000, 287: 205～212.

[63] 谢建新. 金属挤压理论与技术. 北京: 冶金工业出版社, 2001.

[64] 周尧和, 胡壮麒, 介万奇. 凝固技术. 北京: 机械工业出版社, 1998.

[65] 王建中, 齐锦刚, 刘兴江. 电脉冲作用下铝熔体的遗传表征. 特种铸造及有色合金, 2005, 25(11): 648～651.

[66] 刘兴江. 电脉冲处理对纯金属凝固组织及性能影响的研究[博士学位论文]. 北京: 北京科技大学, 2006.

[67] 毛卫民. 金属材料的晶体学织构与各向异性. 北京: 科学出版社, 2002.

[68] Shibata H, Murota M, Hashimoto K. The effects of Al (111) crystal orientation on electromigration in half-micro layered Al interconnects. Journal of Applied Physics, 1993, 33: 4479.

[69] 齐锦刚, 王建中, 刘兴江, 等. 脉冲电场作用下纯铝熔体的遗传机制. 材料热处理学报, 2006, 27(1): 36～39.

[70] 田莳. 材料物理性能. 北京: 北京航空航天大学出版社, 2000.

[71] Chang-GyU Parka, Jung-Gu Kima, Yun-Mo Chung. A study on corrosion characterization of Plasma oxidized 65/35 brass with various frequeneies. Surfaee & Coatings Technology. 2005, 200: 77～82.

[72] 吴卫华, 周浪, 杨青. HPb59-1 黄铜变质细化晶粒组织的热稳定性. 特种铸造及有色合金, 2004, 1: 39～40.

[73] 徐进, 徐立红. 环境铅污染及其毒性的研究进展. 环境与职业医学, 2005, 22(3): 271～274.

[74] Jang Y H, Kim S S, Kim I S. Effect of alloying elements on elevated temperature tensile ductility of Bi-added. Journal of the Korean Institute of Metals and Materials, 2004, 42(7): 537～542.

[75] 钟建华, 陈丙漩, 欧阳玲玉. 环保易切削黄铜的研究现状及发展前景. 有色金属加工, 2005, 34(4): 17～21.

[76] 杨晓蝉. 日本开发无铅、低铅黄铜合金. 现代材料动态, 2002, 11: 8.

第五章　电脉冲孕育处理机制探讨

5.1　原子团簇的特征与研究手段

5.1.1　概述

在对客观世界的研究中,人们十分重视物质形态的构成和演变。气体、液体、固体是人们熟知的自然界广泛存在的三种物质形态,随着科学的进步和人们对客观世界认识的深入,一些不常见的物质形态逐渐进入人们的视野,如等离子态、中子态等。团簇作为一种特殊的物质构成,近年来逐渐受到高度关注。团簇的空间尺度是几埃至几百埃的范围,许多性质既不同于单个原子或分子,又不同于固体或液体,也不能用两者性质作简单外延和内插得到。因此,人们把团簇看做是介于原子、分子和宏观固体、液体之间物质结构的新层次,称之为物质的“第五态”。团簇的研究处于多学科交叉范畴,以团簇研究为重要环节,人们可以科学地认识从原子怎样作为基本砖块,按基本对称原则叠加起来构成聚集体,以及聚集体性质如何随原子数的增长而改变,甚至十分强烈地改变。

将几个至几百个原子组成的、纳米尺度范围的微观和亚微观聚集体,称之为团簇(cluster)。团簇用无机分子来描述显得太大,用小块固体来描述又显得太小。团簇所显现的特性既不能归之于单个原子或分子,也不能归之于固体或液体[1]。

5.1.2　团簇的性质

团簇可作为各种物质由原子、分子向大块物质转变过程中的特殊物相,或者说它代表了凝聚态物质的初始状态。

1. 团簇的稳定性和幻数

团簇的稳定性和幻数论的研究方法和研究结果,有助于我们从微观和亚微观层次来认识液态金属的结构。

一般说来,原子的电子和原子核具有壳层结构,并与对称性和相互作用势密切相关,团簇具有类似的特征。在质谱分析中,含有某些特殊原子数的团簇的强度呈现峰值,表明这些团簇特别稳定,所含原子的数目称之为“幻数”。团簇的幻数序列与构成团簇的原子成键方式有关,金属团簇源于自由电子的金属键,半导体团簇的成键方式是共价键,碱金属卤化物团簇为离子键,惰性元素团簇的成键方式为原子间范德华力。人们在对惰性气体、碱金属卤化物、具有共价键的非金属(如石墨)以及金属的研究中均发现了具有稳定结构、不同幻数的团簇[1,2]。

1）碱金属卤化物的团簇

在对碱金属卤化物的研究中，通过质谱分析和模拟工作，已测定了碱金属卤化物的团簇，并可计算出碱金属卤化物团簇的稳定构型。如由某些特殊数目的 NaCl 分子可以构成稳定的离子化合物团簇，组成团簇的 NaCl 分子数目较少时，团簇的结构与大块 NaCl 的晶体结构是不同的。当构成 NaCl 团簇分子数超过 20 个时，表现出比较稳定的、具有 NaCl 晶体结构的团簇。NaCl 团簇的幻数和对应的结构如表 5.1 所示。

表 5.1　高稳定 NaCl 团簇的结构与分子数

结构	NaCl	结构	NaCl
3×3×2	9	3×3×6	27
4×4×2	16	4×4×4	32
3×3×4	18	4×4×5	40
4×4×3	24	4×4×4	50

2）共价键物质的团簇

在对 C、Si、Ge 等以共价键结合为主的团簇研究中，发现了幻数为 20、24、28、32、50、60、70 等原子数的团簇具有高稳定性。其中，C60 团簇特别引人注目，C60 团簇的结构被设想成由 20 个六边形和 12 个五边形所构成的富氏体(Fullerite)结构。

3）金属的团簇

1984 年，Knight[3] 等发现了金属钠团簇，当钠团簇由 8、20、40、58、92 个原子组成时特别稳定，这些原子数团簇的丰度比相邻原子数团簇的丰度要高，具有相同电子结构的其他碱金属也有类似幻数的团簇结构。第ⅣA 族金属元素、Cu 以及某些贵金属中也观察到具有幻数特征的团簇存在。

4）惰性元素的团簇

惰性元素的团簇相对简单，包括 Ne、Ar、Kr、Xe 等元素的团簇幻数均比较接近。如 Xe 团簇的质谱分布在 $n=13$、19、55、147 等处呈峰值，其强度大约是相应后一个团簇(如 14、20、56 等)强度的两倍或更多，显现出良好的稳定性。

由此可见，满足幻数特征且具有较高稳定性的团簇是物质的一种客观存在形态，以此为基础来研究宏观物质形态及其转变应该更加客观和简便。

2. 团簇的壳层结构

针对已发现的具有幻数特征的团簇，已采用量子力学的方法对团簇的幻数进行了理论分析，分析认为团簇的幻数序列与构成团簇的原子成键方式有关。研究者在对团簇的壳层结构分析中认为，团簇结构反映出的某些有序化特征与粒子的位置序和电子的动量序有关。位置序是经典粒子的特征，动量序则是波的特征，究竟哪一种序占主导地位，要看粒子间距 $a\lambda=h/mv$ 的量级。可粗略估计为[3]：是否达到德布罗意波长

$$T \leqslant \frac{h^2}{3mk_{\mathrm{B}}a^2} \equiv T_0 \tag{5.1}$$

式中，T 为研究对象所处的温度；h 为普朗克常数；m 为粒子质量；v 为粒子运动速率；$3k_{\mathrm{B}}/2$ 为平均热能；T_0 为简并温度；a 为 0.3nm。

Manninen 和 Cohen 则采用凝胶模型对金属团簇进行了详尽的理论分析[3]，同样得到了团簇幻数的壳层结构模型。凝胶模型曾经用于大块固态金属中的相互作用电子系统的分析，在凝胶模型中，团簇总能量中的离子的贡献可以作为一个均匀背景正电荷用以和价电子相平衡。一般把金属团簇看做球形分布，正电荷密度均匀分布于半径为 R 的球内，即

$$n_+ = n_0\theta(R-r) \tag{5.2}$$

式中，n_0 为凝胶密度；n_+ 为形成团簇的原子密度，在碱金属里实际上等于价电子密度；R 为团簇半径；θ 为阶跃函数。定义电子密度参数 r_{s}，则

$$n_0 = \left(\frac{4\pi}{3}r_{\mathrm{s}}\right)^{-1} \tag{5.3}$$

$$R = r_{\mathrm{s}}N^{\frac{1}{3}} \tag{5.4}$$

采用 Kohen-Sham 密度泛函方法和局域密度近似来分析[4,5]，自洽求解方程：

$$n(r) = \sum[\psi_i(r)]^2 \tag{5.5}$$

$$-\frac{1}{2}\nabla^2\psi_i(r) + V_{\mathrm{eff}}(r)\psi_i(r) = E_i\psi_i(r) \tag{5.6}$$

$$V_{\mathrm{eff}}(r) = \phi(r) + \mu_{\mathrm{xc}}[n(r)] \tag{5.7}$$

$$\phi(r) = -4\pi[n(r) - n_+(r)] \tag{5.8}$$

式中，n 为凝胶中 r 处的电子密度；ψ_i 为单电子波函数；E_i 为单电子能量；ϕ 为静电势；$\mu_{\mathrm{xc}}[n(r)]$为局域交换能。方程(5.5)中的求和是对所有占据态进行的，在基态时相应于系统的 N 个电子的 N 个最低能态求和。选择适当的局域交换相关势，当正电荷分布 n_+ 和电子数 N 固定时，方程(5.5)～(5.8)的自洽解给出团簇的基态电子结构。由这种势模型所计算的能级和简并度为 1s(2)、lp(6)、ld(10)、2s(2)、1f(14)、2p(6)、1g(18)、2d(10)、3s(2)、1h(22)、2f(14)、3p(6)、1I(26)、2g(18)，…。因此，当电子充填壳层时，电子的幻数为 2、8、18、20、34、40、56、68、70、92、106、112、138、156 等。如果金属只提供一个价电子，则具有封闭壳层的团簇中的原子数也按上述序列排列。具有这些幻数的团簇总能量较低，也比较稳定。

团簇的稳定性源于其内部较高的内聚能。在对Cu团簇的研究中发现，Cu团簇内原子间距随所含原子数增大而增大，如图5.1所示。当原子团簇内所含原子数很大(其尺寸⩾40Å)时，Cu-Cu原子间距则不再随原子数增加而变化，而出现饱和，此时最近邻原子间的键长已接近大块铜的键长。此结果说明团簇的稳定性源于团簇内的高束缚能。

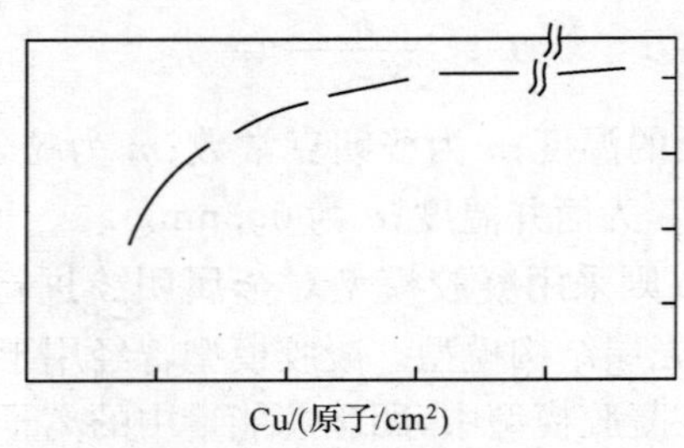

图5.1　Cu最近邻原子间距和原子数目之间的关系

团簇具有这种内在高内聚能和封闭壳层的结构，其含义对照化学元素周期表第三短周期的Na→Ar可知，原子中的电子状态和原子核中的核子状态具有壳层结构，它是与对称性和相互作用势密切相关的。Na原子外壳层上有一个价电子，其能级结构如图5.2(b)和(c)所示。随着原子序数的增加，外壳层价电子数增加，元素由活泼的金属特征向活泼的非金属特征过渡。当外壳层电子数达到满壳层3s(2)+2p(6)时，则成为惰性元素Ar。在由Na向Cl的过渡中，不论是金属还是非金属与其他元素总要以某种键合方式结合。然而对于满壳层Ar而言，则呈现化学性质上的高稳定性。由此可见，对于具有内在高内聚能的封闭壳层的团簇而言[其壳层能级结构如图5.2(a)所示]，这种满壳层结构的团簇由于其电子结构上的稳定性，因而使其呈现性质上的稳定特征。

由此可以推断，原子团簇的存在和高稳定性，将在由液态金属原子向大块固体金属的转变过程中起重要作用。

不过，团簇壳层结构所导致的高稳定性与惰性元素的化学稳定性具有本质区别。壳层结构模型是对这种能够稳定存在的、由几个乃至几百个原子所组成的微观聚集体的量子描述，并不表明其本质特性，因而团簇的稳定性是相对的。当环境改变或团簇内有原子跃迁出该团簇时，此时团簇内的库仑排斥作用可能超过团簇的束缚能，发生自发爆炸，从而使团簇裂解。团簇的裂解被称之为库仑爆炸[4]。库仑爆炸的结果是上代团簇(father clusters)裂解成不同的子代团簇和自由原子。

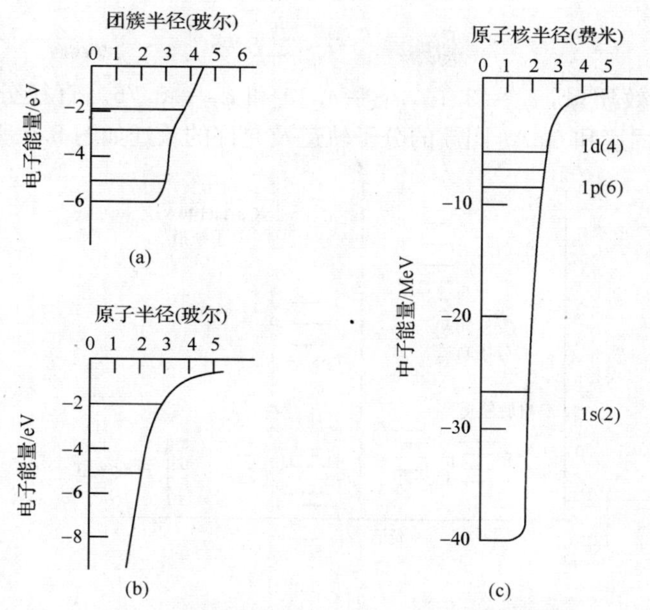

图 5.2　钠团簇、钠原子和钠原子核的势阱和能级

3. 团簇的量子尺寸效应

随团簇尺寸增大，在某一尺寸附近，其结构和性质会发生从原子、分子特征向大块固体特征的转变，这一尺寸称为关节点。对于不同物质和不同条件下的团簇其关节点存在差异。例如，Si_n 团簇，当 $n \leqslant 10$ 时，其结构并非四面体的键合方式，即与大块硅晶不同；而当 $n \geqslant 200$ 时，其结构单元(晶胞)和键长均与大块固体相当。大多数物质，含有大约 30～10^3 原子数将出现向大块晶体结构转变的关节点。

以半导体团簇和金属团簇为例，讨论物质从团簇到大块固体过程中，其尺度、微观结构到宏观结构的变化历程。

根据有效质量近似和库仑相互作用原理，可以得到半导体团簇能谱、无辐射跃迁和表面对团簇性质的影响及其随尺寸的变化。对于纳米微晶而言，晶格的物理性质截止于表面，出现“悬挂键”状态，从而出现中间能隙或能带，并可参与表面重构；或同外来原子化学键合，有时也会出现非局域态。随着团簇尺寸的增大，这些内部态逐渐并入布洛赫态中。在量子阱中，垂直于界面的准二维方向上存在连续的带结构。而纳米微晶在三维方向均是空间约束的，内部为分立的能级结构，电子占据原子轨道并满足 Pauling 不相容原理，其本身不存在激子，即电子-空穴态，也不存在自由载流子屏蔽电子之间的库仑互作用[2]。

假定纳米微晶为球对称且导带轨道非简并。最低三个能态 1s、1p 和 1d 的能量为

$$E_{nL}=E_c+\frac{\hbar^2}{2m_eR^2}\varphi_{nL}^2 \tag{5.9}$$

其中，m_e 是有效质量，$\varphi_{1s}=3.14$，$\varphi_{1p}=4.49$ 和 $\varphi_{1d}=5.76$。直径分别为 70Å 和 140Å 的 CdS 团簇和 GaAs 团簇的分子轨道及允许的跃迁如图 5.3 所示。

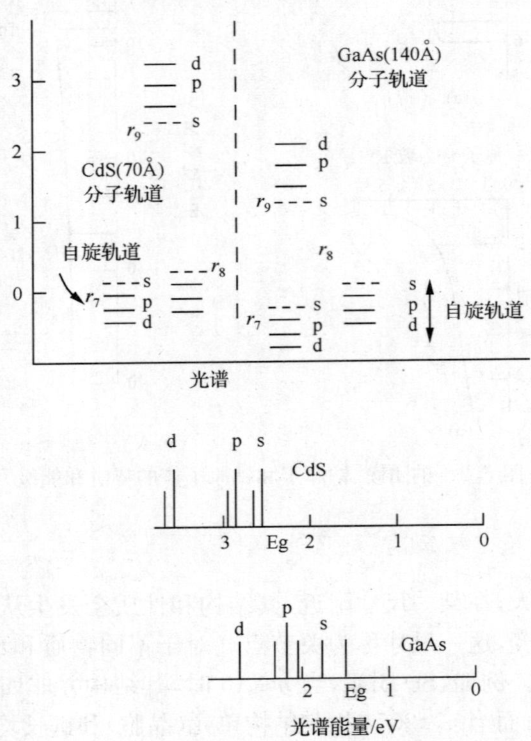

图 5.3　直径为 70Å 的 CdS 团簇和直径为 140Å 的 GaAs 团簇的分子轨道图(计算)

实线表示分子的团簇状态，虚线表示块体的带边，下面为允许的光学跃迁

在 GaAs 和 InSb 中，由于 Ga-As 和 In-Sb 键合强，电子有效质量很小，故向大块带隙靠近较缓慢。也就是说，团簇尺寸较大时才具有大块能隙。而带隙较高的材料，如 ZnO 和 CdS，具有较大的有效质量，靠近大块能隙也较快，例如，CdS 在半径 $R_0=80$Å 时即具有大块能隙，因此，尺寸 160Å 被称为 CdS 的临界尺寸(或关节点)，如图 5.4 所示。

4. 金属团簇的电子性质

在前面讨论团簇结构时，已经谈到金属团簇的稳定性，尤其是幻数结构序列对团簇的电子性质起着决定作用。例如，金属团簇的电离势与所含原子数的关系密切。K 团簇的电离势直至 $n=100$，电离势具有与团簇幻数相对应的峰值，而且在

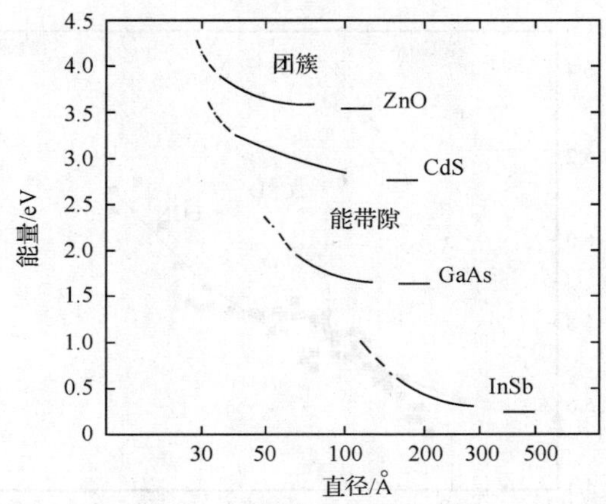

图 5.4　半导体团簇电子最低允许跃迁能量随尺寸的变化

某一壳层连续填充的过程中，电离势近似为一常数，但在每一个壳层填满时，电离势发生突变[5]。

过渡金属团簇的电离势与其原子和电子结构均有关。可采用有效配位数(ECN)模型计算 Ni_n、Nb_n、Co_n 和 Fe_n 等团簇的电离势，并可给出其与尺寸和结构相关的特征。由于在过渡金属系统中，原子的束缚能可以分为两部分，即

$$E_b(i) = V_0 + V_1 \tag{5.10}$$

其中，V_0 是原子核与价电子的互作用，V_1 是这个电子与其他原子的互作用，从而使原子能级展宽成能带。在紧束缚近似下，过渡金属团簇的电离势如下式所示：

$$I(n) = I_0 - (I_0 - W)\left(\frac{Z_i}{Z_b}\right)^{\frac{1}{2}} \tag{5.11}$$

其中，Z_b 为块体原子的有效配位数，W 为功函数。在 $n<150$ 时，表面效应占主要地位，Z_i 取表面原子的配位数 Z_s 来反映团簇的 d 带宽度。而当 $n>150$ 时，方程(5.11)中的 Z_i 则被团簇中所有原子的平均配位数 Z_t 所代替。

如图 5.5 所示为表面配位数理论计算的曲线，Ni 团簇的电离势在实验范围内符合很好。图中还给出了利用液滴模型(CSD)计算的结果(图中的虚线)，与实验结果相差 10%～30%。需要指出，使用 ECN 模型计算电离势时，还要考虑团簇的各种稳定结构。理论计算和实验结果表明，在 $n=40$ 附近，可能存在由准二十面体向截角四面体再向二十面体过渡的结构变化，说明了团簇的电子结构和原子结构之间存在着相关性[6]。

随着团簇尺寸的增加，其电子结构出现明显变化。Smalley 曾对带负电铜簇 Cu_n^- ($n=1\sim410$)进行紫外光电子能谱(UPS)实验，并通过观察光电子发射直接估计出相应中性团簇的电子亲和势。图 5.6 是含有各种原子数的铜团簇 Cu_n^- 的光电子谱[2]。

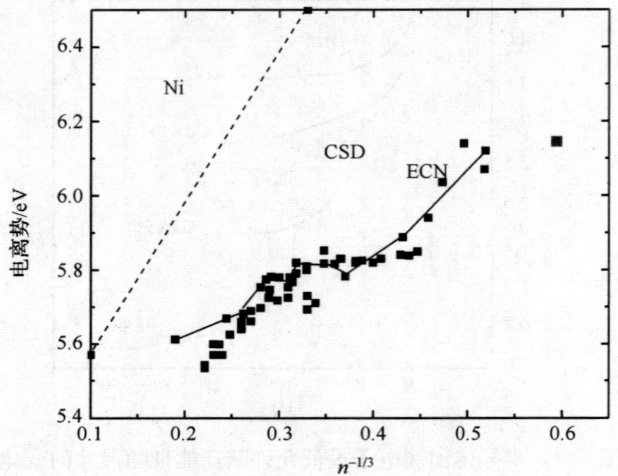

图 5.5　ECN 模型和 CSD 模型计算的 Ni_n 团簇电离势(黑方框是实验结果)

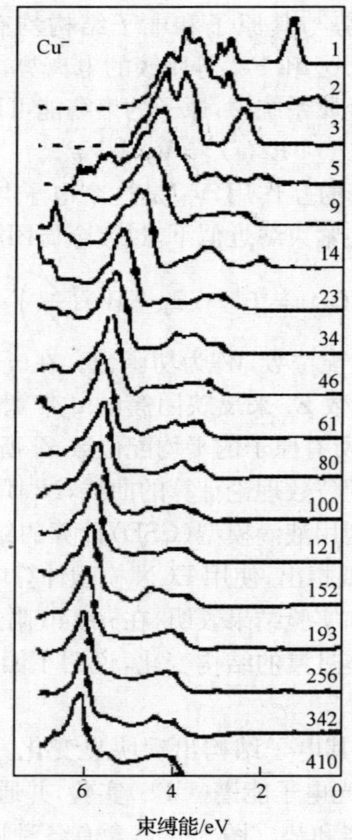

图 5.6　1～410 原子带负电 Cu_n^- 团簇的紫外光电子能谱

当团簇尺寸较小时,符合上述团簇的壳层模型结果,其中,Cu_{14} 可认为是一个亚满壳层。而含有 410 个原子团簇的电子亲和势已在大块铜的功函数范围内,呈现大块铜所具有的 3d 能带特征,说明 Cu_{410} 已开始具有铜晶体的面心立方结构。从正常大块铜的晶格间距来计算 410 个原子的团簇直径为 3nm,其中 50%的原子位于团簇内部,而在 UPS 实验的能量范围内,电子在大块铜内的平均自由程接近 3nm,因此,推断 Cu_{410} 开始出现大块铜的 3d 能带结构是合理的。如图 5.7 所示,说明了铜团簇电子亲和势与团簇尺寸(R 半径)成反比的变化特征。

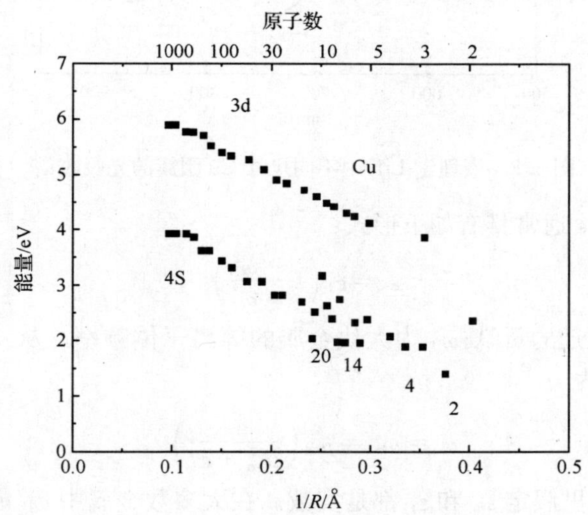

图 5.7　铜团簇电子亲和势和 3d 带起始能量随 $1/R$ 的变化关系

由图 5.7 可见,物质在由原子向大块晶体转变时,其历程不仅有尺度上的变化,亦有微结构上的变化,而对应"关节点"的团簇不仅决定了大块晶体的结构,也决定了其生长形貌。

5. 嵌埋团簇的光学性质

对于嵌埋于介质中的金属团簇进行光吸收和散射实验,可观察到明显的量子尺寸效应。尺寸分别为 20Å、140Å 和 200ÅCu 团簇嵌埋于 LiF 基体中的光吸收谱,如图 5.8 所示。随着团簇尺寸增加,峰位红移并展宽,而相应的 Cu 膜/LiF 结构,则不出现这种吸收峰。这可用表面等离子振动模型来解释,即认为这种现象可理解为等离子体对光的共振吸收。

假定一介电常数为 ε 的球形金属团簇,嵌埋于介电常数为 ε_m 的介质中。若外加电场为 E_0,则团簇内部电场为

$$E_1 = 3E_0 \frac{\varepsilon_m}{2\varepsilon_m + \varepsilon} \tag{5.12}$$

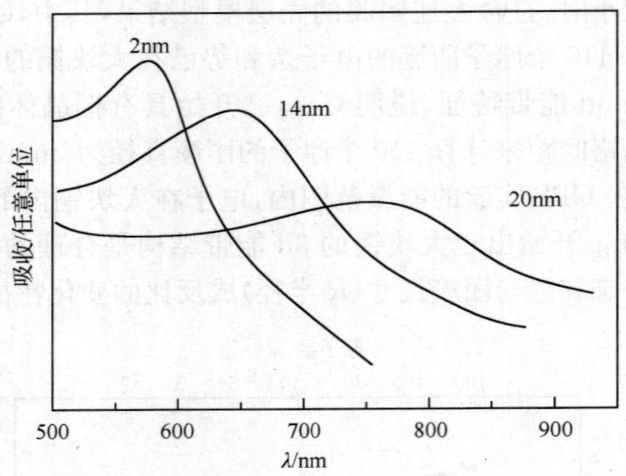

图 5.8　嵌埋于 LiF 中不同尺寸 Cu 团簇的光吸收谱

在可见光范围内，ε 通常具有如下形式：

$$\varepsilon = \varepsilon_1\left(1 - \frac{\omega_B^2}{\omega^2}\right) \tag{5.13}$$

式中，ε_1 为带间跃迁的贡献；ω_B 为大块金属的等离子体频率。从式(5.12)可得到共振发生的频率为

$$\omega = \omega_r = \omega_B\left(\frac{\varepsilon_1}{2\varepsilon_m + \varepsilon_1}\right)^{\frac{1}{2}} \tag{5.14}$$

且 $2\varepsilon_m + \varepsilon_1 \to 0$，这里假定 ε_m 和 ε_1 都是实数。在大多数金属中 ω_B 的位置是在紫外区域，而 ω_r 则处于可见光范围。

引入弛豫时间 τ 并假定 ε 具有 Drude 形式，则可计算吸收峰宽度与团簇尺寸的关系：

$$\varepsilon = \varepsilon_1\left[1 - \frac{\omega_B}{\omega\left(\omega - \dfrac{i}{\tau}\right)}\right] \tag{5.15}$$

如果电子的平均自由程大于团簇尺寸 d，则得到

$$\tau = \frac{d}{V_F} \tag{5.16}$$

由于光吸收峰对应于团簇表面的等离子体共振峰，在金属团簇中，这种振动是价电子相对于正离子的集体振荡。在等离子体激元近似下，利用求和规则可以得到

$$\omega_r^2 = \frac{Ne^2}{m_e\alpha} \tag{5.17}$$

式中，N 为价电子数；α 为团簇静电极化率。对经典的单价金属球，α 为 Nr_s^3，r_s 是金属的 Wigner-Seitz 半径。

可以看到，团簇尺寸比大块金属中电子的平均自由程（约 200nm）小得多，电子在团簇表面受到散射导致峰展宽。随团簇尺寸的增加，吸收峰展宽，此外团簇尺寸分布的不同也会导致展宽程度的差异。平均尺寸较大的团簇，其尺寸分布也较宽。由 EXAFS 实验结果表明，随着团簇尺寸减小，晶格发生收缩。因此，Wigner-Seitz 半径相应减小。所以，对于尺寸较大的团簇而言，表面等离子体共振频率要低于尺寸较小的团簇，以致光吸收峰位置朝波长大的方向移动。而且，团簇尺寸增大后，团簇之间的电磁相互作用加强也会引起吸收峰的移动和变形[7]。

在 SPEX-1403 激光拉曼谱仪上对上述样品进行拉曼散射测试，发现平均尺寸为 140Å 和 200Å 嵌埋铜团簇的拉曼谱，在 500～1100cm^{-1}范围存在两尖锐峰，在 1500～3000cm^{-1}有较大凸起，如图 5.9(a)和(b)所示；另外，LiF 夹层的铜膜则不出现任何散射峰[图 5.9(c)]。这些拉曼散射峰与光学声子局域振动模式及其与约束电子的相互作用有关。假定团簇在外电场作用下，发生极化产生偶极子，这种偶极子在交变电场中振荡并辐射能量，导致电磁辐射增强。若团簇极化后内部正负电荷运动特征类似于晶体元胞中正负离子的反向运动，则黄昆方程[8]可用来讨论光学声子模振动频率与团簇的宏观特性（如高低频介电常数 ε_∞ 和 ε_0 等）之间的关系。

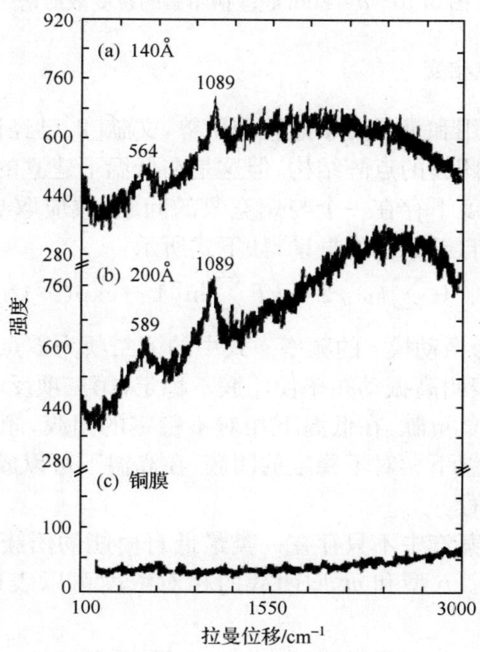

图 5.9　嵌埋于 LiF 中铜团簇的拉曼散射谱

(a) d=140Å；(b) d=200Å；(c) LiF 夹层中铜膜的拉曼谱

图 5.10 是铜团簇平均尺寸为 2nm 并嵌埋于 LiF 介质中的拉曼谱。除了总体上整个峰位均向低频方向移动之外，还出现了一些新的结构。在横向振动模式($400cm^{-1}$)附近出现一强度较大峰($464cm^{-1}$)，其余为强度较弱峰，拉曼频率分别在 $565cm^{-1}$、$670cm^{-1}$ 和 $779cm^{-1}$。位置在 $464cm^{-1}$ 的共振峰可能产生于表面声子振动模式。

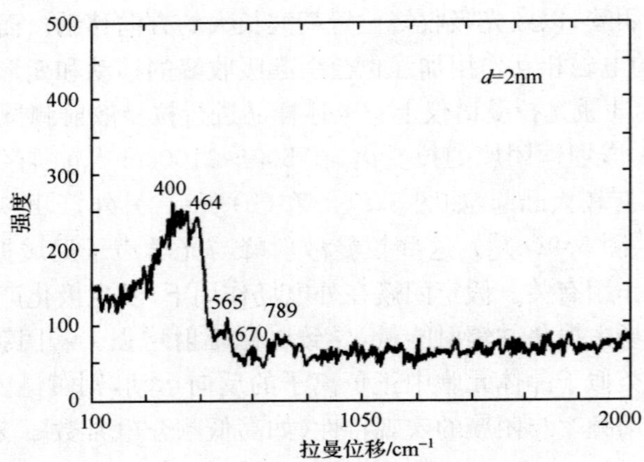

图 5.10　$d=2nm$ 嵌埋铜团簇的拉曼散射谱

6. 点阵动力学和相变

利用静电相互作用和量子力学短程作用势，文献[2]已经讨论了原子处在静止状态下碱金属卤化物团簇的点阵结构，但这是在低温下建立的热平衡，而实际情况并非如此。在有限温度下存在一个与熵竞争的问题，故应取自由能最小。此时自由能最主要的贡献来自于原子的振动，如下式所示：

$$E_{vib}=V_0+\sum_i \hbar\omega_i/2+kT\sum_i \ln[1-\exp(-\hbar\omega_i/kT)] \tag{5.18}$$

式中，V_0 为势能；ω_i 为振动模 i 的频率。式中的第二项为零点能，是对自由能与温度无关的贡献，这项表明高振动频率使团簇不稳定；第三项反映出低频振动模式给出一个与温度有关的负贡献，在低温下相对不稳定的团簇，倾向于占有低频模式。因此，可以认为，在低温下相对不稳定的团簇，在高温下可以成为优先的形式，这实际是团簇中的相变过程。

在一个热平衡的蒸汽中不只存在一类最低自由能的团簇，而是各种稳定构形都按一定的概率出现。n 型和 m 型团簇的相对浓度可以表达为自由能差 $\Delta E=E_n-E_m$ 的函数：

$$C_n/C_m=\exp(-\Delta E/kT) \tag{5.19}$$

例如，$(NaCl)_4$ 团簇在低温下存在两种稳定形式，即图 5.11 中所示的立方体和环形，立方体的束缚能稍高。然而环形在频率低于 $100cm^{-1}$ 下有 8 个振动模式，最低为 29cm^{-1}。在高温下，环形将由于其低频振动模式而稳定下来，这种转变发生在 500K 附近。

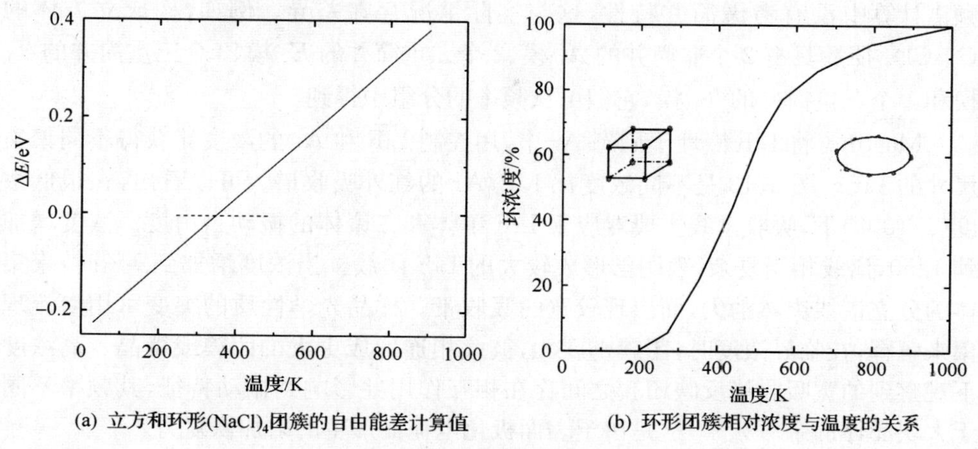

(a) 立方和环形$(NaCl)_4$团簇的自由能差计算值　(b) 环形团簇相对浓度与温度的关系

图 5.11　$(NaCl)_4$ 团簇特点

建立了团簇稳定构形后，即可计算其振动频率和红外吸收。图 5.12 给出了 $(NaCl)_n$ 团簇的计算结果。单体频率很高，这与原子间作用距离小相一致。两体

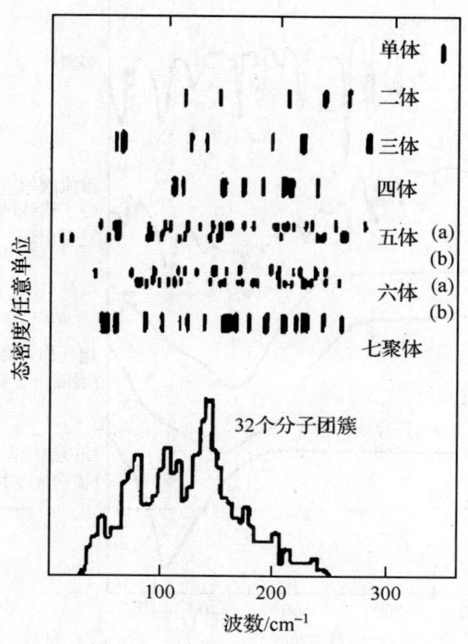

图 5.12　NaCl 团簇计算得到的振动频谱(计算中未考虑简并)

和多聚体频率降得很低，并逐渐接近于 NaCl 晶体的声子态密度。图中由 32 个 NaCl 分子构成团簇的态密度与 NaCl 晶体已基本相同。需要指出，图 5.12 的振动频谱计算中没有考虑简并特性，这与实际情况存在差异。例如，构成立方体的 $(NaCl)_4$ 团簇具有 2 个非简并的 A_1 模、2 个二重简并的 E_1 模、3 个三重简并的 T_2 模和 1 个三重简并的 T_1 模，它们可从频率的分组中得到。

Martin[9]将 LiF 嵌埋于固态 Ar 中，用控制 LiF 和 Ar 的浓度比获得不同聚集尺寸的 LiF。图 5.13 是不同浓度比 LiF/Ar 的红外吸收谱。可以看出，在很低浓度(1/1000)下，吸收谱线主要对应于 LiF 单体和二聚体的振动自由度。浓度增加到 1/50，谱线相当复杂，表明已形成较大的 LiF 团簇。当浓度增加到 7%时，聚集体的分立谱线突然消失，而出现较宽的吸收带。样品光学性质的突变可用渗流现象来解释，在临界浓度时，团簇密度大，彼此相连形成更大的团簇或微晶。高浓度下观察到的宽吸收峰反映团簇之间存在相互作用并影响到振动特征，其频率不同于大块晶体的余辉频率，这是由于表面极化电荷而产生的附加恢复力。

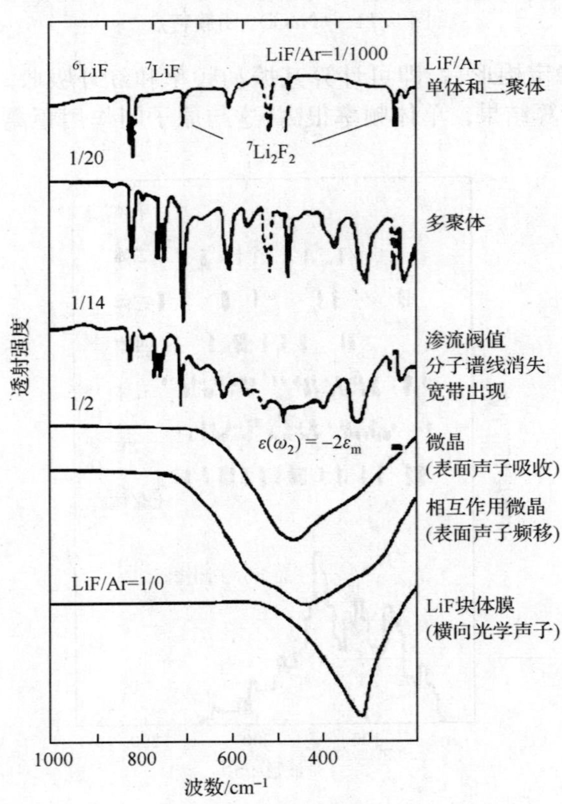

图 5.13　LiF 不同聚集阶段的红外透射谱(Ar 的温度为 5K)

团簇的热力学性质和动力学尺寸效应有着内在的联系。按照 Lindeman 假设，具有一定尺寸团簇的熔化温度 T_m，可表示为

$$T_m = T_m^0 \left(\frac{\theta_D}{\theta_D^0}\right)^2 \tag{5.20}$$

式中，θ_D^0 和 T_m^0 分别为大块物质的德拜温度和熔化温度。比率 θ_D/θ_D^0 可从团簇的表面积与体积比(S/V)推出[10]：

$$\frac{T_m}{T_m^0} = \frac{\left[1+\frac{1}{8}\left(\frac{\pi}{6}\right)^{1/3} V_a^{1/3}\left(\frac{S}{V}\right)\right]^2}{\left[1+\frac{1}{4}\left(\frac{\pi}{6}\right)^{1/3} V_a^{1/3}\left(\frac{S}{V}\right)\right]} \tag{5.21}$$

其中，V_a 是每个原子的体积。式(5.21)的近似表达式为

$$\frac{T_m}{T_m^0} = \left(\frac{1+\beta a/d}{1+2\beta a/d}\right)^2 = \left(\frac{1+\beta n^{-1/3}}{1+2\beta n^{-1/3}}\right)^2 \tag{5.22}$$

式中，$\beta=0.487$；a 为原子半径；d 为团簇直径；n 为每个团簇所含的原子数。这个方程适合于能够采用德拜温度概念的较大团簇。

对于小团簇的熔化温度，普遍采用的方法是分子动力学模拟和 Monte Carlo 模拟，以便探讨团簇由低温下刚性结构向高温非刚性结构“转变”历程，以及由此所引起的物理性质，如热能、比热容、平均配位数、径向分布函数和键长涨落等的变化。用 Monte Carlo 模拟研究不同尺寸惰性元素团簇的内能与温度关系发现[2]，含有$n=3$、5 和 7 个原子的小团簇的内能与温度曲线没有突变；$n=9$、11 和 13 的团簇存在突变，突变点的温度随原子数的减少而降低，而各种尺寸团簇的键长涨落随温度改变均有突变，表明后者对团簇“相变”更为敏感，因键长涨落的变化直接表现为同分异构化的发生。图 5.14 是经计算得到的 Cu_{13} 和 Cu_{33} 的卡路里曲线。在温度升高阶段，曲线单调上升，即团簇能量单调增加，直到曲线出现一跳越，即团簇开始蒸发。Cu_{33} 开始蒸发第一个原子的临界温度约为 3300K，通过弛豫而进行结构重排，形成 Cu_{32} 并保持相对稳定，直至加热到 4000K，再蒸发第二个原子，如图 5.15(a)所示。然而，Cu_{13} 开始蒸发的临界温度要比 Cu_{33} 高出 1000K 以上，且一旦蒸发，团簇会整体分裂，如图 5.15(b)所示，而不是形成较稳定的小团簇，其跳跃的能量比 Cu_{33} 高很多。这是由于 Cu_{13} 具有比较封闭的结构，类似于 Mackay 二十面体，其局域能量极小，之间的能隙也比 Cu_{33} 和 Cu_{12} 高得多。因此，在缓慢加热过程中，Cu_{13} 中所有原子在平衡位置附近振动，共享能量。尽管蒸发一个原子会带走一些能量，温度有所下降，但其余原子仍具有足够高的能量，而难以形成稳定的 Cu_{12} 团簇。这种现象已被光吸收或加热使原子退吸的实验观察所证实[11]。

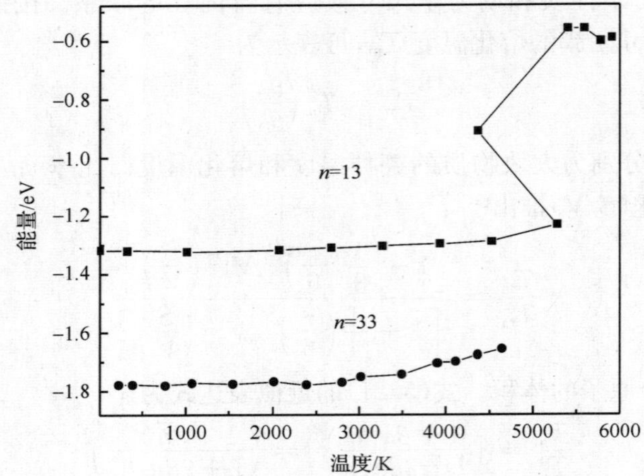

图 5.14　Cu_{13} 和 Cu_{33} 团簇的卡路里曲线

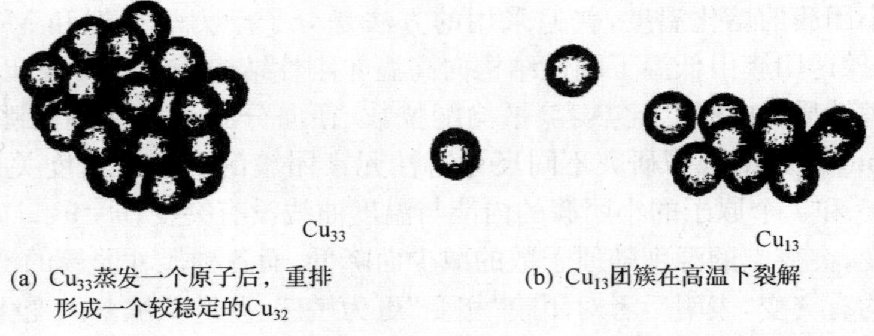

(a) Cu_{33}蒸发一个原子后，重排形成一个较稳定的Cu_{32}　　(b) Cu_{13}团簇在高温下裂解

图 5.15　铜团簇蒸发过程快速计算模拟示意图

上述研究结果表明，不同幻数的团簇其稳定性与体系温度密切相关，温度升高，团簇稳定性降低，达到某一临界温度团簇会整体分裂。

5.2　液态金属团簇结构假说

团簇作为自然界的一种物质存在，其结构、性质等问题引起了诸多科学领域的关注。从这里人们开始认识到原子怎样作为“基本砖块”，一块块地叠加起来构成聚集体，以及聚集体的性质如何随原子的增长而改变，有时是十分强烈的改变。

溅射、热蒸发的方法是人们研究团簇所采用的手段之一，通常是由固体得到原子气并对其中所存在的团簇进行研究。在由固态向气态的转变过程中，无疑要经历固-液这样一个转变过程(某些存在固-气升华的过程除外)，由此作者推想：在液态中存在微观或亚微观尺度上的团簇，液态金属是由金属团簇和液态金属原子所构成的。

事实上，在以前研究中人们已提出过液态金属“簇”的理论。Lloyd 曾提出过液态金属中存在由若干原子组成的原子簇，并用原子簇理论对液态金属的状态密度进行了计算，其结果与液态金属的衍射结果有着较好的吻合[12]；Keller 和 Jones 通过用原子簇理论分析液态 Fe 和 Cu 后认为，确定这些体系状态密度的重要因素仅仅是配位数和最近邻原子的间距，这两者都表示出液态金属定域结构的平均特征[3]。但是在原子簇理论中，必须考虑到所有可能存在的原子簇，也就是说必须考虑 $1,2,\cdots,i-1,i,i+1,\cdots$ 等连续存在的原子簇。因而其计算的复杂性太大，其计算结果的总定量精确度人们仍然未研究过。

液态金属和合金的结构决定了液态金属和合金的基本物理性质，而液态金属和合金的基本物理性质又对其熔化、凝固和成形过程产生重要影响。但由于实验条件和检测手段的限制，目前人们对液态金属和合金结构的认识还十分有限，尚没有形成全面、完善的理论来描述液态金属和合金的结构，也无法与凝固理论相衔接。但是，经过多年理论和实验的研究，人们对液态金属结构的认识越来越深入，并在此基础上形成了关于液态金属结构的理论模型，如硬球无规密堆模型、自由体积模型、液态金属团簇结构假说模型等[13]。虽然液态金属结构模型的正确性还有待实验事实的进一步检验，但模型的提出还是极大地促进了液态金属结构理论研究的进展。

液态金属团簇结构假说是作者于 1998 年提出的一种新的液态金属结构假说，并以该假说为基础形成了电脉冲孕育处理这一全新的凝固细晶技术。电脉冲孕育处理是通过对金属熔体施加脉冲电场，改变金属熔体结构，进而改善其凝固组织，实现了从材料制备源头改善其物理和力学性能的目的。但正如前面所述，由于液态金属结构的不确定性和复杂性，以及现有研究手段和实验技术所限，对于电脉冲孕育处理的作用机制尚不十分明确，目前仍停留在唯象解释阶段。但是我们可以基于液态金属团簇结构假说的观点，建立金属液团簇结构模型和电脉冲熔体(孕育)处理机理模型，并通过部分实验加以验证。

5.2.1　纯金属液态团簇结构假说

液态金属团簇结构假说包含以下观点。

假设：液态金属中有与金属液化学组分相关的团簇存在，这里将其称之为晶胚。液态金属由金属团簇和液态金属原子构成。

推论 5.1：根据团簇性质，液态金属中能够稳定存在的晶胚具有幻数特征，即只有对应于某些幻数数目的那些晶胚才能稳定存在，因而液态金属中能稳定存在的晶胚在尺度上是不连续的。

推论 5.2：不同温度下，满足幻数条件、稳定存在的晶胚数目分布是不同的，不同温度有与其相对应的最概然的某一幻数的晶胚。

推论 5.3：相同温度下，液态金属原子围绕晶胚起伏；起伏使晶胚尺度增大，当熔体温度在熔点以下，晶胚的起伏形成晶核，凝固过程开始。

5.2.2　纯铝熔体结构模型

液态金属团簇结构假说的观点已部分地为现代液态金属结构研究所证明[14]。现代液态金属结构理论及对液态金属结构的 X 射线衍射分析表明，在液态金属中存在着相对稳定的近程原子集团或分子集团(cluster)，且这些原子集团大小与温度相关。图 5.16 给出了纯金属熔体结构的示意图。

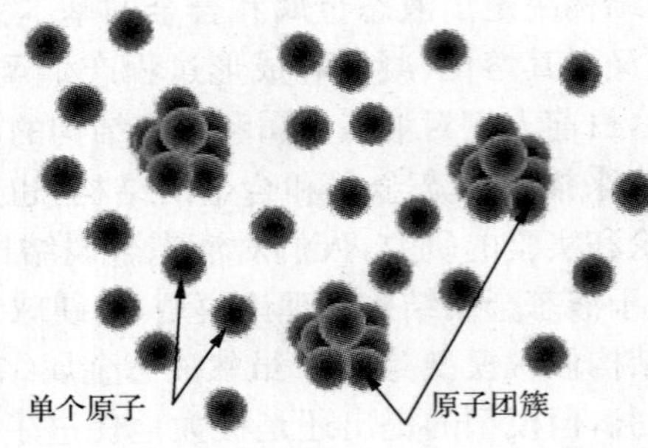

图 5.16　金属熔体结构示意图

基于此，建立如下纯铝熔体结构模型：

(1) 设纯铝熔体中 Al 原子总数为 N，Al 原子构成的 Al-Al 团簇总数为 M，则 $M \ll N$。

(2) 在 M 个原子团簇中，根据团簇的幻数特征，设可能稳定存在团簇的尺度为 $r_1, \cdots, r_i$，其对应的原子数为 $\mu_1, \cdots, \mu_i$，团簇所包含的原子总数为 N_i($N_i = \sum_{i=1}^{i} \mu_i$)，则 $N_i < N$。

(3) 纯铝熔体中不同尺度团簇的稳定性不同，设在 T 温度下，r_j 尺度的团簇最为稳定($j < i$)，则尺度为 r_{j+a} 的大尺度团簇 r_i、r_s、r_t($r_i > r_s > r_t > r_j$)处于亚稳状态。

(4) 起伏或其他条件的改变均可导致团簇尺度的改变。

这里，熔体中原子团簇的尺度符合幻数特征，只有对应于一定幻数的那些团簇才能稳定存在，因此，一定熔体状态下(熔体成分、温度一定时)，熔体中存在一系列的尺度不连续的原子团簇 r_i、r_s、r_t、r_j。而在这些原子团簇中必然存在一种与该状态对应的最稳定的团簇 r_j，该团簇数量亦最多，其存在概率大于其他幻数对应团簇的存在概率。液态金属凝固时，尽管熔体中分布概率占优的 r_j 团簇最多，但在液态金属结晶时起到形核核心晶胚作用的却并不一定是 r_j 团簇，还取决于 r、ΔT 的对应关系(r 为团簇尺度;ΔT 为熔体凝固时的过冷度)。即熔体中对应于 $\Delta T_{\min}$ 的尺度为 $r_{\max}$($r_{\max}>r_j$)的原子团簇将首先成为金属结晶时的临界晶核。因此,凝固条件相同时,$r_{\max}$团簇的数量多少即成为金属凝固组织细化与否的关键,$r_{\max}$团簇数量越多,可形成临界晶核的“晶胚”越多,形核率越高,金属的凝固组织也越细小;反之,则凝固组织越粗大。熔体内的起伏、孕育处理和外场处理等均可能导致 r 尺度的团簇转变为 $r_{\max}$尺度的团簇。

5.2.3　电脉冲孕育处理机理

在液态金属的形核、长大这一凝固过程中,人们所关心的是晶核的形成、长大这种相变过程,至于“胚”的形成、结构等问题则考虑很少。在上述液态纯金属熔体结构模型中我们已阐述了“晶胚”的来源,在一定的过冷条件下,大多数“晶胚”由于尺度小而不能作为晶核结晶生长;若要细化凝固组织就需要更多大尺度“晶胚”,显然,在熔融条件下如何将“晶胚”转化为晶核是我们非常关注的问题。依据 5.2.1 节假说,将液态金属视为在分散原子背景下镶嵌具有幻数特征且具有某种微观结构、能稳定存在团簇的结构形式,这种结构类似于胶体模型,那么可依据 DLVO 理论和胶体双电层模型来研究团簇与液态金属原子之间的交互作用。分析小尺度团簇转变为大尺度团簇所需要的条件,以此建立电脉冲孕育处理机理模型。

DLVO 理论是研究带电胶粒稳定性的理论[15],是 1941 年由德查金和朗道以及 1948 年由维伯和奥弗比克分别独立地提出来的。这一理论认为带电胶粒之间存在着两种相互作用力:外电层间的静电斥力和粒子间的长程范德华引力。根据 DLVO 理论结合上述晶胚胶粒模型可以认为晶胚与原子间的斥力位能为

$$U_{斥} = A_1 \cdot \exp\left(-\frac{H}{L}\right) \tag{5.23}$$

同样,根据凝胶粒子间相互吸引的长程范德华力得到晶胚与原子间的引力位能为

$$U_{引} = -\frac{A_2}{H^2} \tag{5.24}$$

在两种相反的位能作用下,位能曲线上将出现一最大峰值,峰高 $U_{\max}$ 称为“位垒”,这实际上是粒子间净斥力位能的数值,如图 5.17 所示。若一个粒子试图通过与周围粒子结合而形成一尺度较大的粒子,则必须越过这一位垒(在不考虑“幻数”的前提下)。如果位垒高,则其他粒子的热运动无法逾越这一位垒,而使粒子尺度保持不变;如果降低位垒,则有利于小粒子向大粒子转变。曲线上的第二最小能量值是一亚稳态,在由远处到达可逆能谷的位置时,粒子将越过一较小的位垒,进入这一区域,由于这一位垒很小,则粒子处在这一位置时是相对稳定的,在较小的起伏条件下即可越入或越出第二位垒最小区,所以该位置可以称之为亚稳定区。由 DLVO 理论可知,若使小尺度晶胚长大,在不考虑晶胚按幻数结构重排的前提下,

降低位垒 U_{max}，有利于晶胚的长大。然而降低位垒的最有效的手段是降低粒子外电层密度。而降低外电层密度的方法有两种，一是加入可以改变外电层密度的物质，二是施加一外电场。

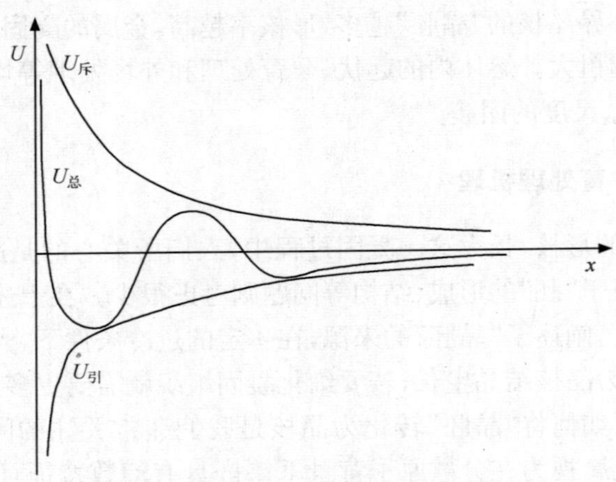

图 5.17　晶胚-原子间交互作用能曲线

由图 5.16 液态金属团簇结构模型可知，当有外电场作用时，晶胚外电层结构将发生畸变，如图 5.18 所示。这种畸变导致了晶胚一侧外电层电位的降低，而外电层电位的降低则有利于晶胚周围的原子或其他晶胚与该晶胚结合。这种结合分为两种情况：第一，当部分原子和晶胚结合后，其尺度位于相邻的两个符合幻数特征的团簇之间时，这种结合是不稳定的，一旦外电场撤销后，随着液态金属的温度起伏，附着在晶胚上的原子将脱落，无法实现向大尺度晶胚的“孕育”过程；第二，当部分金属原子与晶胚结合形成符合幻数特征的大尺度团簇后，这种结合是稳定的，液态金属的温度起伏就不易破坏这种结合，从而形成了较为稳定的大尺度晶胚，实现了有效的晶胚“孕育”，从而增加了凝固形核核心，实现细化凝固的目的。

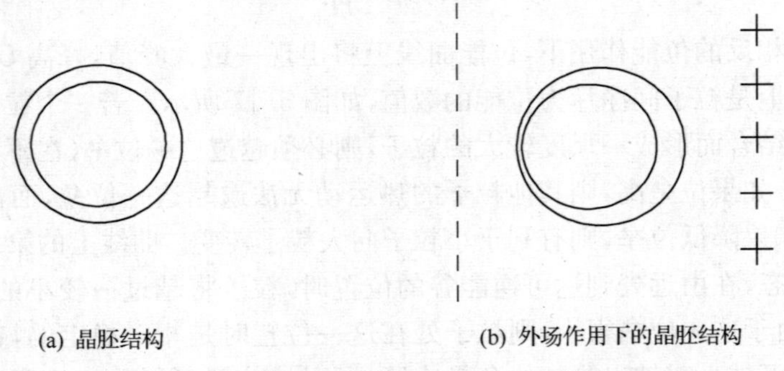

图 5.18　外电场作用下晶胚外电层畸变示意图

在施加脉冲电场时，处于上述两种条件的晶胚的变化情况是不同的。当金属原子或其他晶胚处于可逆能谷时，如图 5.19 所示，在电脉冲作用下，晶胚外电层发生畸变，部分原子进入亚稳态位置，当外电场撤销后晶胚的外电层将要通过松弛而力图恢复原状态，在松弛过程中，位于亚稳态的原子在静电斥力作用下将会离开亚稳的位置。此时，液态金属中的晶胚将又恢复原状态，并保持原尺度不变。

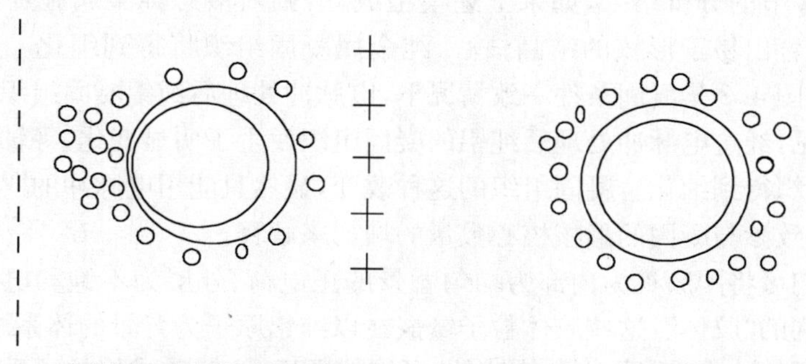

(a) 电场作用下晶胚外电层的畸变　　(b) 电场撤销后外电层松弛，晶胚复原

图 5.19　脉冲电场作用下，位于可逆能谷的原子和晶胚变化示意图

在电脉冲作用下，晶胚外电层畸变，当部分液态金属原子位于稳态能谷位置后，如图 5.20 所示，则液态金属原子将处于相对稳定状态，当脉冲电场撤销后，已位于稳态位置的原子是稳定的，在晶胚外电层松弛的过程中这些原子将与晶胚重组，形成另一大尺度的晶胚。如果所重构的大尺度晶胚满足晶胚的幻数特征，则该晶胚就能够稳定存在。从而在液态金属中孕育出易于形核的大尺度晶胚，这就是电脉冲孕育处理的内在机制。

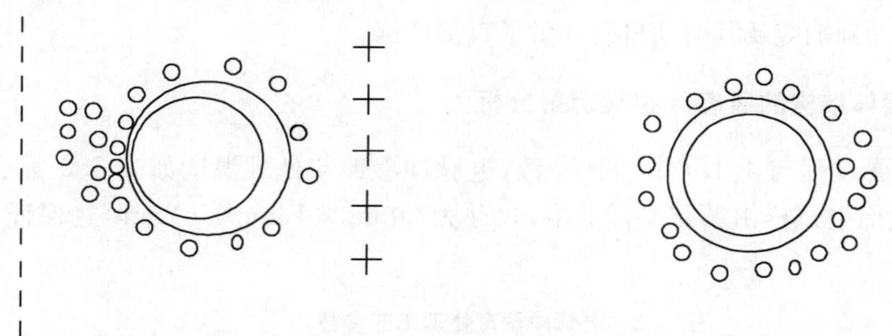

(a) 电场作用下晶胚外电层的畸变　　(b) 脉冲电场后外电层反复畸变松弛形成大尺度晶胚

图 5.20　电脉冲场作用下位于稳定能谷的原子与晶胚的重构

5.3 模型验证

5.3.1 引言

根据5.2节的分析结果，如果上述模型成立，则对液态纯金属施加电脉冲处理，就可以孕育出易于形核的结晶核心，纯金属凝固组织将得到细化。在第四章中，图4.1和图4.2是凝固条件一致情况下，电脉冲处理后纯铝凝固组织的宏观组织照片。可见，经过电脉冲处理后纯铝的凝固组织发生了明显变化，等轴晶区明显扩大，凝固组织得到细化。凝固组织的这种改变，显然只能用电脉冲的"孕育"形核作用，进而导致参与凝固的形核核心数量的增加来解释。

由于我们可将团簇视为内部为均匀背景的正电荷、外层为不饱和电子云构成的负电层结构的"胶体"，这些胶体粒子镶嵌在以纯铝原子为背景的体系之中。"胶体"粒子对外电场的响应是十分敏感的，可使粒子运动、转动或使粒子重合的正负电荷中心分离形成瞬时偶极子。当对金属熔体进行电脉冲处理时，在脉冲电场的作用下，团簇的外电层发生反复的畸变和松弛，团簇壳层畸变将导致团簇一侧外电层电位的降低，从而使团簇与周围液态金属原子间作用增强，降低原子与团簇相结合的"位垒"，促进周围原子与团簇的结合，从而实现熔体中原子团簇由r向r_{0max}的转变，增加了熔体中r_{0max}原子团簇的数量，进而增加了形核核心的数量，细化了金属凝固组织。上述实验结果间接证实：纯铝熔体应具有图5.16模型所提出的液态团簇结构。另外，若能获得电脉冲处理状态下液态金属的结构信息，无疑对于揭示该条件下铝熔体结构转变的优化形态及其能量特征，进而考查脉冲电场作用下液态纯金属的变异响应及其驱动机制提供了直接证据。

5.3.2 铝熔体结构的液态X射线衍射分析

铝锭制备过程与4.1.1节所述一致，电脉冲参数与处理温度如表5.2所示。液态X射线衍射试样由铸锭心部获取，尺寸为20mm×16mm×12mm，且保证表面光洁。

表5.2 电脉冲孕育处理工艺参数

序号	温度 T/℃	电压U/V	处理时间 t/s	频率 f/Hz
0	730	0	0	0
1	730	300	20	10
2	730	300	10	10
3	830	300	20	10

液态金属X射线衍射仪是乌克兰金属物理所研制的ЦРАЖМ型，整套仪器包括7个部分，即①加热与温度控制系统；②真空系统；③循环水及压力传感器系统；④X射线发射及接收系统；⑤角度测量系统；⑥样品把持及高温室；⑦操作模式控制系统。为了达到必要的温度稳定性，高温室内部有利用钨片和钼片组合的均热罩。X射线衍射仪结构示意图如图5.21所示。

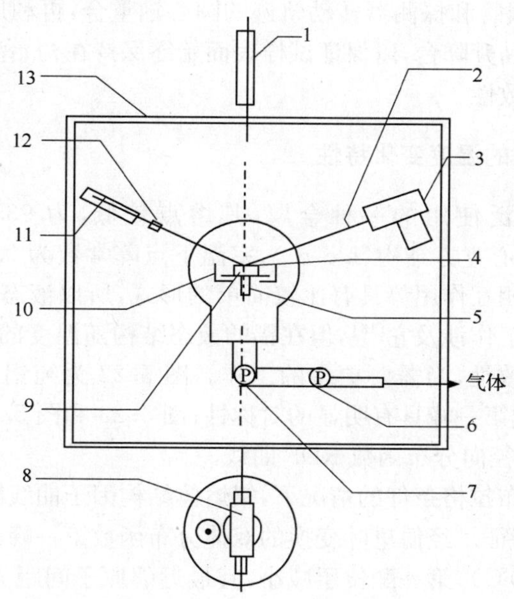

图5.21　高温液态金属X射线衍射分析仪结构示意图

1. 激光定位器；2. 可调整光栅；3. X射线管；4. 液态金属样品；5. 可升降样品台；6. 机械泵；7. 分子泵；8. 水准仪；9. 刚玉坩埚；10. 钼加热片；11. 计数管；12. 石墨单色器；13. 防护罩

该X射线衍射仪的主要参数为：Mo靶，石墨单色器，电压40kV，电流30mA，采用定时计数方式，曝光时间30s，散射角度2θ的范围为5°～90°，覆盖的波矢量的模$Q=4\pi\sin\theta/\lambda$约为5～120nm^{-1}，角度精度0.001°，采样时间精度0.001s，温度精度±5℃，最高测试温度1800℃。

试样在高温衍射分析时，置于刚玉坩埚内，钼片加热，高纯氦气(99.99%)保护，在充入保护气前，先抽真空至2×10^{-6}Pa，然后充氦气至1.3个大气压，重复上述过程三次。在试样温度达到设定温度后(本节测试温度分别为750℃、850℃与1100℃)，开始衍射实验。首先检查试样液面是否平整，位置是否水平；接下来检查试样液面与X射线管和探测器转动轨迹的圆心轴是否重合，若不重合，需采用二分法进行调整，即先测知初始X射线的总强度，然后提升或降低试样的液面，使试样遮挡住的X射线的强度为原来的一半，这时，试样液面已与X射线管和探测器转动轨迹的轴心线重合，该位置为试样的测试位置，在实验过程中必须保持不变；最后，调节衍射测量的 X 射线管的电压与电流，自动升高电压至 40kV，电流为 30mA，衍射的初始角度 2θ 为 5°，并通过程序来设定在不同区间内的测量角度步长。完成以上步骤后，可开始测量。在衍射实验过程中，由于温度变化，试样表面高度亦随之变化，为保持试样表面位置一致，依靠平行度极高的激光束作为参照系，该光束与 X 射线管和探测器转动轨迹的圆心轴重合，再利用水准仪实时观察，并不间断地调节样品升降台，以保证试样表面始终保持在初始测试位置，从而维持衍射条件的前后一致性。

5.3.3　铝熔体结构的温度变化特性

铝是工业上广泛使用的一种金属，其熔点较低，为 933.5K，原子半径为 0.143nm，固态为面心立方结构(f.c.c.)，室温下点阵常数为 0.40496nm。由于液态铝中原子之间的相互作用势具有比较简单的形式，所以液态结构理论和辐射实验的研究中有不少工作涉及它[16]，但在铝的液态结构随温度的变化规律方面的研究结果存在着不一致性，尚需要更多的工作。图 5.22 为纯铝熔体的结构因子曲线，由图可见其曲线第一峰具有明显的对称性；图 5.23 和图 5.24 分别为相应的双体分布函数 $g(r)$与径向分布函数 RDF 曲线。

在散射角符合布拉格条件的情况下，铝熔体结构因子曲线随温度升高，主峰展宽变短，呈现钝化特征。经傅里叶变换的双体分布函数第一峰是第一配位层，随着温度升高(750～850℃)，第一配位层减小，其最近邻原子间距 r_1 值从 0.285nm 变化至 0.280nm，采用对称法计算的原子团簇配位数 N_s 值从 8.546 降低至 8.174，如图 5.25 和图 5.26 所示。

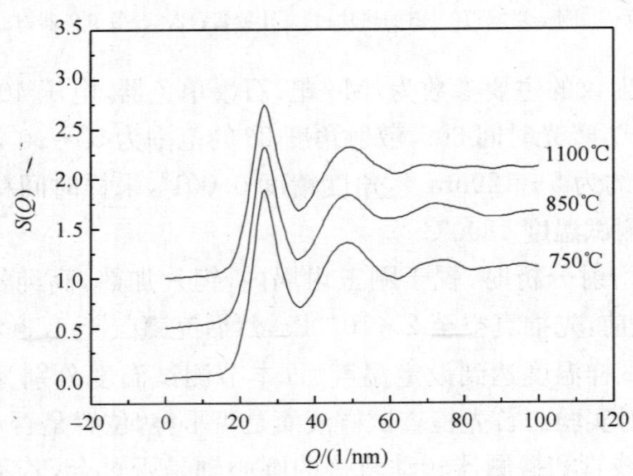

图 5.22　不同温度下铝熔体的结构因子曲线

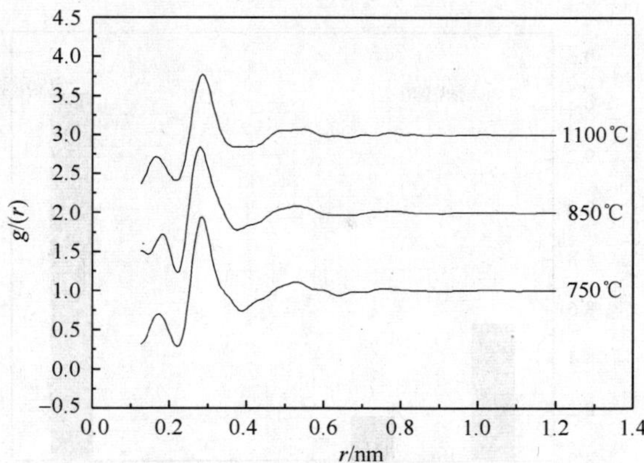

图 5.23　不同温度下铝熔体的双体分布函数

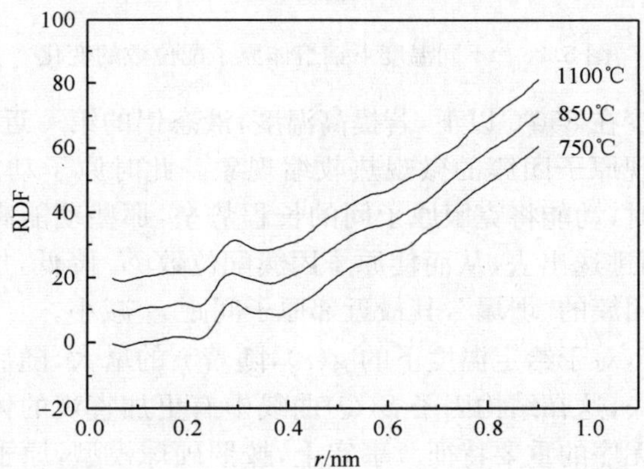

图 5.24　不同温度铝熔体的径向分布函数

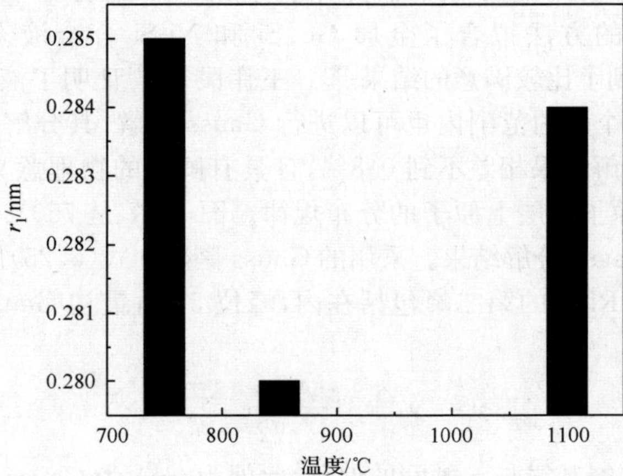

图 5.25　不同温度下铝熔体双体相关函数第一峰的位置

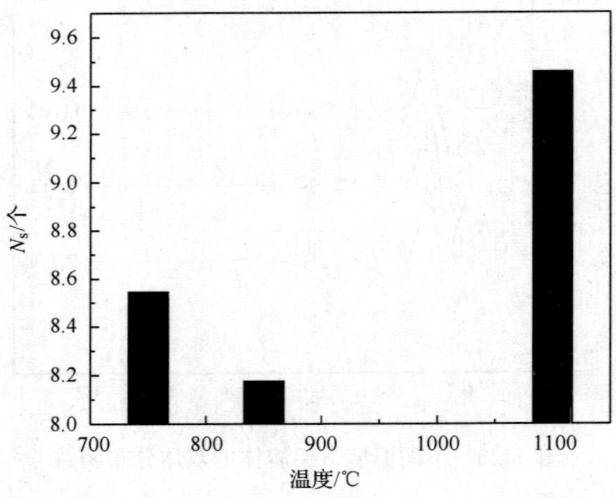

图 5.26　不同温度下铝熔体原子配位数的变化

由图可见，至少在 850℃以下，若提高温度，液态铝的第一近邻将开始松散，体系无序度增强，出现原子团簇的微观热收缩现象。此时原子动能增加，热运动加剧，当温度足够高时，动能将克服原子间的长程势垒，那些动能高的原子就会脱离中心原子的束缚而逃逸出去，从而使原子团簇配位数 N_s 降低，加之中心原子的引力作用，导致原子团簇的"坍塌"，其最近邻原子间距 r_1 减小。

更进一步而言，对于给定温度下的 $g(r)$，随着 r 的增大，随后的第二峰逐渐减弱，第三峰开始消失，这在结构因子 $S(Q)$ 曲线中有更加直观的体现。这说明铝熔体短程有序、长程无序的重要特征。事实上，按照硬球模型，原子出现在空间某一位置的概率，可以认为是各个独立随机变量相互作用的结果，其中每一变量的个别影响几乎是等概率的，故这个概率服从或近似服从 Gauss 分布[17]。日本学者 Kita 采用 Gauss 分解的方法拟合了金属 Ge、Si 和 Ni-Si 合金液态时的分布函数 $4\pi r\rho(r)$ 曲线，得到了比较满意的结果[18]。王伟民等[19]证明了液态金属的径向分布函数 RDF 在几个埃的范围内也可以进行 Gauss 分解，其分解结果与分布函数 $4\pi r\rho(r)$ 得到的分解结果相差不到 0.8%，且具有鲜明的物理意义，即可以获得在金属熔体中不同原子壳层上原子的分布规律。图 5.27 是 750℃时铝熔体径向分布函数 RDF 的 Gauss 分解结果。采用的 Gauss 函数如式(5.25)所示，分解范围为 0～0.65nm，已把 RDF 的第二峰包括在内，峰位 5 个，最初 Gauss 峰的半宽设定为 0.04nm。

$$y = y_0 + \frac{A}{\omega\sqrt{\pi/2}} e^{-\frac{2(x-x_0)^2}{\omega^2}} \tag{5.25}$$

式中，y_0 为 Gauss 峰基线与 x 轴间的偏移，此处为 0；A 为 Gauss 峰与基线所包围的面积；x_0 为 Gauss 峰的中心；ω 为相当于 Gauss 峰半高宽的 0.849 倍。

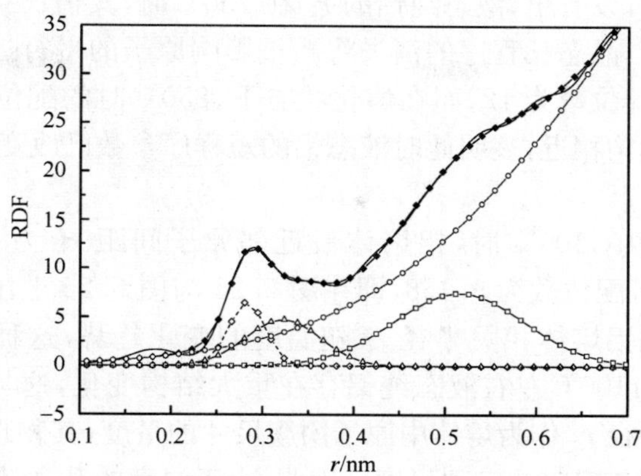

图 5.27　750℃纯铝熔体径向分布函数的 Gauss 分解

铝液的 RDF 函数在 0～0.65nm 内可以分解为三个 Gauss 峰，其峰位与面积值列于表 5.3 中，所得结果与王伟民的结果吻合较好，误差不超过 1%。由表 5.3 可见，第一峰位为 0.283nm，所代表的原子层是铝原子最近邻配位层；在 0.516nm 处存在面积较大的第三峰可以理解为铝原子的第二近邻配位层。第二峰位在文献[19]中认为较难寻找到合适的配位层与之相对应，故称其为过渡层。此外，计算可得 $r_2/r_1=1.82$，其值介于 1.79～1.92 之间，这与对铝熔体的分类依据是符合的[20]。需要指出，Gauss 分解的峰随着峰位的减小，依次对第一峰的精确形状显示出更强烈的敏感性。一般的，第一峰与第二峰如重合不多，则代表不同的原子壳层，这将具有一定的物理意义。当随着峰位向大 r 方向的增加，使得分解峰间的重合越来越多，这样就影响对原子排列几何空间的足够精确的反映。因此，在分解过程中，除表 5.3 列出的外，其余峰位可不予讨论。

表 5.3　Gauss 分解结果

序号	峰位/nm	面积/绝对单位	峰高/绝对单位
1	0.283	0.487	6.51
2	0.322	0.324	4.77
3	0.516	1.343	7.49

就液固相关性而言，固态纯铝为典型的面心立方晶体，按照钢球模型计算的原子半径值如下式所示：

$$R=\frac{\sqrt{2}}{4}a=0.3535\times 0.40496=0.1432(\text{nm}) \tag{5.26}$$

而从图 5.25 可以看出，液态纯铝的 r_1 在 750℃时，其值已接近于 $2R$，这与熔体在不大的过热下，晶态长程序的消失将严重影响原子的平行迁移性的结论是一致的；固体纯铝的配位数为 12，而在熔化状态下，850℃时的配位数为 8.174，已与典型的体心立方结构相近，表明此时液态铝的短程序参数已改变，形成了类似晶态的 b.c.c. 结构。

另外，当温度为 1100℃时，铝熔体最近邻原子间距 r_1 为 0.284nm，接近于 750℃时的 r_1 值，且配位数为 9.458，即在图 5.25 与图 5.26 上出现随温度变化的异常值，图 5.28 是铝熔体相关半径 r_c 随温度的变化趋势，这种异常同样得到体现。可以认为，在 1100℃左右液态纯铝存在重大结构变化，这与文献[21]报道的数据一致。相关半径 r_c 作为熔体中原子团簇尺寸的量度，其物理意义是势能与动能的比值小到可以忽略时的空间尺度。因此，由于温度的升高，熔体中原子的热运动使其势能与动能之比逐渐变小，势能的长程部分对于结构的影响变小，结构开始逐渐调整，如上述讨论的 750～850℃温区。当温度达到一定的数值后，原子动能将克服长程势垒，使结构发生突变，在 r_c 与温度的关系曲线上出现异常点，如图 5.28 所示。

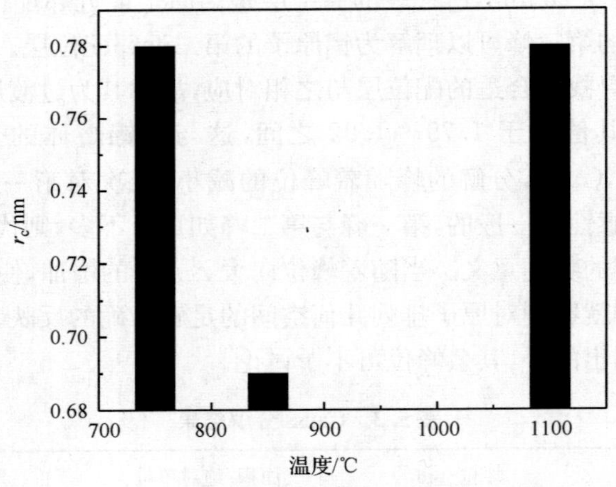

图 5.28　不同温度铝熔体相关半径的变化

5.3.4　电脉冲作用下铝熔体的结构转变特性

在第四章的实验研究中，作者如此关注电脉冲对铝熔体液固转变期间形核率的影响，是因为它与铸锭中等轴晶区的明显扩大这样的实验事实相关联。形核阶段直接反映了熔体母相的热力学与动力学特性，是液态金属过冷后的第一“响应”；而晶体长大，由于长大形态、长大方式与长大速率是其制约因素，故凝固过程中的动态过冷度将决定这一过程，即受控于凝固环境与条件。另外，不能否认，在金属结晶过程中形核与长大是伴生的，形核特征将对其长大动力学具有重要影响。用来描述结晶动力学的 Johnson-Mehl 方程其适用条件之一就是要考虑形核状态。

上述分析指出了电脉冲孕育处理所面临的复杂过程体系，外场所引起的金属熔体结构转变是问题的源头与关键点。在结晶过程中，“受激”熔体在一定凝固环境下依次遍历形核与长大各阶段，最终形成明显细化的铸态组织，采用如图 5.29 所示的示意图可以形象描绘电脉冲孕育处理后金属的凝固过程。图中实线代表直接影响，虚线代表间接影响或影响较小。可见，形核阶段是金属熔体结构变异的直接结果，也是多因素相互作用的瓶颈环节，探讨电脉冲孕育处理条件下液态金属的形核特征将是建立其机理理论体系的必由之路。5.2 节从唯象角度分析了脉冲电场作用下铝熔体中原子团簇的演化历程，很明显，这种大尺度“晶胚”在热力学上是有利于形核的，电脉冲的介入及其与熔体能量起伏的结合将是形核功的提供者。另外，熔体结构改变对于形核率的贡献似乎已不是问题[22]，研究人员当前更热衷于获得这种亚稳“孕育”团簇的进一步微观信息，以便加深对电脉冲孕育处理技术核心环节的理解，进而提供电脉冲参数的预测与评价体系，这里所指的参数包括熔体温度、电压、频率、处理时间甚至是完全意义上的脉冲设备改造。

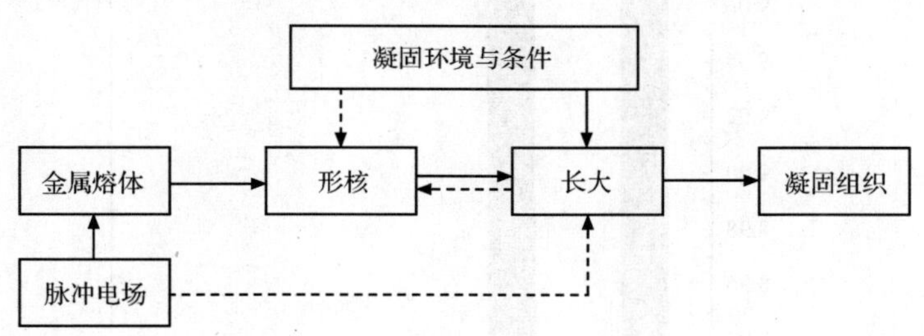

图 5.29　电脉冲孕育处理后金属的凝固过程

1. 液态 X 射线衍射实验结果

电脉冲作用下铝熔体结构的温度变化特性与 5.3.3 节的讨论基本相似。同时需要指出，该条件下铝熔体的原子最近邻距离 r_1 与配位数 N_s 随温度变化规律略有差异，如图 5.30 和图 5.31 所示。可以看出，随温度升高，r_1 在数值上变化很小，表明脉冲电场条件下铝熔体第一近邻的过热解离倾向明显降低，这与 5.2.1 节提出的满足幻数特征团簇的相对稳定性是紧密相连的；然而，还存在另外一种可能性，即尽管表征原子第一配位层的峰位没有明显变化，但所含原子壳层的原子数目呈现较大变化。从图 5.31 中可以看出，按对称法计算的配位数从低温的 9.063 (750℃)降低到高温的 8.932(1100℃)，其变化规律与 5.3.3 节所讨论的铝熔体温度变化特性存在差异，但其值变化不大，应归结为液态金属中短程序的调整[23]。

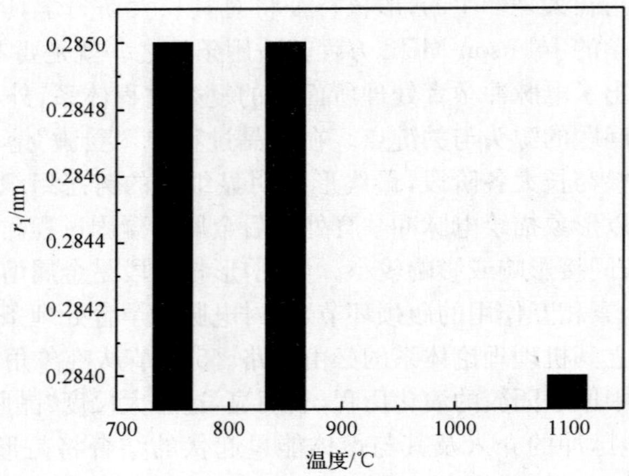

图 5.30　电脉冲作用下不同温度铝熔体双体分布函数第一峰的位置

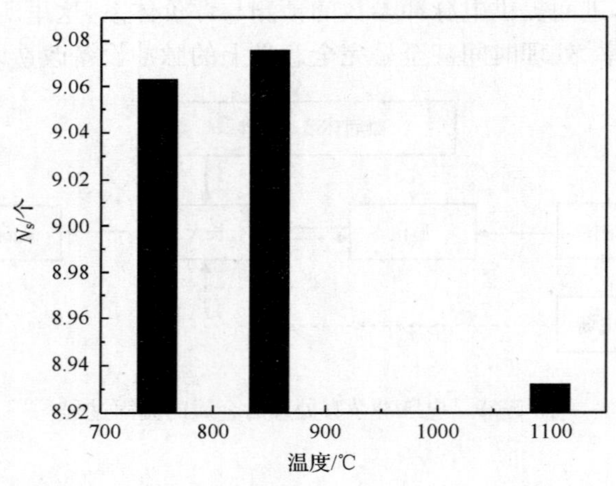

图 5.31　电脉冲作用下不同温度铝熔体配位数的变化

4.1 节认为，就本书的实验条件，铝液的最佳电脉冲处理温度为 730～750℃，故对该温度铝熔体的结构转变特征应给予高度关注。液态 X 射线衍射所获得的熔体结构在很大程度上代表了这种非平衡条件下铝熔体的优化形态。可以预料，在确定凝固环境与条件一致的情况下，无论采用何种熔体处理与控制手段，只要在热力学上获得这一优化形态，其结晶后的铸态组织将表现为统计上的一致性。因此，深入认识和探讨这种亚稳条件下铝熔体的微观组态，将为评价和预测电脉冲孕育处理技术的能量本质以及开发新型外场熔体控制技术提供契机。

图 5.32 为脉冲电场作用下铝熔体的结构因子曲线。

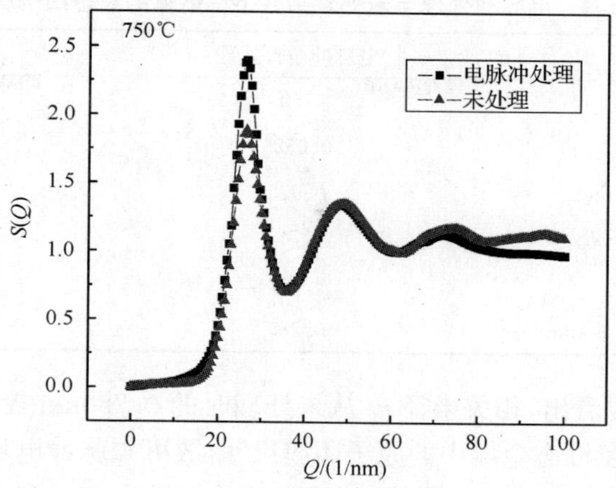

图 5.32　电脉冲作用下铝熔体的结构因子曲线

由图 5.32 可明显看出，经电脉冲孕育处理后，铝熔体 750℃的 $S(Q)$ 曲线第一峰明显高于未处理试样，这一点可以令人信服地说明电脉冲处理后的铝熔体其有序度增强了；而第二配位层峰位基本重合，即铝熔体中原子的次近邻并没有因脉冲电场的介入而改变。此外，可以注意到，电脉冲处理的铝熔体其第一峰宽比未处理时略大，在一定程度上揭示了脉冲电场对铝熔体的均匀化作用，这一点在双体分布函数 $g(r)$ 曲线上也有直观的反映，如图 5.33 所示。

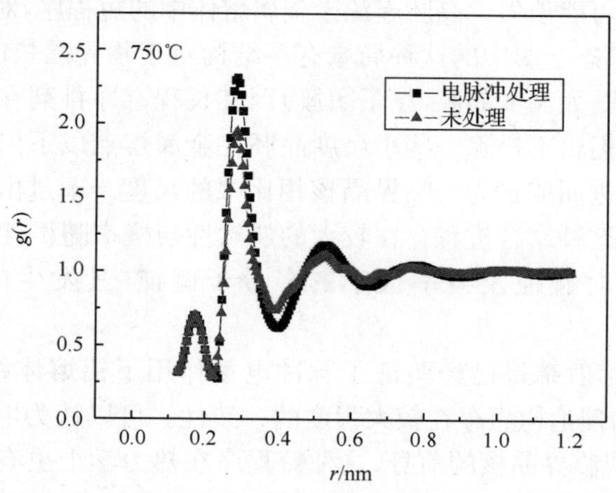

图 5.33　电脉冲作用下铝熔体的双体分布函数曲线（750℃）

表 5.4 列出了 750℃电脉冲处理与未处理条件下的液态结构参数。

表 5.4 电脉冲处理与未处理条件下铝熔体的液态结构参数

结构参数	电脉冲孕育处理	未处理
实验温度/℃	750	750
原子密度	0.0529	0.0531
相关半径 r_c/nm	0.925	0.780
团簇平均原子数 N_s/个	174	119
配位数/个	9.063	8.546
原子最近邻距离 r_1/nm	0.285	0.285

由表 5.4 可以看出，相关半径 r_c 从未处理时的 0.780nm 提高到 0.925nm，由于 r_c 值可用来衡量液态金属中的原子团簇尺寸，故可知脉冲电场处理扩大了铝熔体中原子有序排列的范围；这从另外的液态结构参数中也得到了反映，配位数 N_s 从未处理时的 8.546 突变到 9.063，原子团簇的平均原子数增加了 46%。此外，原子最近邻距离没有明显变化，表明脉冲电场并不影响第一配位层位置，但影响处于该配位层的原子的数目，这与 3.3.2 节所阐述的“受激”团簇吸附长大理论构想具有某种一致性。

2. 临界晶核尺寸的讨论

5.2.2 节揭示了当液态金属中原子团簇 $r<r^*$ 时，该尺度的晶胚将处于热力学不稳定状态，随时可能消失。晶胚起源于金属熔体中的短程序，对于纯金属而言就是其拓扑构型。液态金属中的这种局域有序结构对于临界晶核的形成至关重要。从自由能角度考虑，大尺度晶胚(原子团簇)因其长程有序排列在形成稳定晶核的过程中占有优势，但也不排除一些小尺度晶胚在金属熔点以下因结构起伏而产生的瞬间自发聚集，进而成长为与临界晶核相比拟的尺度。不过由于金属液态原子热运动较为剧烈，这种结合过程存在较大的偶然性与概率随机性。Tiller 曾指出，指望 i 个原子同时碰撞及概率很小的多分子碰撞，其发生的可能性都是很小的[24]。

上述 X 射线衍射结果已经验证了脉冲电场作用下铝熔体结构的变化，这与 5.2.2 节所建立的理论构想存在较大程度的一致性。可以认为电脉冲孕育的大尺度亚稳团簇是形成临界晶核的前身，这种短程序在热力学上更有利于稳定晶核的形成。以均匀形核为例，通过计算可以进一步获得临界晶核中的原子数目(不考虑 r^* 的减小)。已知纯铝的凝固温度 $T_m=933\text{K}$，$\Delta T=195\text{K}$，熔化潜热 $L_m=1069\times10^6\text{J/m}^3$，比表面能 $\sigma=121\times10^{-3}\text{J/m}^2$，则有

$$r^*=\frac{2\sigma T_m}{L_m\Delta T}=\frac{2\times121\times10^{-3}\times933}{1069\times10^6\times195}=1.083\times10^{-9}(\text{m}) \tag{5.27}$$

铝的点阵常数 $a_0=4.0496\times10^{-10}\text{m}$，故晶胞体积为

$$V_L = (a_0^3) = 6.641\times10^{-29}(\text{m}^3) \tag{5.28}$$

而临界晶核的体积为

$$V_C = \frac{4}{3}\pi r^{*3} = \frac{4\times3.14\times(1.083\times10^{-9})^3}{3} = 5.318\times10^{-27}(\text{m}^3) \tag{5.29}$$

则临界晶核中的晶胞数目为

$$n = \frac{V_C}{V_L} \approx 80 \tag{5.30}$$

由于铝是面心立方结构，每个晶胞中含有 4 个原子，因此，一个临界晶核的原子数目为 320 个原子，上述的计算由于各参数的实验测定的差异而略有变化。对铝熔体而言，可将其原子团簇作球形处理，则原子团簇的重量如下式所示：

$$\omega_C = \rho V_C = \rho\frac{4}{3}\pi r_C^3 \tag{5.31}$$

式中，ρ 为铝熔体密度；V_C 为原子团簇的体积；r_C 为原子团簇的相关半径。根据式(5.31)可计算出原子团簇所包含的原子个数 N_{at} 值，如下式所示：

$$N_{at} = A\frac{\omega_C}{M_{Al}} \tag{5.32}$$

式中，A 为阿伏伽德罗常数，其值为 6.02×10^{23}；M_{Al} 为铝的摩尔质量。经上述计算后，获得 750℃电脉冲处理后铝熔体中原子团簇的平均原子数为 174，这个值尽管与临界晶核所包含的原子数目(约 320)相比还有距离，但已比未处理时铝熔体原子团簇的平均原子数目增加了 46％(参见表 5.4)。很明显，这种大尺度亚稳团簇在形成稳定晶核的过程中必然占有优势，铝熔体中概率占优的该类型“孕育”团簇在结晶过程中作出了巨大贡献，并在凝固环境一致条件下，直接导致了铸锭凝固组织的改善。上述数据实际上已经给出了 5.2 节所建立理论构想的数量关系，可以看出，电脉冲对熔体结构的改变实际上是获得了原子团簇的热力学优化组态，推动了液态金属中晶胚的动力学演化，进而直接影响凝固过程的形核阶段；至于更详细的微观信息及其对晶体长大的间接影响，尚需进一步研究。

5.3.5 铝熔体结构对不同脉冲电场的响应特性

不同电脉冲处理参数反映了铝熔体外场介入时的能量特征，因此所导致的液态金属结构改变也存在差异，这实际上在第四章的实验讨论中已得到证实。5.3.4 节探索了优化脉冲电场参数条件下铝熔体结构的特点，并与未处理试样的液态 X 射线衍射结果进行了对比研究。按照 5.3.4 节的分析，能够确定，电脉冲作用下铝熔体中大尺度亚稳原子团簇的存在及其对临界晶核生成的贡献，但这种短程序在不同能量条件下的结构特点，特别是基于团簇平均原子数的晶胚尺度变化，并没有

给予阐明。另外，文献[25]认为保持脉冲电压与熔体温度不变，铝锭铸态组织变化对脉冲频率及处理时间相对敏感。因此，按表 5.2 数据，改变电脉冲处理时间，对该试样进行了液态 X 射线衍射分析，以期获得不同脉冲电场参数条件下铝熔体的结构特征。

图 5.34 为不同脉冲电场参数下铝熔体的结构因子曲线，图 5.35 为相应的双体分布函数 $g(r)$ 曲线。图中的结构测试温度为 750℃，这里，EPM1 代表优化电脉冲参数，见表 5.2 序号 1 试样；EPM2 代表改变处理时间的另外一组电脉冲参数，见表 5.2 序号 2 试样。

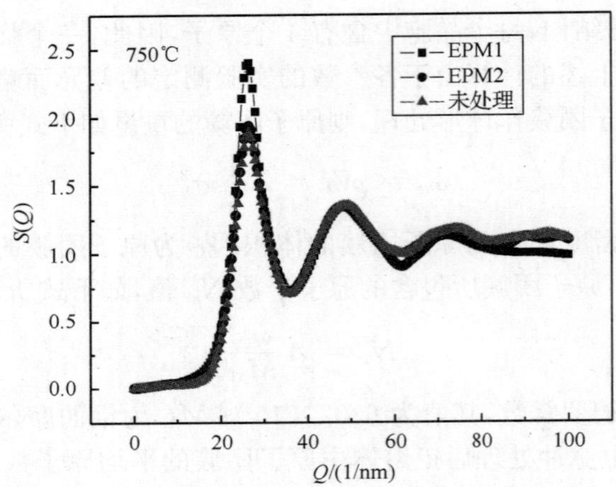

图 5.34　电脉冲作用下铝熔体的结构因子曲线

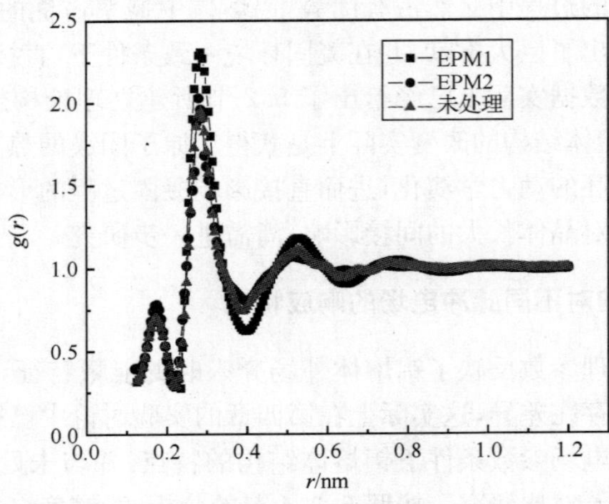

图 5.35　电脉冲作用下铝熔体的双体分布函数曲线

由图 5.34 和图 5.35 可见，EPM2 处理条件下，其结构因子主峰高度明显低于 EPM1 相应值，略高于未处理试样的主峰高度，第一配位层位置没有改变。这一点在实空间的双体分布函数 $g(r)$ 中也得到了验证（参见图 5.35）。上述信息表明，优化脉冲参数可明显提升液态金属的有序化程度，即符合铝熔体微观结构演化的能量特征与需求；而异于此参数的处理情形尽管也能对熔体体系产生类似的短程序强化，但其效能明显不如前者。目前的测试与实验手段很难获得脉冲电场作用条件下熔体结构转变的动力学特性，因此，也不能完整评价电脉冲与其他外场相比在金属熔体控制方面的特异性应用。作者认为，以此为契机采用计算机模拟手段将有望从原子层次上获得这方面的微观信息。

表 5.5 列出了 750℃不同电脉冲处理参数与未处理条件下的液态结构参数。

表 5.5　不同脉冲电场处理条件下铝熔体的液态结构参数

结构参数	实验条件		
	EPM1	EPM2	未处理
实验温度/℃	750	750	750
原子密度	0.0529	0.0529	0.0531
相关半径 r_c/nm	0.925	0.805	0.780
团簇平均原子数/个	174	131	119
配位数 N_s/个	9.063	8.566	8.546
原子最近邻距离 r_1/nm	0.285	0.285	0.285

由表 5.5 可以看出，EPM2 处理条件下，相关半径 r_c 从未处理时的 0.780nm 提高到 0.805nm，但远小于 EPM1 时的 0.925nm。这个结果可让我们推知：尽管 EPM2 也能在一定程度上强化铝熔体的短程有序，但其对大尺度原子团簇的“孕育”作用有限，因此，对临界晶核的形成贡献较小；这里，一种解释是认为由于电脉冲处理时间缩短所导致的铝熔体能量介入减少，但相反的观点是实验上不能验证高能量施加的脉冲电场能够获得更细小的铸态组织[26]。这种矛盾只能从液态金属中原子团簇的演化行为及其对能量形式的选择性找到答案，5.2.2 节所提出的团簇稳态畸变思想与这一问题存在某种相关性。同时，从另外的液态结构参数中也反映了 EPM2 条件对铝熔体的“弱”作用，配位数 N_s 从未处理时的 8.546 变为 8.566，与 EPM1 相差 0.5；原子团簇的平均原子数从未处理时的 119 提高到 131，仅增加 10%，这与 EPM1 条件下原子数目增加近 1/2 的结果是不可同日而语的。在所有电脉冲孕育处理过程中，铝熔体中原子最近邻距离均没有变化，表明脉冲电场并不影响第一配位层位置。

5.3.6 过热与电脉冲联合处理后的铝熔体结构特征

4.1.5 节指出了铝熔体中较高过热与电脉冲孕育间的竞争机制。事实上，由 5.3.3 节的衍射结果可知，不存在结构突变的情况下，熔体中原子团簇尺寸随温度升高逐渐减小，其中 r_c 值及团簇平均原子数的变化最能体现这一趋势；另外，基于 5.2 节的机理模型，可以确定脉冲电场能够提高铝熔体的 r_c 值及增加团簇平均原子数。进一步可以推知在较高过热条件下，给定脉冲电场对原子团簇的孕育效应将由于熔体温度的提升而消减，此时短程序呈现“弱化”特征；与低过热时相比，甚至在铸态组织中体现不出明显的细化特征。

图 5.36 是采用表 5.2 序号 3 试样获得的 750℃铝熔体结构因子曲线。需要指出，该试样的电脉冲孕育处理温度为 830℃，脉冲参数采用优化值 EPM1。

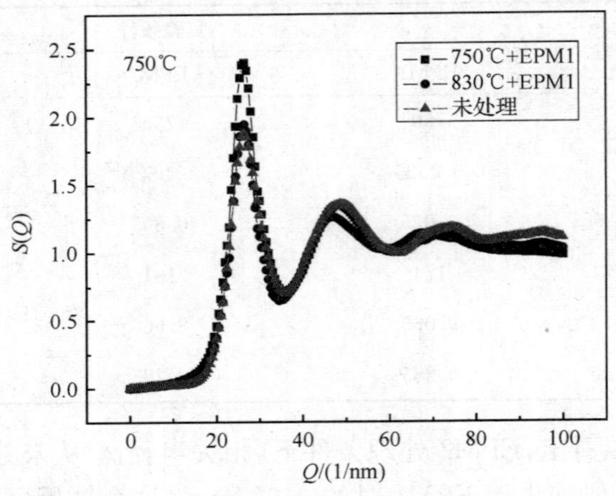

图 5.36　过热与电脉冲联合处理后的铝熔体结构因子曲线

从结构因子曲线上，有两点实验现象值得关注：首先，在较高温度进行电脉冲处理直接导致了主峰位置向左侧偏移，即原子最近邻距离减小，第二配位层也出现类似变化，且峰高减弱；表明此时铝熔体中原子团簇的热运动占主导地位，即随温度升高，原子团簇向小尺度占优的方向演化。其次，$S(Q)$曲线主峰峰高尽管远小于 730℃电脉冲处理的主峰峰高，但仍比未处理时略高，表明至少在第一配位层原子的有序程度依然有所加强，电脉冲孕育特征在此得到体现。

表 5.6 列出了过热与电脉冲联合处理后铝熔体的液态结构参数。可见，相关半径 r_c 值及团簇平均原子数均有较大幅度的降低，甚至小于同温度下未处理试样的对应值。配位数略有增加，原子最近邻距离略有减小。

表 5.6　750℃时不同处理条件下铝熔体的液态结构参数

结构参数	实验条件		
	750℃＋EPM1	850℃＋EPM1	未处理
实验温度/℃	750	750	750
原子密度	0.0529	0.0531	0.0531
相关半径 r_c/nm	0.925	0.735	0.780
团簇平均原子数/个	174	99	119
配位数 N_s/个	9.063	8.938	8.546
原子最近邻距离 r_1/nm	0.285	0.283	0.285

上述讨论是针对不同过热条件下的铝熔体在给定脉冲电场作用下的微观结构特征，实际上考虑了温度场与脉冲电场的双因素作用结果。比较 850℃电脉冲处理与同温度下未处理试样的结构因子曲线，可获得较高过热条件下电脉冲孕育处理的铝熔体结构特征。

由图 5.37 可见，经电脉冲处理后，结构因子曲线第一峰高依然高于未处理时的峰高，但第二、三峰明显低于未处理时的相应值。作者认为，当铝熔体中原子热运动相对强烈时，脉冲电场的介入将导致原子团簇次近邻及其他配位层原子跃迁到第一配位层，进而呈现图 5.37 所示的情形。较低熔体温度的电脉冲处理并不会出现上述现象（参见图 5.33），其原因可归纳为两点：一是较低的原子活化能力，它是熔体温度的函数；二是液态金属中原子团簇的相对稳定性。

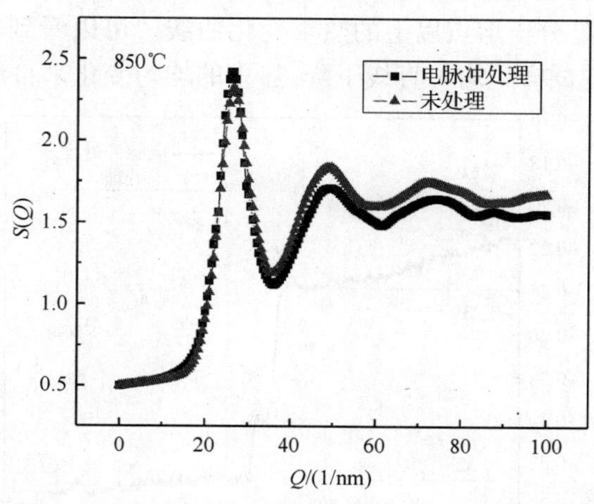

图 5.37　850℃时电脉冲处理铝熔体的结构因子曲线

表 5.7 列出了较高过热条件下电脉冲处理与未处理的铝熔体液态结构参数。可以看出，相关半径 r_c 值、团簇平均原子数及配位数均略有增加，这与 5.3.4 节的

讨论具有某种相似性。但应该看到，此时脉冲电场对铝熔体的结构转变效果甚微，这是与铝液中原子热运动的加剧分不开的。

表 5.7 850℃时不同处理条件下铝熔体的液态结构参数

结构参数	实验条件	
	850℃＋EPM1	未处理
实验温度/℃	850	850
原子密度	0.0525	0.0529
相关半径 r_c/nm	0.693	0.690
团簇平均原子数/个	88	82
配位数 N_s/个	8.873	8.174
原子最近邻距离 r_1/nm	0.280	0.280

5.3.7 熔体的 DSC 分析

纯铝熔体中存在稳定团簇的构想已经通过 X 射线衍射分析得到验证，根据团簇的幻数特征，只有特定数量原子组成的原子团簇才能稳定存在。如果 5.2 节模型初始假设成立，则经脉冲电场处理后熔体将会有以下变化：第一，团簇尺度增大、数量增多，熔体体积会出现一定的减小；第二，稳定的大尺度团簇在熔体温度升高的过程中，会发生“库仑爆炸”，相当于出现“液-液”相变。因此，在 DSC 分析中热重和热流曲线会发生变化。

图 5.38 是 DSC 分析熔点以上的热重变化曲线。可以看到，在 800～812℃温度区间，未经处理的试样呈均匀直线下降，热重的均匀变化来自温度升高熔体体积

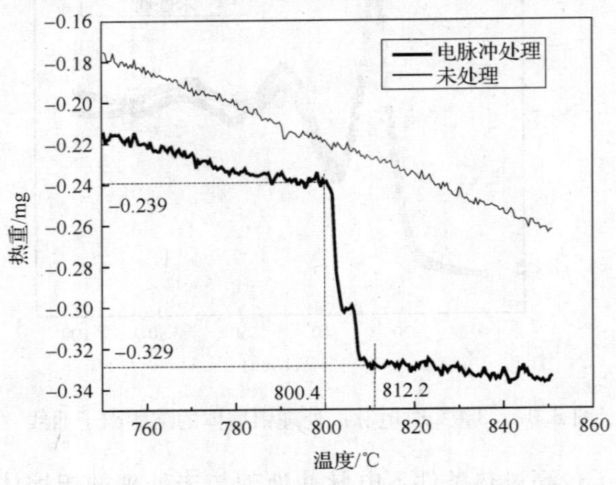

图 5.38 纯铝热重曲线

的均匀膨胀；经电脉冲处理的纯铝熔体热重发生了突变，对于纯铝熔体，在此升温过程中，没有其他导致热重突变的因素，所以，热重的突变应该是来自团簇“库仑爆炸”所导致的熔体体积变化，经脉冲电场孕育的数量众多、尺度增大的团簇，在此温度范围“分解”，导致熔体体积的突然膨胀，体积增大，试样在热气流的浮力增大，显现出失重这样的突变。

另外，按照4.3.4节的分析，在800～812℃温度区间，经电脉冲处理的纯铝熔体热流同样发生了突变，结果表明，此温度区间熔体中大尺度团簇分解成为小尺度团簇和自由原子，这一过程需要环境提供相关的热量，因此，在热流曲线上显现出一吸热峰，验证了纯铝熔体团簇结构模型(参见图4.18)。

由5.3.1～5.3.7节的实验结果，部分验证了液态金属团簇结构模型，尽管还没有得到直接观测的结果，但是，随着现代测试技术的进步，会有更多的研究结果来证实模型的科学性。

5.4　典型合金体系电脉冲处理机理的探讨

当纯金属与其他元素构成合金时，其熔体性质相应发生改变。随着溶剂元素含量的变化，一些物理、化学性质随之变化，如熔点降低、沸点升高、蒸汽压下降、黏度改变等。显然这些变化反映了金属元素在组成合金时，其熔体结构发生了改变。由于溶剂元素的加入和含量的改变，使得合金熔体结构变得更为复杂，对其结构的研究就更为困难。对于液态合金结构，多年来研究工作者做了大量工作，提出了一些相关模型，如硬球无规则密堆模型、自由体积模型等[27]。但由于合金熔体的复杂性，这些模型在用于合金熔体性质计算还存在相当的差距，尤其是将其与合金凝固过程相关联时，缺乏相应的关联参数，以至于无法对合金熔体形核、生长等凝固要素从熔体结构上给予诠释。

在5.2节与5.3节中，以液态金属团簇结构假说的观点为基础，建立了纯铝液态结构模型并给予了部分验证。对于合金体系，由于合金熔体的复杂性、多样性，相对纯金属熔体其液态合金团簇的类型、尺度等均有较大差异，本节仅以亚共晶铝铜合金为例，以液态金属团簇结构假说的观点，建立亚共晶铝铜模型和电脉冲孕育处理机理模型，并给以部分验证。

5.4.1　亚共晶铝铜合金熔体结构模型

纯铝熔体是由尺度为 r_i 的亚稳原子团簇和铝原子所构成的[28]，这些亚稳原子团簇作为晶胚将成为凝固形核的核心。当纯Al熔体中加入Cu元素，形成Al-Cu合金时，Cu原子将使原有纯Al熔剂的结构发生改变，且随着Cu原子含量的不同，形成的Al-Cu合金熔体结构亦不相同。虽然目前具体确定某种合金熔体结构尚无法实现,但根据合金熔体物理性质变化规律及 5.2 节假说,还是能够确定 Cu 原子加入后,合金熔体的变化趋势。对于此处研究的亚共晶 Al-5%Cu 合金而言,由于 Cu 原子含量较低,因此,熔体中由 Cu 原子组成的 Cu-Cu 团簇存在的概率很小,这样 Al-5%Cu 合金熔体将主要由 Al-Al 团簇、Al 原子、Cu 原子以及含有 Cu 原子的 Al 团簇组成,此时熔体结构示意图可近似如图 5.39 所示。

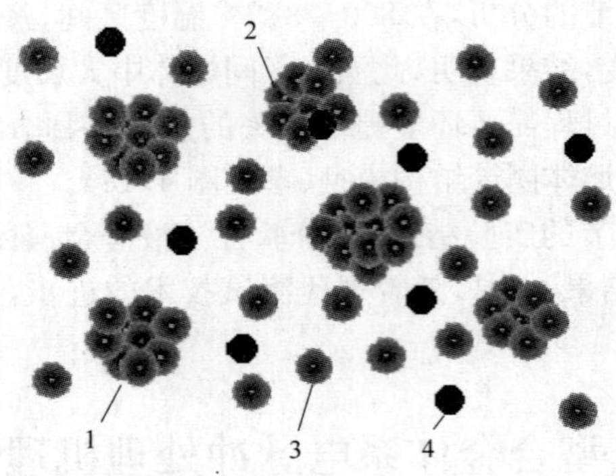

图 5.39 Al-5%Cu 合金熔体组成示意图

1. Al-Al 团簇;2. Al-Cu 团簇;3. Al 原子;4. Cu 原子

另外,对于亚共晶铝铜合金体系而言,随着 Cu 原子的加入,合金熔体中不同尺度团簇的稳定性发生了变化。对于多数亚共晶合金熔体来讲,随着溶质原子的增加,熔体的熔点降低,黏度值亦随之减小。图 5.40 为 Al-Cu 合金相图和等温黏度线。可见,对于亚共晶 Al-Cu 合金,随着 Cu 原子含量的增加,铝铜合金熔体的熔点逐渐降低,同样合金熔体等温黏度逐渐降低。人们在对纯金属熔点的研究中发现,当纯金属小到纳米尺度,纯金属团簇尺度减小,纯金属熔点降低;原子团簇数量相同时,团簇尺度越大,合金熔体黏度越大,反之则合金熔体黏度越小。因此,Al-Cu 合金熔体随着溶质原子的加入,溶剂熔体中原有的原子团簇尺度将逐渐减小。

根据 Al-Cu 合金熔体物理性质变化规律可知,Cu 原子的加入,铝铜合金熔点降低,对应的凝固形核核心尺度减小,也就是 Cu 原子的加入使熔体中熔剂原有 $r_i > r_j$ 的尺度较大、处于亚稳态的团簇发生解离,形成了新的小尺度 Al-Al 团簇或含 Cu 的 Al 原子团簇,且随着熔体中 Cu 含量的增加,熔体中 $r_i > r_j$ 的亚稳团簇解离越严重,数量越少,即原有熔体中熔剂的原子团簇向小尺度方向变化。

综上所述,可以对 Al-5%Cu 亚共晶合金熔体建立如下的物理模型:

(1) 设亚共晶 Al-5%Cu 合金熔体中原子总数为 N,其中,Al 原子数为 p,Cu 原子数为 q,则 $N = p + q$,且 $p \gg q$;设熔体中形成的 Al-Al 型团簇总数为 M,则 $M \ll N$。

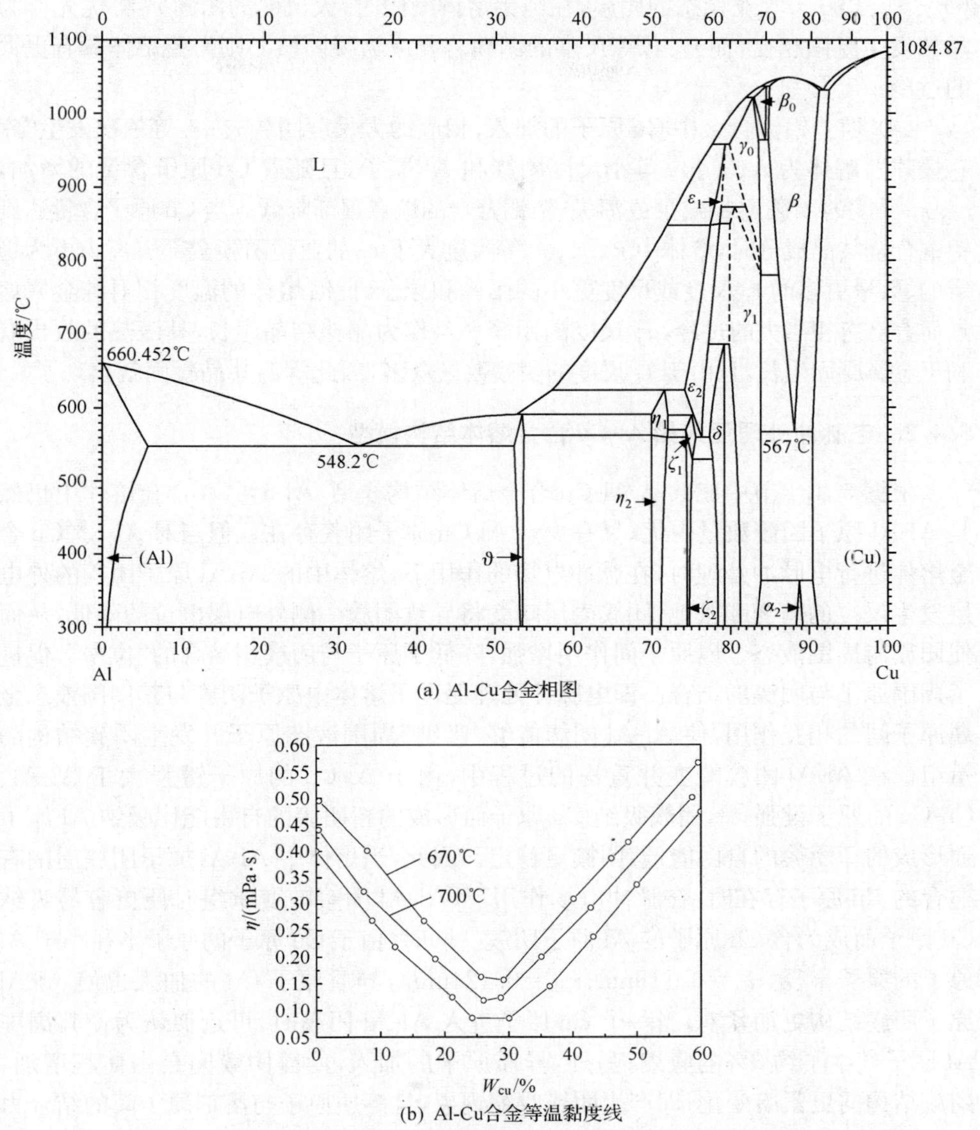

(a) Al-Cu合金相图

(b) Al-Cu合金等温黏度线

图 5.40　Al-Cu 合金相图和等温黏度线

(2) 在 M 个原子团簇中，设可能稳定存在团簇的尺度为 $r_1,\cdots,r_i$，其对应的原子数为 $\mu_1,\cdots,\mu_i$，团簇所包含的原子总数为 $N_i(N_i=\sum_{i=1}^{i}\mu_i)$，则 $N_i<p$。

(3) 设在 T 温度下，纯铝熔体中最概然的 r_i 尺度的团簇最为稳定，由于温度起伏等原因，同时考虑到团簇的幻数特征，在大于 r_j 的尺度范围还存在着 r_i、r_s、r_t

（$r_i>r_s>r_t$）等亚稳态的团簇，在纯铝熔体凝固时，大尺度的团簇 r_i 将优先作为晶核发生凝固相变，而 r_s、r_t 等尺度的团簇若要成为凝固核心则需要熔体具有更大的过冷。

(4) 随着铝铜合金中 Cu 原子的加入，相应的大尺度团簇 r_i、r_s 等依次发生“库仑爆炸”，解体为 r_s、r_t、r_j 等小尺度团簇和 Al 原子，且随着 Cu 原子含量的增加，r_i、r_s 尺度的团簇逐步减少或消失，铝铜合金的熔点逐渐降低。当 Cu 原子含量达到铝铜合金共晶成分时，熔体中 r_i、r_s、r_t 等尺度大于 r_j 的亚稳团簇全部解离为更为稳定的、数量更多的 r_j 尺度或尺度更小的团簇和原子，此时熔体的温度相对纯金属熔点而言已有相当大的过冷，r_j 尺度的团簇一旦作为晶核结晶生长，其潜热的放出有利于金属凝固生长，且由于 r_j 尺度的团簇数量众多，因此等温共晶凝固就出现了。

5.4.2　电脉冲处理亚共晶 Al-Cu 合金熔体结构模型

根据 5.4.1 节中亚共晶 Al-Cu 合金熔体结构模型，Al-5%Cu 合金熔体中仍然是 Al-Al 原子团簇数量占优，仅有少量 Al-Cu 原子团簇存在。但当对 Al-5%Cu 合金熔体进行电脉冲处理时，在脉冲电场的作用下，熔体中的 Al-Al 原子团簇的外电层发生反复的畸变和松弛，团簇壳层畸变将导致团簇一侧外电层电位的降低，从而使团簇与周围液态金属原子间作用增强，降低了原子与团簇相结合的“位垒”，促进了周围原子与团簇的结合。即电脉冲处理促进了熔体中原子团簇与其周围液态金属原子间的相互作用，使 Al-Al 团簇能够“吸纳”周围液态原子并发生团簇结构的重组。在 Al-Al 团簇畸变并重构的过程中，由于 Al-Cu 的原子键强大于 Al-Al、Cu-Cu 的原子键强[29]，团簇吸纳 Cu 原子而形成的新团簇的自由能比吸纳 Al 原子而形成的新团簇的自由能低，团簇更稳定。因此，当熔体中 Al-Al 原子团簇周围有适合的 Cu 原子存在时，在脉冲电场作用下，Al-Al 团簇畸变重组时便更容易吸纳 Cu 原子而成为含 Cu 原子的 Al 原子团簇。同时，由于 Cu 原子的原子半径小于 Al 原子的原子半径（$r_{Cu}=0.118$nm，$r_{Al}=0.124$nm），异质原子 Cu 的加入也使 Al-Al 原子团簇结构更加紧凑，当一个 Cu 原子进入 Al-Al 团簇时，可近似认为使其周围 Al 原子产生了约 5%的收缩；另外，异质原子的加入，使得团簇间自由体积增加，团簇结构向更紧凑变化，即产生团簇收缩现象，且溶质原子与溶剂原子间的结合力越强，团簇收缩越明显。因此，电脉冲孕育处理后，重构形成的含 Cu 原子的 Al 团簇尺度将小于重构前 Al-Al 团簇的尺度，即电脉冲处理后，熔体中原子团簇的尺度向小尺度方向发生了变化。

此外，由于 Al-Cu 合金熔体可以近似视为一种均匀熔体，Cu 原子在熔体中不发生偏聚，而是均匀地分布于整个熔体。因此，上述 Al-Al 原子团簇吸纳 Cu 原子重组为 Al-Cu 原子团簇的过程在熔体中是大量发生的，而不仅是个别现象。

综上所述，在电脉冲孕育处理条件下，Al-5%Cu 合金熔体结构发生如下变化：

①电脉冲孕育处理后,Al-5%Cu 合金熔体中游离的 Cu 原子与 Al-Al 团簇作用增强,Cu 原子与 Al-Al 团簇结合并重构成为含 Cu 的 Al 原子团簇。②电脉冲孕育处理后,重构形成含 Cu 的 Al 团簇的尺度小于重构前 Al-Al 团簇尺度。据此可建立如下的电脉冲处理后 Al-5%Cu 合金熔体结构模型:

(1) 设在 T 温度下,未经电脉冲处理时,Al-5%Cu 合金熔体中尺度最大的 Al-Al 团簇尺度为 r_s;电脉冲处理后,熔体中 Al-Al 团簇吸纳 Cu 原子而发生重构,形成亚稳态的含 Cu 原子的 Al 原子团簇,其团簇尺度为 r_t,则 $r_t < r_s$。

(2) 合金凝固时,对应于 $\Delta T_{\min}$ 的 $r_{\max}$ 的 Al-Cu 团簇作为临界晶核的"准晶胚"率先进行生长。随着 $r_{\max} = r_s$ 尺度晶核在结晶过程中的消耗殆尽和熔体的不断过冷,含有 Cu 原子的 r_t 尺度的团簇符合作为晶核的条件,开始结晶生长。

通过上述亚共晶铝铜合金结构模型和电脉冲作用机理的阐述,我们可以作出以下推断:电脉冲处理可以细化 Al-5%Cu 合金的凝固组织;由于存在含 Cu 原子的团簇被孕育出来,凝固后的 Al-5%Cu 合金凝固组织中的基体显微硬度增加,低熔点共晶相减少,偏析程度降低;由于经电脉冲处理后晶核 r_t 小于未经处理熔体中的晶核 r_s,对于形核时的过冷度,前者所需过冷度大于后者。

5.4.3 电脉冲处理改善 Al-5%Cu 合金偏析机理

对于未经处理亚共晶铝铜合金而言,在凝固过程中,尺度较大的 Al-Al 团簇在达到一定过冷将优先形核,在生长过程中,熔体中的 Al 原子向凝固生长界面前沿扩散并生长,Cu 原子被排出并在凝固界面前沿富集,直至达到共晶成分并过冷到共晶温度,在已凝固的 α-Al 晶粒之间形成低熔点共晶相。电脉冲处理增加了 Al-5%Cu合金熔体中含有 Cu 原子的 Al 原子团簇的数量,而异质原子 Cu 的加入,将导致原来 Al-Al 团簇"晶格点阵"发生畸变,如图 5.41(a)所示。合金凝固时,熔体中概率占优的含 Cu 原子的 Al 团簇作为临界晶核的"准晶胚",在形核驱动力的作用下,结晶并长大成为临界晶核。由于 Cu 原子使 Al-Cu 团簇的"晶格点阵"发生了畸变,畸变的晶格将为 Cu 原子的沉积提供可能,使得熔体中游离的金属 Cu 原子能够较容易地在晶格的畸变处沉积。因此,当 Al-Cu 原子团簇周围有适合的 Cu 原子时,Cu 原子便可在畸变处沉积长大,如图 5.41(b)所示。但由于合金成分所限,熔体中 Cu 原子的数量远小于 Al 原子数量,当含有 Cu 的 Al 团簇周围适合的 Cu 原子减少或消失时,晶核的生长便通过接纳 Al 原子来完成,最终形成了内部含有较多 Cu 元素的初生 α-Al 组织,如图 5.41(c)所示。同时,由于含 Cu 的 Al 团簇在凝固初期消耗了熔体中的 Cu 元素,形成含 Cu 的初生 α-Al 相,使排到凝固界面前沿的 Cu 原子减少,减少凝固后期参加共晶反应的 Cu,从而减弱了共晶反应,减少了最终共晶组织的量,改善了 Al-5%Cu 合金的偏析特性,形成如图 5.41(d)所示的组织。

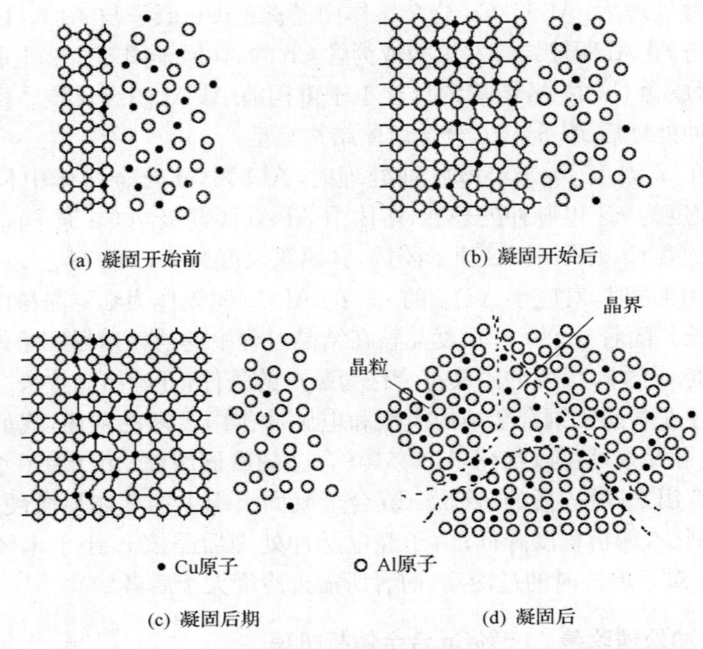

图 5.41　含 Cu 的 Al 团簇凝固过程示意图

由图 5.41 可见，在电脉冲作用下，凝固初期，由于 Al-5%Cu 合金熔体中 Al-Cu 原子团簇的数量增加，从而形成大量含 Cu 的初生 α-Al 组织，亦减弱了凝固末期共晶反应的发生，降低了凝固组织中共晶相的数量，进而从根本上改善了合金的偏析。

5.4.4　电脉冲处理改善 Al-5%Cu 合金偏析机理验证

虽然由于实验设备及检测手段的限制，直接验证 5.4.3 节所讨论的偏析改善机理存在困难，但可通过实验间接证明该模型。按照 5.4.2 节与 5.4.3 节所讨论的结果，可得出下面的推论，证明这些推论的正确性，也即间接地证明了电脉冲孕育处理后 5.4.3 节模型的正确性。

(1) 电脉冲孕育处理后，Al-5%Cu 合金凝固过冷度增大。电脉冲处理增加了熔体中含 Cu 的 Al 团簇数量，且该团簇的尺度向小尺度方向变化，在相同温度下，其作为形核核心的"准晶胚"形成临界晶核将更困难，从而需要更大的过冷度提供更大的形核功形核。

(2) 电脉冲孕育处理后，Al-5%Cu 合金基体中 Cu 含量增加，基体中有析出相存在。由于电脉冲处理形成增加了熔体中含 Cu 的 Al 原子团簇，其作为临界晶核核心形核、长大，形成含 Cu 的 α-Al 组织，必将增加 Al-5%Cu 合金基体中 Cu 含量；同时，凝固后期，过饱和的 Cu 从 α-Al 组织中析出，形成基体中的析出相。

（3）电脉冲孕育处理后，Al-5%Cu 合金凝固组织中的共晶相减少，Cu 元素的偏析得到改善。电脉冲处理增加了 Al-5%Cu 合金熔体中含 Cu 的 Al-Cu 原子团簇，减少了熔体中游离的 Cu 原子的数量。因此，凝固后期，剩余熔体中 Cu 含量降低，共晶反应受到抑制，共晶相的数量减少，从而改善了 Al-5%Cu 合金凝固组织中 Cu 元素的偏析。

下面是对电脉冲处理前后 Al-5%Cu 合金做的 DSC 分析、能谱分析、显微硬度测试、定量金相分析等对比实验，实验结果证实了上述推论，也间接地验证电脉冲孕育处理后 Al-5%Cu 合金熔体结构模型及电脉冲改善 Al-5%Cu 合金偏析的机理。

1. 电脉冲处理后 Al-5%Cu 合金的共晶相变化

为了考查电脉冲处理对 Al-5%Cu 合金共晶组织的影响，采用定量金相分的方法，计算了电脉冲处理前后 Al-5%Cu 合金铸态组织中共晶相的量。图 4.28 为实验得到的 Al-5%Cu 合金的显微组织，在 Zeiss 金相显微镜上利用专业软件进行计算，每个试样分别计算 5 个视野，取其平均值。表 5.8 为计算结果，可见经过电脉冲处理后，Al-5%Cu 合金组织中的共晶相所占体积分数明显减少，其中，尤以 500V、30s、3Hz 参数处理后共晶相的变化最为明显，该参数下合金中共晶相的体积分数较未处理试样约减少了 30%。

表 5.8　不同处理的 Al-5%Cu 合金共晶相体积分数

处理参数	未处理	300V、30s	500V、30s	700V、30s
共晶相体积分数/%	3.93	3.53	2.47	3.17

2. 基体 Cu 含量与显微硬度测试

根据 5.2 节与 5.4.3 节的结果可知，经电脉冲处理后的熔体中存在含 Cu 的 α-Al 晶胚，低熔点共晶相的减少是由于部分 Cu 原子在凝固过程中已进入基体，所以对比处理和未处理凝固组织基体，其 Cu 含量和基体显微硬度是有差异的。利用 S-3000N 型扫描电镜分别对未处理和分别经 300V、30s，500V、30s 和 700V、30s 参数处理的试样进行了能谱(EDS)分析。

图 5.42 为不同处理后 Al-5%Cu 合金的铸锭显微组织。其中，图 5.42(a)为电脉冲处理试样，图 5.42(b)为未处理试样。图中颜色较亮、断续网状结构的为 α-Al + θ(Al_2Cu)二元共晶，颜色较暗的基体为 α-Al 固溶体。可见，未处理时，Al-5%Cu 合金中 Cu 元素形成的共晶相较多，分布于相界附近；而经过电脉冲处理后，Al-5%Cu 合金中的共晶相明显减少。为了表征 Al-5%Cu 合金的偏析程度，实

验还用能谱分析测定了基体内部和相界的元素含量，如表 5.9 所示，并计算了 Cu 元素的偏析系数，即相界 Cu 元素最高含量与基体内部 Cu 元素最低含量的比值，结果如表 5.10 所示。由结果可知，未处理时，Al-5%Cu 合金偏析系数较大，而经过电脉冲处理后，Al-5%Cu 合金偏析系数减小。

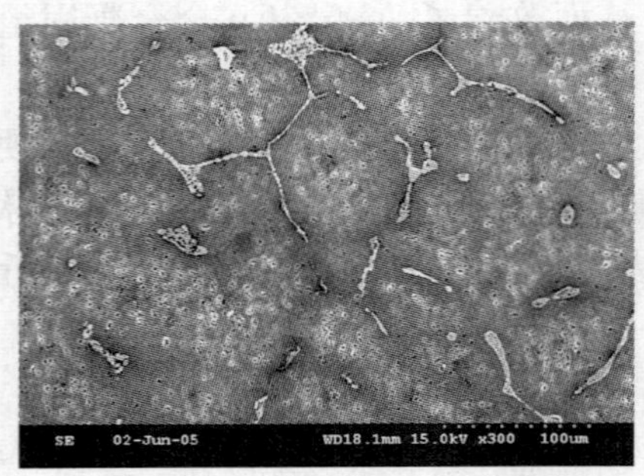

(a) 电脉冲处理试样

(b) 原始试样

图 5.42 Al-5%Cu 合金铸锭显微组织

表 5.9 Al-5%Cu 合金铸锭不同部位元素的含量

测试区域	Al/%				Cu/%			
	300V	500V	700V	未处理	300V	500V	700V	未处理
α-Al 基体	99.01	98.71	98.89	99.16	0.99	1.29	1.11	0.84
相界	92.99	92.72	92.86	93.96	7.01	7.28	7.14	6.04

表 5.10 Al-5%Cu 合金偏析系数

处理参数	300V	500V	700V	未处理
偏析系数	7.08	5.64	6.43	7.19

为了进一步考查电脉冲处理后 Al-5%Cu 合金 α-Al 基体组织的结构和特征，我们分别对未处理和经 500V、30s 参数电脉冲处理的试样进行了透射电镜(TEM)观察。

图 5.43 为不同处理 Al-5%Cu 合金的透射电镜照片。可以看出，未处理试样的 α-Al 基体中析出相为带状或片状，尺寸大小不等，分布亦不均匀。而经过电脉冲处理后，试样基体中出现了尺度为几十纳米、细小、颗粒状的析出相。同时，析出相在基体组织中的分布具有一定的规律性。如在图中的 X 方向上由浓密向稀疏逐渐过渡，形成一定的浓度梯度；而在 Y 方向上析出相的分布则大致均匀。

由 5.4.3 节可知，电脉冲处理后，Al-5%Cu 合金在凝固初期形成了含有过饱和 Cu 的 α-Al 组织，而随着铸件温度的下降，过饱和的 Cu 将从基体中析出，形成析出相。且由于这种析出是在铸造过程中完成的，析出时间短，Cu 原子扩散能力较差，来不及完成长距离的扩散，析出物不能长成大尺度，故形成了如图 5.43(b)所示的纳米级的析出相。同时，由于含 Cu 的 α-Al 组织是由最初含 Cu 的 Al 原子团簇形成，而凝固时 Al 原子团簇周围熔体中适合的 Cu 原子越来越少，使得 Cu 在 α-Al 组织中必将存在由团簇中心向外一定浓度梯度的分布。因此，其凝固后期析出时形成的析出相也必然存在一定的浓度梯度分布。

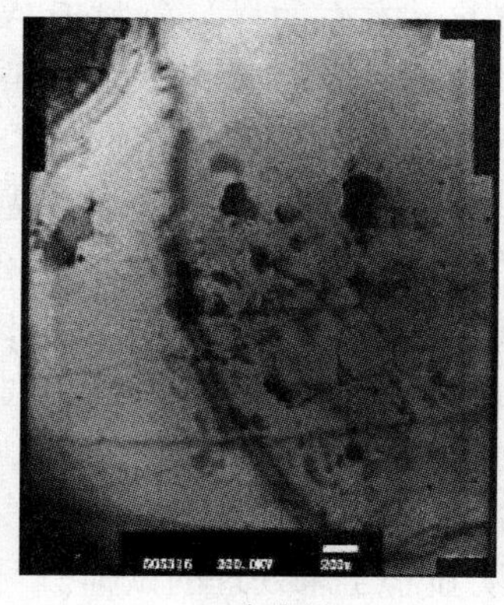

(a) 未处理　　(b) 电脉冲处理

图 5.43　Al-5%Cu 合金 TEM 照片

上述分析表明，电脉冲处理后，Al-5%Cu 合金 α-Al 基体中 Cu 含量增加，形成了细小弥散的析出相，而 α-Al 中 Cu 的含量的增加和析出相的出现必将改善合金基体力学性能，特别是基体的显微硬度。因为固溶体中溶质原子的存在将引起基体晶格的畸变，必将提高基体的显微硬度。这一结果在对 Al-5%Cu 合金显微硬度的测试中得到了验证，如表 5.11 所示。可见，电脉冲处理后 Al-5%Cu 合金基体的显微硬度均高于未处理试样的基体显微硬度[28]。

表 5.11　不同处理后 Al-5%Cu 合金铸态基体显微硬度

脉冲电压/V	脉冲处理时间/s	脉冲频率/Hz	显微硬度(HV)					平均值(HV)
0	0	0	55.21	54.89	56.70	55.62	55.83	55.65
300	30	3	70.85	72.13	71.65	71.45	71.47	71.49
500	30	3	77.25	76.92	78.46	79.01	77.63	77.85
700	30	3	67.32	68.21	69.89	69.56	68.47	68.69

通过上述能谱分析、显微硬度测试、定量金相分析等对比实验可见，电脉冲处理后，Al-5%Cu 合金 α-Al 基体中 Cu 含量增加，基体显微硬度提高；合金铸态组织中共晶相的体积分数明显减少，证实了本节前面提到的推论。

3. 电脉冲处理后 Al-5%Cu 合金凝固过冷度的变化

金属结晶过程需要一定的过冷度，以便提供形核所需的驱动力。过冷度的影响因素包括金属熔体的本身性质、合金熔体中形核核心的种类及数量、金属熔体的体积及冷却速率等。在保证 DSC 测试环境一致的条件下，实际上 Al-5%Cu 合金熔体凝固期间过冷度的变化只与液态金属自身性质相关。DSC 实验采用 LABSYS-16 型综合热分析仪。实验时，取 10mg 左右的样品放置于 Al_2O_3 中，样品通氩气保护，终点温度为 1100℃，加热和降温过程速率均为 20℃/min。

图 5.44 是未处理和不同参数电脉冲处理后 Al-5%Cu 合金 DSC 分析曲线。表 5.12 是根据 DSC 曲线计算的电脉冲处理前后 Al-5%Cu 合金各热力学函数值。由图 5.44(a)及表 5.12 可以看出，未处理试样实际相变起始温度为 628.54℃，计算吸热峰面积得出熔化潜热为 170.4515J/g。由固相转变为液相时，体系从环境吸热，故熔化潜热是正值。而经不同参数电脉冲处理的试样实际相变起始温度分别为 628.63℃、628.21℃ 和 628.44℃，吸收的熔化潜热分别为 130.28J/g、95.5837J/g 和 126.72J/g。可见，经过电脉冲处理的试样熔化温度与未处理试样相比基本未发生变化，而吸收的熔化潜热则明显小于未处理的试样。

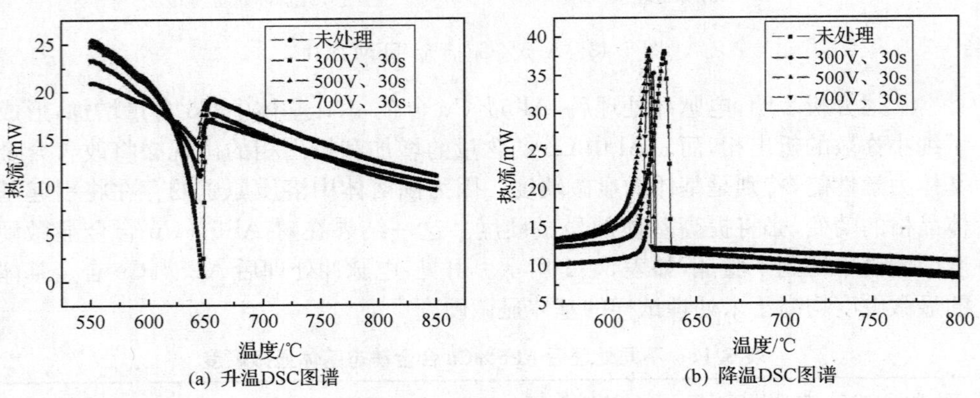

图 5.44　Al-5%Cu 合金 DSC 图谱

表 5.12　Al-5%Cu 合金差热分析数据

处理参数	熔化温度/℃	熔化潜热/(J/g)	凝固温度/℃	结晶潜热/(J/g)	过冷度 ΔT/℃
未处理	628.54	170.45	641.60	176.03	10.40
300V、30s	628.63	130.28	637.15	148.21	14.85
500V、30s	628.21	95.58	627.46	115.70	24.54
700V、30s	628.44	126.72	633.28	138.64	18.72

图 5.44(b)是试样降温凝固过程热流变化曲线。计算发现，未处理的试样凝固温度为 641.6℃，放出的结晶潜热为 176.0362J/g；而经过电脉冲处理后，试样凝固温度分别为 637.15℃、627.46℃和 633.28℃，放出的结晶潜热分别为 148.21J/g、115.7004J/g 和 138.64 J/g。未处理时，试样的过冷度为 10.4℃，而经电脉冲处理后，试样的过冷度分别为 14.85℃、24.54℃和 18.72℃。可见，电脉冲处理后 Al-5%Cu 合金的过冷度较未处理时明显增加，根据临界晶核尺寸和形核过冷度的关系可以得到，临界晶核越小，对应的形核所需的过冷度越大，因此，电脉冲处理后的熔体中的团簇尺度小于未经处理熔体中的团簇，结合前文模型中所做的推论，我们的实验结果验证了模型中的推论。虽然 DSC 检测的是试样重熔后的热力学参数，但根据齐锦刚等[29]的研究结果，电脉冲处理后熔体中的原子团簇可以一定程度地遗传给 1～3 代的重熔熔体，即电脉冲孕育处理后形成的原子团簇在经历 3 次重熔过程中均能够保持一定的稳定性，而不会因重熔而全部消失。因此，本实验中 Al-5%Cu 合金热力学参数变化的结果一定程度上反映着电脉冲处理后合金熔体的热力学参数。由此可以确定，经过电脉冲处理后 Al-5%Cu 合金凝固所需的过冷度增大。

此外，由合金热力学可知，当金属熔化时 $G_l = G_s$，即

$$H_l - T_m S_l = H_s - T_m S_s \tag{5.33}$$

式中，G_l 为液相自由能；G_s 为固相自由能；H_l 为单位体积液相热焓值；H_s 为单位体积固相热焓值；S_l 为单位体积液相熵值；S_s 为单位体积固相熵值；T_m 为熔化温度。

当压强恒定时，$\Delta H_p = H_l - H_s$，即

$$\Delta S = S_l - S_s = L_M / T_m \tag{5.34}$$

ΔS 为熔化熵，由式(5.34)可得，未处理时试样的熔化熵为 0.271J/(g·℃)，而经 300V、500V 和 700V 电脉冲参数处理后试样的熔化熵依次为 0.207J/(g·℃)、0.152J/(g·℃)与 0.202J/(g·℃)。可见，电脉冲孕育明显降低了 Al-5%Cu 合金熔体的熔化熵，而熔化熵反映着熔体的混乱程度，熔化熵的降低表明合金熔体的有序度增加，所以电脉冲处理后 Al-5%Cu 合金熔体的有序度均较未处理试样提高。这是因为，电脉冲处理后，Al-5%Cu 合金熔体中 Al-Cu 原子团簇数量增加，熔体中游离的液态金属原子数量减少，从而增加了熔体的有序度。

参 考 文 献

[1] 王广厚. 团簇的结构和奇异性质. 物理学进展，1993，13(1-2)：266～278.

[2] 王广厚. 团簇物理的新进展(Ⅰ). 物理学进展，1994，14(2)：121～171.

[3] 冯端，金国钧. 凝聚态物理学的新进展Ⅲ. 物理学进展，1991，11(4)：373～455.

[4] 蔡旭红，李邵辉. 飞秒强激光脉冲中氩团簇库仑爆炸特性研究. 光子学报，2006，35(6)：811～814.

[5] Marvin L C，Walter D K. The physics of metal clusters. Physics Today，1990，43(12)：42～50.

[6] Zhao J J, Han M, Wang G H. Ionization potentials of transition-metal clusters. Physical Review B, 1993, 48: 15297～15300.

[7] Hayashi S, Koga R, Ohtuji M, et al. Surface plasmon resonances in gas-evaporated Ag small particles: Effects of aggregation. Solid State Communications, 1990, 76(8): 1067～1070.

[8] Born M, Huang K. Dynamical Theory of Crystal Lattice. Oxford: Clarenden Press, 1954.

[9] Martin T P. Infrared absorption in LiF polymers and microcrystals. Physical Review B, 1977, 15(8): 4071～4076.

[10] Couchman P R. The lindemann hypothesis and the size dependence of melting temperatures Ⅱ. Philosophical Magazine A, 1979, 40(5): 637～643.

[11] Weidenauer R, Vollmer M, Hoheisel W, et al. Photodesorption of atoms from metal particles with visible laser light. Journal of Vacuum Science & Technology A, 1989, 7(3): 1972～1977.

[12] Lloyd D J, Jin I. Melt processed aluminum matrix particle reinforced composites. Comprehensive Composite Materials, 2003, 3(21): 555～577.

[13] 解思深. 金属团簇物理. 物理, 1991, 20(11): 650～654.

[14] 程素娟. 金属熔体原子团簇的微观热收缩现象[博士学位论文]. 济南: 山东大学, 2004.

[15] 姚允斌. 物理化学手册. 上海:上海科学技术出版社, 1985.

[16] 李辉, 边秀房, 王伟民, 等. 纯铝熔体的微观动力学行为. 原子与分子物理学报, 2000, 17(1): 123～128.

[17] 天津大学概率统计教研室. 应用概率统计. 天津: 天津大学出版社, 1991.

[18] Kita Y, Zytveld J B, Morita Z, et al. Covalency in liquid Si and liquid transition metal Si alloys: X-ray diffraction studies. Journal of Physics: Condense Matter, 1996, 6: 811～830.

[19] 王伟民, 边秀房, 秦敬玉, 等. 简单液体径向分布函数的 Gauss 分解. 中国科学(E), 1999, 42(6): 481～486.

[20] 边秀房, 王伟民, 李辉, 等. 金属熔体结构. 上海: 上海交通大学出版社, 2003.

[21] 秦敬玉, 边秀房, 王伟民, 等. Al 和 Sn 液态结构的温度变化特性. 物理学报, 1998, 47(3): 438～444.

[22] 唐勇. 电脉冲作用下液态金属结构及其对碳钢凝固组织改善的研究[博士学位论文]. 北京: 北京科技大学, 2000.

[23] Bian X F, Sun B A, Hu L N, et al. Fragility of superheated melts and glass-forming ability in Al-based alloys. Physics Letters A, 2005, 335: 61～67.

[24] 张承甫, 龚建森, 黄杏蓉, 等. 液态金属的净化与变质. 上海: 上海科学技术出版社, 1989.

[25] 齐锦刚. 铝熔体的电脉冲处理及其液态结构研究[博士学位论文]. 北京: 北京科技大学, 2006.

[26] Wang J Z, Tang Y, Cang D Q, et al. Electro-pulse on improving steel ingot solidification structure. Journal of University of Science and Technology Beijing, 1999, 6(2): 94～96.

[27] Bernal J D. Geometry of the structure of monatomic liquids. Nature, 1960, 185(4706): 68～70.

[28] 王冰. 电脉冲作用下 Al-5%Cu 基铸造合金组织、性能及工艺研究[博士学位论文]. 北京: 北京科技大学, 2008.

[29] 齐锦刚, 王建中, 刘兴江, 等. 脉冲电场作用下纯铝熔体的遗传机制. 材料热处理学报, 2006, 27(1): 36～39.